電子回路シミュレータTINA9（日本語・Book版Ⅳ）で見てわかる

シーケンス制御回路の「しくみ」と「基本」

小峯龍男・著

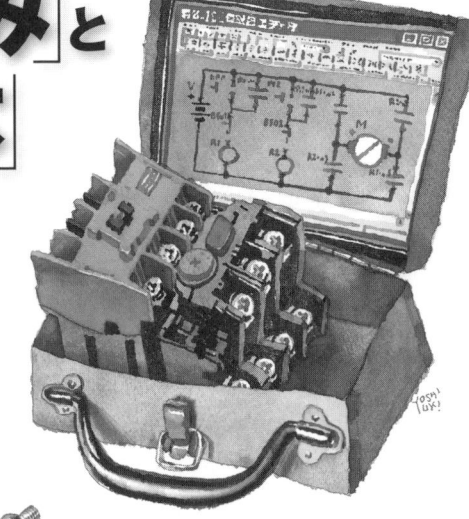

CD-ROM付
〔WindowsXP/Vista/7〕

リレーシーケンス回路の基礎をやさしく解説！

カチカチッ！ という音がしませんが、ごめんなさい。

電子回路
シミュレータ
TINA 9
（日本語・Book版Ⅳ）
付

・試用期限の制限がない（利用者のペースで学習できる）
・世界標準Spice3準拠の回路設計＆シミュレータソフト
・シーケンス制御（リレーシーケンス回路）を学習できる
　特別バージョン
・サンプル回路を収録

技術評論社

付属 CD-ROM の使い方

1. CD-ROM の内容

CD-ROM には、「TINA version 9 Japanese Book Version Ⅳ（日本語・Book 版Ⅳ）」と本書で解説したサンプルが入っています。

◆ TINA version 9 Japanese Book Version Ⅳ（日本語・Book 版Ⅳ）
製品版「TINA DesignSuite V9 Basic 版」の、印刷機能および PCB デザイン機能など一部使えない機能があるほかは、多くの基本機能をお使いいただけます（試用期間の制限はありません。詳細は本書 21 ページ参照）。
既刊書『デジタル回路の「しくみ」と「基本」』『電子回路の「しくみ」と「基本」』『真空管アンプの「しくみ」と「基本」』に付属の TINA 日本語・Book 版とは、一部収録部品や機能が異なります。すでに既刊本の Book 版をインストールしている場合は、必ず別フォルダにインストールしてご利用ください。
TINA version 9 Japanese Book Version Ⅳは、Windows XP/Vista/7 で動作します。
付属 CD-ROM から「Tina9Book4.exe」をダブルクリックするとインストールが開始されます。

◆ サンプル回路
CD-ROM に収録したサンプル回路の中には、TINA9（日本語・Book 版Ⅳ）のシミュレーション制限を超えた規模の回路も含まれています。それらの回路には特別な処理を施し、シミュレートできるようにしてありますが、それを保存しなおしてしまうとシミュレートできなくなります。本書付属の Book 版Ⅳ以外では動作しない回路があります。
TINA9（日本語・Book 版Ⅳ）をインストールすると、TINA9 の「EXAMPLE」フォルダ内に製品版用サンプル回路が保存されます。これらのファイルの中には、日本語・Book 版Ⅳでは動作しないものが含まれますのでご了承ください。
TINA 9 で保存したファイルを TINA 8 以前のソフトで開くときは、保存時にファイルの種類を「Tina V7 Schematics」に設定して保存してください。なお、ノード数制限を超えたものを保存した場合は開くことができません。またこの設定で保存しても一部動作しない回路があります。

◆ 「ヘルプ」について
TINA9 日本語・Book 版Ⅳに収録されたヘルプ（英語版）は、製品版のものであり、日本語・Book 版Ⅳに対応したものではありません。あくまでも参考資料としてご活用ください。

2. 使用上の注意

（1）TINA version 9 Japanese Book Version Ⅳは、個人が学習やホビー用に使用するためのものです。ビジネスや教育機関などでの使用はできません。別途製品版をご購入のうえご利用ください。
（2）本書に付属する CD-ROM、および CD-ROM に収録されているソフトウェア、プログラムなどは、すべて使用者の責任においてご使用ください。
（3）使用したことで生じた、いかなる直接的、間接的損害に対しても、弊社、プログラムの開発者、筆者・編集者・その他書籍制作に関わったすべての個人、団体、企業は一切の責任を負いません。あらかじめご容赦ください。
（4）本書に付属する CD-ROM に収録されている内容の著作権その他の権利は、その内容の制作者に帰属します。
（5）本書に付属する CD-ROM に収録されているソフトの使い方に関しての問い合わせ、バージョンアップ情報などの問い合わせにはお答えできません。
（6）本書に付属する CD-ROM に収録されている内容の無断複製・転載・再配布などは許可しません。
（7）以上の条項に承諾できない場合は、付属 CD-ROM を絶対に使用しないでください。

● （登録）商標について
TINA は、ハンガリー DesignSoft 社の登録商標です。
Microsoft、MS、Windows は、Microsoft Corporation の米国、およびその他の国における商標または登録商標です。その他、本文中に記載されている製品名、会社名は、すべて関係各社の商標または登録商標です。本文中に ™、®、© は明記していません。

● 免責
本文に記載または付属 CD-ROM に収録されているプログラムの実行結果につきましては、万一障害が発生しても、弊社および筆者は一切の責任を負いません。あらかじめご了承ください。
本書の記載情報は、第 1 刷発行時のものを記載しています。

●●●シーケンス制御をはじめよう●●●

　シーケンス制御は、JIS（日本工業規格）で「あらかじめ定められた順序または手続きに従って、制御の各段階を逐次進めていく制御」と定義されています。生産技術に関連した堅苦しい言葉のように感じるかもしれませんが、このような動きは、交通信号機、エレベータ、自動ドア、洗濯機など、私たちの身近なところに数多く見つけることができるのです。

　シーケンス制御回路を作るにはいろいろな方法がありますが、本書では電磁石とスイッチを組合わせたリレーと呼ぶ機器を使った、リレーシーケンス制御回路を考えます。リレーシーケンスは、決して新しい技術ではありません。ですが次のような観点で見ると、これから制御技術を習得しようとする方々には、最適な技術のひとつであると言えます。

- ・基本的な回路が定石的に用意されている
- ・実用的な回路を簡単に作ることができる
- ・必要とする関連基礎分野が比較的少ない
- ・使用機器の形状から用途が簡単に分かる
- ・制御のための信号と動かすための動力が明確に分離されている

　本書に添付の電子回路シミュレータソフト TINA は、簡単な操作でスイッチが切り換わり、モータが回転し、電球が点滅するという視覚的なシミュレーションを行うので、初心者の方でも動作を確認しながら本書を読み進めることができます。サンプル回路を動かすだけでなく、読者の皆様が TINA を活用して、自由に回路を変更、設計して理解を深めることをお勧めいたします。

　末筆になりますが、本書の執筆を了解していただき、遅れ続けた原稿を寛大に待ってくださった技術評論社編集部　淡野正好様、執筆難航のたびに助言と激励をしてくださり、最後までご面倒をおかけした（株）ツールボックス、ならびにアイリンク（合）の皆さま、誠にありがとうございました。心よりお礼申し上げます。

2010 年 12 月吉日
小峯　龍男

本書の上手な読み方・使い方

本書はこれからシーケンス制御回路を学ぼうという方、そして電子回路シミュレータを使ってみようという方の入門書です。単なるソフトの説明書でも、教科書的な入門書でもありません。本書で基本を理解し、パソコンで実際に回路の動きをシミュレートして、より直感的にしくみを理解できるよう工夫しました。

本書では、付属CD-ROMに収録したハンガリーDesignSoft社製電子回路シミュレータソフト「TINA version9 Japanese Book Version Ⅳ（日本語・Book版Ⅳ）」をパソコンにインストールして、実際にシーケンス回路の動作を確認しながら読み進められます。それは、高価な実験・実習機器の整えられた実験室環境そのものといえます。

■ シーケンス制御回路の動作を疑似体験しながら学べます

本書では、TINAで作成した「実際に動くサンプル回路」を使用して説明を進めています。説明で使う回路のすべてはCD-ROMに収録していますので、読者の皆さんは本書の説明を読みながら、同時に回路を動作させて確認することができるのです。

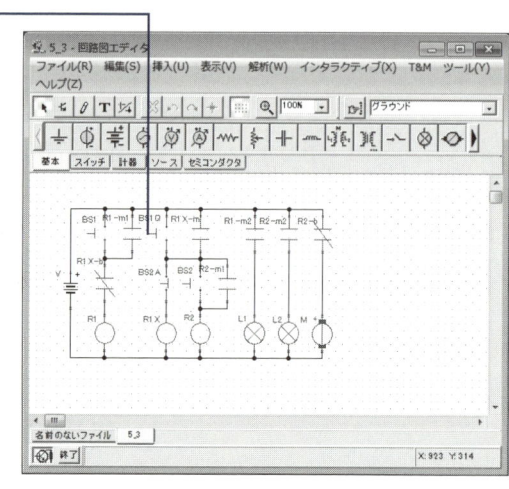

1 ソフトは米TI社公認の実力派
2 簡単なマウス操作で本格回路がすぐ組める
3 サンプル回路や自作回路でシミュレーション（解析）を実践
4 実験室並みの測定・開発ツールが使える（本書ではマルチメータ、オシロスコープの解説はしていません）

■ **試用期限がないので、いつでも何回でも操作可能です**

収録のTINAには試用期限はありません。学習したいとき、ご自分のペースで、いつでも何回でも試しながら操作できます。また、日本語版なので、直感で操作することも容易です。

■ **読者の興味に合わせて、必要なところからお読みください**

本書は指導者がそばにいなくても、自分の興味あるところを拾い読みすれば、必ず何らかの理解ができるよう単元読み切りに留意しました。といってもバラバラにトピックを配したわけではありません。順を追って読み進んでいただければ、オーソドックスな入門書として十分な内容を持たせています。そして本書で紹介しているどの回路例も、ゲームや実用回路に応用できるものばかりです。

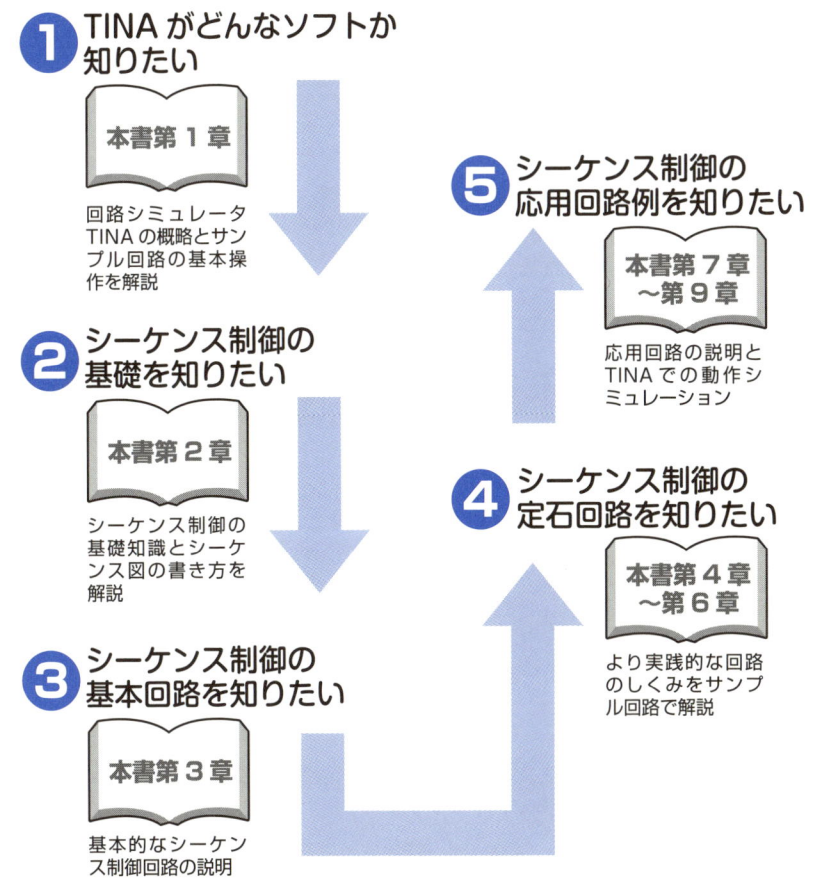

本書の上手な読み方・使い方

■ 読むだけでもシーケンス制御回路の基礎としくみが理解できます

　本書の解説では、できるだけTINAの操作方法には触れないようにしました。それは、シーケンス制御回路の入門書として、わかりやすい解説の質を守るために、ソフトに頼らなくても読み進めて内容を理解できることを最優先したからです。ですから本書は、通学や通勤途中の電車の中や、休み時間に開いて読んでいただくことを想定しています。

　そして回路のしくみが何となく理解できれば、次は自然に自分の手で回路を触りたくなるはずです。実際に動作をさせてみれば、頭の中だけの理解が、すっきり整理され、しっかり身に着くはずです。

■ シミュレータソフト「TINA」で本格設計も可能です

　本書に付属のシミュレータソフト「TINA」は、十数万円もする製品版と引けを取らない機能と部品数を有しています。本書では、入門書という性格上、扱っている回路は基礎的なものばかりですが、回路の設計に自信のある方なら、本格的な回路設計に十分お使いいただけます。

　また、これから電子回路の勉強を始める方は、添付のサンプル回路ファイルで解析するだけでなく、皆さん自身がTINAを使って、値を変えたり部品の組み合わせを工夫して、回路を積極的に改造してみてください（27ページ、67ページ、102ページ参照）。

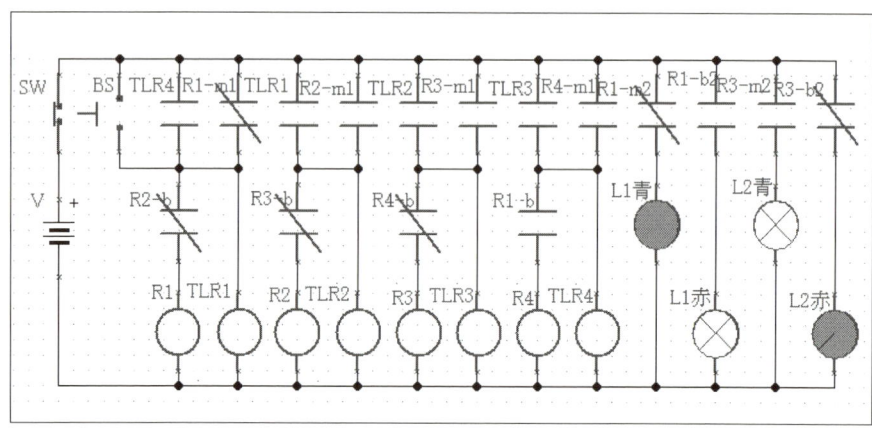

付属CD-ROMに収録の作成済みサンプル回路の改造は自由です。万一回路を失敗しても、煙を出したり部品を壊す心配はありません。

JIS 記号と TINA 図記号の違いについて

本書に付属のシミュレータソフト TINA の図記号や図面表記は、シーケンス制御回路の図面への使用が定められている日本工業規格（JIS）の記号と、いくつか異なった点があります。あらかじめ違いを理解することで、本書を効率的に読み進められます。詳しくは本書第 2 章をご一読ください。

■ TINA シーケンス図の注意点

　TINA のシーケンス制御回路の図面では、JIS 規格と以下の違いがあります。
①電源が表示されている。
②信号線の接続点が●（黒丸）で表示されている。
③操作スイッチ、リレーコイル、リレー接点の図記号が異なる。
④保持型スイッチは一般手動スイッチを、復帰型スイッチには押しボタンスイッチを使用している。
⑤三相 AC モータの動作はランプの点滅で代用している。
⑥部品の下付き数字（BS_1 や L_1 など）の表記は通常の大きさになっている。

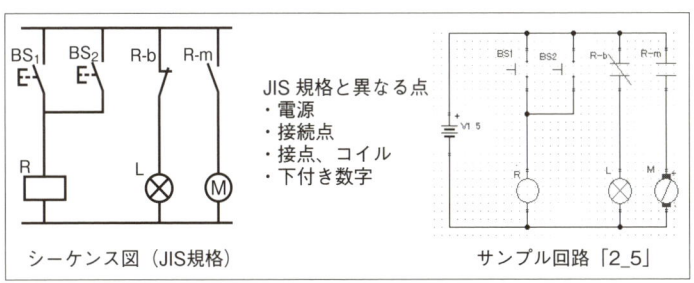

JIS と TINA で異なる主なシーケンス図記号

本書の説明でよく使う シーケンス制御回路の基本用語説明

シーケンス制御回路を理解するうえで知っておくと役に立つ用語をまとめてみました。本書の説明にも登場しますので、わからないときはすぐにこのページで調べてください。

回路
電気を流す道筋。道路のような「行き止まり」はなく、電気がぐるぐると回り続けることが必要。

シーケンス
法則・規則に従った連続的な操作手順。制御工学ではシーケンス制御を指す。「あらかじめ定められた順序または手続きに従って制御の各段階を逐次進めていく制御」と定義される。

プログラマブルコントローラ(シーケンサ)
マイクロコンピュータのプログラム上で、シーケンス制御回路を動作させる機器。プログラムを書き変えて、動作を変更できる。

励磁
電磁リレーのコイルに電流を流し、磁力を発生させること。付勢とも呼ぶ。

消磁
励磁中のコイルの電流を遮断し、磁力を断つこと。消勢とも呼ぶ。

自己保持
リレーコイルへ通電する接点に、そのリレー自体の接点を使用して短時間の入力信号を保持して、励磁を継続すること。

シーケンス図
回路の動作を主体に部品の接続を示す図面。シーケンス制御の動作の流れを表す。

配線図
回路を構成する部品の接続を、定められた記号で書き表した図面。接続端子や部品の位置関係を、実際の回路と同じように書く。

負荷
回路中で電気エネルギーを消費して熱や光、運動などを発生する機器。

負荷電流
制御回路に接続したモータなどの負荷に流れる大きな電流。

接点を「閉じる・開く」
一般的な「スイッチをオンにする」とは、接点を閉じること。「オフ」とは接点が開いている状態をさす。

制御信号
制御回路に命令を与えるため微小電流による信号。

復帰
機器の状態を、動作を開始する以前の初期状態へ戻すこと。

目次

シーケンス制御をはじめよう ……………………………………………… 3
本書の上手な読み方・使い方 ……………………………………………… 4
本書の説明でよく使うシーケンス制御回路の基本用語説明 ……… 8

第1章 TINAとサンプル回路の動かし方　17

1-1 回路を実際に動かして学べる付属ソフト「TINA」の特長 —— 18
本格派なのに遊び心もくすぐります ……………………… 18
豊富な部品と測定器データベースを装備 ………………… 19
デジアナ混在回路や最新の機能を搭載 …………………… 19

1-2 本書付属CD-ROMのコンテンツ収録内容 ——————— 20
収録コンテンツ一覧 ………………………………………… 20

1-3 収録「TINA」の機能制限と動作環境 ————————— 21
収録TINAの制限一覧 ……………………………………… 21
TINAの動作環境 …………………………………………… 21

1-4 TINAのインストール ———————————————— 22
TINA（日本語・Book版Ⅳ）のインストール …………… 22

1-5 サンプル回路の読み込みとシミュレーションの実行 —— 27
サンプル回路の読み込み …………………………………… 27
シミュレーションを開始する ……………………………… 28
スイッチのオン・オフ操作 ………………………………… 28
シミュレーションを停止する ……………………………… 29
回路図を拡大／縮小する …………………………………… 30
ファイルを閉じる …………………………………………… 31
サンプル回路が実行できないときには …………………… 32

第2章 シーケンス制御の基礎知識　33

2-1 制御とは何か？ ——————————————————— 34
手動制御と自動制御 ………………………………………… 34
制御のしくみ ………………………………………………… 35

目次

2-2 いろいろな制御方式を知ろう ― 36
オープンループ制御 …………………………………… 36
クローズドループ制御（フィードバック制御）………… 37

2-3 シーケンス制御の種類 ― 41
順序制御 ………………………………………………… 41
時限制御 ………………………………………………… 42
条件制御 ………………………………………………… 42

2-4 シーケンス制御回路の種類 ― 43
リレーシーケンス制御 ………………………………… 43
無接点リレーシーケンス制御 ………………………… 44
プログラマブルコントローラ制御 …………………… 44

2-5 リレーシーケンス制御回路の部品と図記号 ― 45
電磁リレー ……………………………………………… 45
スイッチ ………………………………………………… 48
ランプ …………………………………………………… 53
ソレノイドとモータ …………………………………… 54

2-6 シーケンス図の基本を理解する ― 55
配線図とシーケンス図 ………………………………… 55
配線図とシーケンス図の違い ………………………… 57
縦書きシーケンス図と横書きシーケンス図 ………… 58
シーケンス図を見やすくする参照方式 ……………… 60

2-7 TINA シーケンス制御回路の読み方 ― 62
自作の制御回路の動作検証ができる ………………… 62
動作確認はランプの点灯で代用 ……………………… 62
シーケンス図を考える手順 …………………………… 63
TINA のサンプル回路を使ってみよう ……………… 65

2-8 TINA でシーケンス制御回路をつくる ― 67
部品を配置する ………………………………………… 67
リレーとリレー接点を設置する ……………………… 69
ボタンスイッチを配置する …………………………… 71
部品を配線でつなげる ………………………………… 73
シミュレーションの実行 ……………………………… 74

第3章 シーケンス制御の基本回路 ———————————— 75

3-1 タイムチャートを理解しよう ———————————— 76
- 信号の書き方 …………………………………………… 76
- タイムチャートとシーケンス図 ……………………… 76

3-2 スイッチ信号の処理 ———————————————— 79
- 接点と動作の呼称 ……………………………………… 79
- 接点の組み合わせ ……………………………………… 80
- 逆の動作を考える ……………………………………… 81

3-3 信号を記憶する自己保持回路 ——————————— 83
- 自己保持回路とは ……………………………………… 83
- リセット入力優先型自己保持回路 …………………… 84
- セット入力優先型自己保持回路 ……………………… 86

3-4 リレー論理回路のしくみ ————————————— 89
- リレー論理回路とは …………………………………… 89
- AND 回路 ……………………………………………… 90
- OR 回路 ………………………………………………… 92
- NOT 回路 ……………………………………………… 93
- EX-OR 回路 …………………………………………… 95

3-5 インタロック回路のしくみ ———————————— 97
- インタロック回路とは ………………………………… 97
- タイムチャートを考える ……………………………… 97
- インタロック回路を考える …………………………… 98
- TINA のインタロック回路例 ………………………… 99

3-6 タイマー回路の働き ——————————————— 100
- 限時動作瞬時復帰回路 ………………………………… 100
- 瞬時動作限時復帰回路 ………………………………… 103

第4章 組み合わせシーケンス制御の例 ———————— 107

4-1 両手操作の安全装置のしくみ ——————————— 108
- 安全装置としての多入力 AND 回路 ………………… 108
- タイムチャートとシーケンス図 ……………………… 108
- TINA の回路例 ………………………………………… 109
- 回路の応用例 …………………………………………… 110

4-2 3入力インタロック回路 ———————————— 112
　　多入力インタロック回路の考え方 …………112
　　シーケンス回路図 ……………………………113
　　TINA で回路を作る ……………………………113
　　接点を共用した回路 …………………………114

4-3 暗号キーの回路を知っておこう ———————— 115
　　回路の動き ……………………………………115
　　回路の考え方 …………………………………116
　　シーケンス図をつくる ………………………116
　　TINA の回路例 …………………………………117

4-4 接点入力の組み合わせ回路 ————————— 119
　　回路の動き ……………………………………119
　　回路の考え方 …………………………………120
　　シーケンス図をつくる ………………………120
　　TINA の回路例 …………………………………121

第5章　順序シーケンス制御の例　123

5-1 上位入力のある制御 ——————————————— 124
　　「温風送風機」などの回路例 …………………124
　　タイムチャートと制御信号の決定 …………124
　　シーケンス図を作る …………………………125
　　TINA でシミュレートする ……………………126

5-2 ファーストイン・ファーストアウト（FIFO）回路 ——— 129
　　FIFO 回路の考え方 ……………………………129
　　制御信号を決定する …………………………129
　　シーケンス図を作る …………………………130
　　TINA で動作を確認する ………………………131

5-3 順番を限定した2入力回路 ————————— 133
　　回路の動き ……………………………………133
　　回路の考え方 …………………………………134
　　シーケンス図を作る …………………………135
　　TINA で回路を作る ……………………………136

5-4 ファーストイン・ラストアウト（FILO）回路 ——— 138
　　FILO 回路の動き ………………………………138
　　回路の考え方 …………………………………138

制御機器を決定する ……………………………………… 139
　　　シーケンス図を作る ……………………………………… 140
　　　TINA で動作を確認する …………………………………… 140
　　　FILO 回路の応用例 ………………………………………… 144

5-5　もうひとつの FILO 回路 ──────────────── 145

　　　回路の動き ………………………………………………… 145
　　　考え方とシーケンス図 …………………………………… 145
　　　TINA で回路を作る ………………………………………… 146

第6章　タイマー制御の例　　　　　　　　　　　　149

6-1　遅延ワンショット回路の働き ─────────── 150

　　　歩行者用信号機の回路例 ………………………………… 150
　　　シミュレーションの結果は？ …………………………… 151
　　　シーケンス図を作る ……………………………………… 151
　　　TINA で動作を確認する …………………………………… 152
　　　「過渡解析」でタイマー動作を観察する ……………… 154
　　　限時動作限時復帰の回路 ………………………………… 156

6-2　フリッカ回路のしくみ ──────────────── 158

　　　フリッカ回路の考え方 …………………………………… 158
　　　シーケンス図を作る ……………………………………… 158
　　　回路の動作 ………………………………………………… 159
　　　TINA で動作を確認する …………………………………… 160
　　　フリッカ動作の確認 ……………………………………… 160
　　　フリッカ動作用タイマーリレー ………………………… 162

6-3　3段順次点滅回路のしくみ ──────────── 163

　　　回路の動き ………………………………………………… 163
　　　回路の考え方 ……………………………………………… 163
　　　ワンショット回路 ………………………………………… 164
　　　順次点滅回路1 …………………………………………… 167
　　　順次点滅回路2 …………………………………………… 168

6-4　交互通行信号機を考える ──────────────── 171

　　　回路の出力 ………………………………………………… 171
　　　回路の考え方 ……………………………………………… 172

6-5 ネスト制御をタイマーで作る ── 174
- FILO をタイマーで制御する ………………… 174
- シーケンス図を作る ………………………… 174
- TINA で回路を作る …………………………… 175

第7章 シリンダ制御の例
177

7-1 シリンダの運動と制御 ── 178
- シリンダと制御弁 …………………………… 178
- シリンダ制御の図記号と動き ……………… 179
- 電空制御シリンダの基本構成 ……………… 179
- 自動復帰制御のタイムチャート …………… 180
- 制御信号を決定して回路を作る …………… 181
- TINA の回路と動作 ………………………… 181

7-2 2本シリンダの制御（1） ── 184
- シリンダと制御弁の基本構成 ……………… 184
- 交互自動往復の動作とタイムチャート …… 184
- 制御信号を決定して回路を作る …………… 185
- TINA の回路と動作 ………………………… 186

7-3 2本シリンダの制御（2） ── 189
- 同時前進順次後進の動作とタイムチャート ………… 189
- 制御信号を決定する ………………………… 190
- シーケンス図を作る ………………………… 191
- TINA の回路と動作 ………………………… 191

7-4 2本シリンダの制御（3） ── 194
- 順次前進同時後進の動作とタイムチャート ………… 194
- 制御信号を決定して回路を作る …………… 195
- TINA の回路と動作 ………………………… 195

7-5 2本シリンダの制御（4） ── 198
- LIFO の動作とタイムチャート ……………… 198
- 制御信号を決定して回路を作る …………… 199
- TINA の回路と動作 ………………………… 199

第8章 モータ制御の例 — 203

8-1 DCモータの2電源正逆転制御 — 204
- DCモータのしくみ …………………………………… 204
- DCモータを回転させるには ………………………… 205
- DCモータの正逆転制御 ……………………………… 206
- TINAのスイッチ回路例 ……………………………… 206
- リレー制御回路 ………………………………………… 207

8-2 DCモータの単電源正逆転制御 — 209
- トグルスイッチで正逆転 ……………………………… 209
- スイッチをリレーに置き換えた回路 ………………… 210
- H型ブリッジ接点回路 ………………………………… 210
- インタロックとH型ブリッジ回路 …………………… 213
- 正逆転切り換え回路 …………………………………… 214

8-3 単相ACモータの制御 — 216
- 単相AC（交流）モータのしくみ …………………… 216
- ACモータを回転させるには ………………………… 217
- 電磁接触器と電磁開閉器 ……………………………… 218
- 単相ACモータの正逆転回路 ………………………… 219

8-4 三相ACモータの制御 — 222
- 三相ACモータのしくみ ……………………………… 222
- 三相ACモータを回転させるには …………………… 222

8-5 三相ACモータの始動回路 — 224
- 三相ACモータの固定子コイル ……………………… 224
- 制御信号を決定して回路を作る ……………………… 225
- Y-Δ始動回路 …………………………………………… 225
- TINAの回路でシミュレーション …………………… 227

8-5 三相ACモータの正逆転制御 — 229
- 三相ACモータの回転を変えるには ………………… 229
- TINAで作った正逆転回路 …………………………… 230

第9章 リレーで計算機を考える　231

9-1 半加算器　232
- 2進数の表しかた…………………………………232
- 2値信号と2進数……………………………………233
- 2つの数の足し算……………………………………234
- リレーによる半加算器………………………………234

9-2 全加算器　236
- 全加算器の動作………………………………………236
- 全加算器1………………………………………………237
- 2つの半加算器で全加算器を構成する……………238

9-3 エンコーダ回路　242
- データの符号化………………………………………242
- TINAのリレーエンコーダ回路……………………243

9-4 デコーダ回路　245
- データの復号化………………………………………245
- TINAのリレーデコーダ回路………………………246

9-5 リレー計算機の構成　248
- 純2進法と2進化10進法……………………………248
- 2進化10進法加算器…………………………………248
- 3桁の計算機を考える………………………………249

9-6 リレー計算機の引き算　251
- 補数を使って引き算を加算に変換する……………251
- 2の補数を使って引き算を加算に変換する………251
- 4ビットの減算回路の仕組みしくみ………………252

用語索引　253

■表記
　本書では、サンプル回路を解説している箇所において、TINA（サンプル回路）の画面に合わせることにしました。よって、電気、磁気の記号（例：抵抗・R、コンデンサ・C など）をイタリック体としていません。

第1章 TINAとサンプル回路の動かし方

「TINA」は、アナログとデジタルの混在回路が扱える最新規格の電子回路シミュレータです。全世界で利用され、米テキサスインスツルメンツ社では公式シミュレータとして活用されている実力ソフトです。この基本機能を使って、シーケンス回路を動かしながら学びましょう。

1-1 回路を実際に動かして学べる付属ソフト「TINA」の特長

「TINA」はパワーユーザーの方には強力な開発ツールとして、これから電子回路を学ぼうとする入門者には安全で正確な実験環境を提供してくれます。

　電子回路の学習は、理論と体験の両方をバランスよく身に付けることが大切です。しかし、学校や研究機関などのように実験環境が整っている場合を除いて、一般の方が電子回路を手軽に体験することはなかなか難しいのが現状です。本書では、TINAを使ってサンプル回路の解説を読みながら、実際に回路を動かして実験することができます。回路図編集画面に部品を置いて回路を作成し、その回路図に信号源や仮想測定器（以下、「測定器」）をつないで回路の動作をシミュレーションします。

本格派なのに遊び心もくすぐります

　電気を少しでもかじったことがある人なら、ソフトを起動してすぐに使えてしまうほどの直感的な**マン・マシン・インターフェースと操作性のよさが、TINAの最大の特長**です。パソコンを使える人なら、それこそ小学生でも使いこなせます。それに、回路の中で電球が灯ったり、モータが回ったり、電流を流し過ぎると電球が切れたりと、遊び心もいっぱい詰まっています。

　といっても、**機能と性能は世界中の企業で長年の利用実績を持つプロユース仕様**ですから、大規模な製品開発でも、その力を存分に発揮できます。

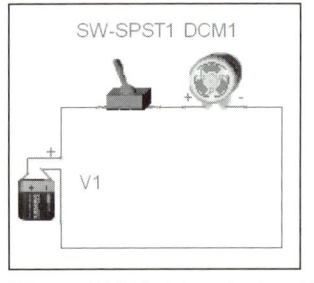

図1-1　回転するモータ（3Dビュー）

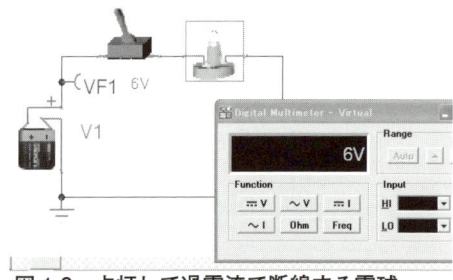

図1-2　点灯して過電流で断線する電球

※本書収録のTINA9 Book版Ⅳには3Dビュー機能は搭載されていません。

豊富な部品と測定器データベースを装備

TINAには、回路部品や測定器のデータベースがあらかじめ収納されています。その部品数は2万点（製品バージョンによって収納数が異なります）。本書付属の「TINA9（日本語・Book版IV）」は、リレー回路に必要なリレー、コイル、接点などの部品を始めとして、トランジスタやオペアンプなどのアナログ部品、マルチメータやオシロスコープなどの測定器も豊富で、リレー回路だけでなくほとんどの基本的な電子回路はこのデータベースの部品で間に合います。また、企業独自のカスタム部品など特殊な部品やデータベースにない部品も登録して使えます。

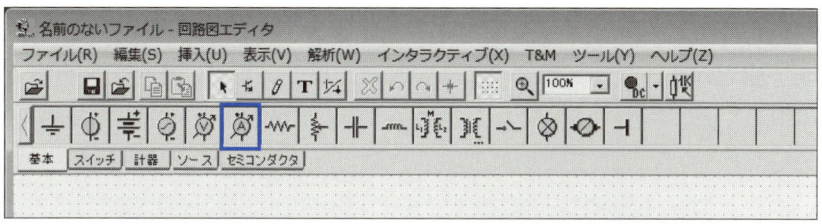

図 1-3　5 グループに分類された「部品」バーの選択画面（収録版）

デジアナ混在回路や最新の機能を搭載

TINAは、Spice 3F5/XSpice（スパイス）に準拠しているので、アナログとデジタルがミックスした回路でもシミュレーションができます。デジタル回路の比率が上がってきている現在の技術環境にマッチしたソフトですから、入門時にマスターしておくと、企業の研究開発部門でも十分役立ちます。

本書では触れませんが、製品版のTINAは、RF、VHDLを含んだシミュレーションや、PICなどMCUとの協調シミュレーション、さらにはPCB（プリント基板）の自動配置／自動配線機能が統合されたパッケージツールです。また、USBコントロールのハードウェア実証装置「TINALab-II」（税抜き価格27万9千円）を使えば、試作した回路を実際にセットして、TINAからのテスト入力信号の供給と出力結果のサンプリングがT&Mバーチャル計測器で行えます。もう高額な測定器は必要ありません。

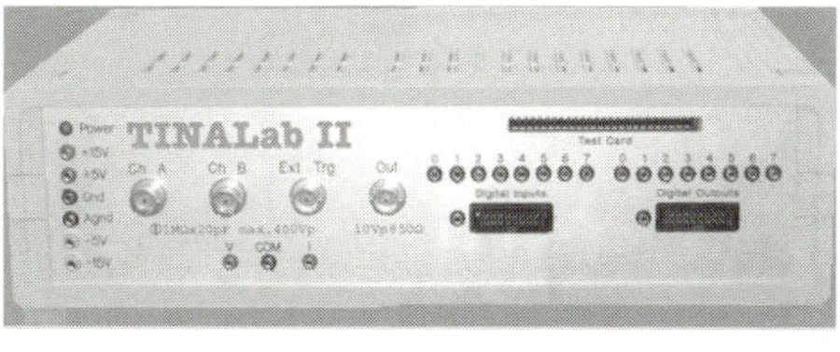

図 1-4　USB コントロールのハードウェア実証装置「TINALab-II」

1-2 本書付属 CD-ROM の コンテンツ収録内容

本書付属 CD-ROM には、TINA の基本機能が無期限に使える日本語・Book 版Ⅳ「TINA V9 Japanese Book Version Ⅳ」と、本書の説明で使うサンプル回路を収録しています。

収録コンテンツ一覧

本書付属 CD-ROM には、以下の一覧にあるアプリケーションと、本書の説明で使う回路のサンプルファイルが収録されています。サンプル回路で操作に慣れたら、自分で値を変えて改造したり、新規回路の設計に活用できます。

表 1-1 本書付属 CD-ROM に収録のコンテンツと概要

コンテンツ	概　要
◆電子回路シミュレーションソフト（日本語・Book 版Ⅳ）	
TINA version 9 Japanese Book Version Ⅳ	回路シミュレータソフトの日本語特別版
◆本書の説明で使用するサンプル回路ファイル	
TINA 用サンプルファイル	TINA 用に組み立てたサンプル回路です。シミュレーションして動作が確認できます。

既刊本『「しくみ」と「基本」』シリーズに付属の TINA との相違

既刊本『「しくみ」と「基本」』シリーズ（技術評論社発行）に付属の「TINA（日本語・Book 版）」と、本書付属の「TINA（日本語・Book 版Ⅳ）」は、機能や搭載部品が異なります。

たとえば、本書付属の「TINA（日本語・Book 版Ⅳ）」では、アナログ回路設計に便利なパラメータ・ステッピングの設定（部品の定数をいく通りかに変えて動作を観察できる）機能を備えていますが、デジタル回路編に付属の「TINA（日本語・Book 版）」では、それらは搭載していません。その代わり、「TINA（日本語・Book 版）」には、デジタル回路解析機能を備え、設計に必要なゲート IC やフリップフロップなどの部品が搭載されています。

これらの付属 TINA は、インストール先フォルダを別にすれば、同一のパソコンにインストールしてご利用になれます。

1-3 収録「TINA」の機能制限と動作環境

本書付属 CD-ROM に収録した TINA9（日本語・Book 版Ⅳ）は、回路図の印刷機能や PCB デザインなど一部の機能を除いては、プロユースの基本機能を無期限でお試しいただけます。

収録 TINA の制限一覧

収録の TINA9（日本語・Book 版Ⅳ）は、市販の製品版と基本機能は同じです。ただし、回路図の印刷など一部機能が利用できないことと、シミュレーション可能な回路の部品点数やノード数に制限が設けられています（表1-2 参照）。本書で説明に使うサンプル回路の中には、下記の制限を超えたものがありますが、特殊な処理を施して動作を可能にしています。

表 1-2　TINA9（日本語・Book 版Ⅳ）の機能制限

機能制限	機能制限の内容
利用できない機能	回路図の印刷機能 PCB デザイン機能、VHDL 解析機能 フィルタデザイン機能、RF 解析機能 PIC MCU シミュレーション解析機能など
シミュレーション可能な回路 いずれかの制限を超えるとシミュレート不可	最大 IC 数 2（アナログ＋デジタル） 最大ゲート数 10 ゲート 最大フリップフロップ数 10 個 最大アナログノード数 50 ノード

TINA の動作環境

インストールには、200MB 以上のハードディスクの空き容量が必要です。

表 1-3　TINA9（日本語・Book 版Ⅳ）の動作環境

項目	動作環境
OS	Windows XP/Vista/7
CPU	Intel Pentium と同等またはそれ以上
メモリー	256MB
HD 容量	200MB 以上の空き容量

（注）インストールは、administrator でログオンして行ってください。

1-4 TINAのインストール

さっそくTINAをパソコンにインストールしてサンプル回路を使ってみましょう。今日からあなたのパソコンが電子回路の実験室に変貌します。

TINA（日本語・Book版Ⅳ）のインストール

本書付属CD-ROMをパソコンにセットして、以下の手順でTINA9（日本語・Book版Ⅳ）をインストールしてください。なお、インストールに関してのご質問は、アイリンク（合）（26ページ参照）へお問い合わせください。

操作手順

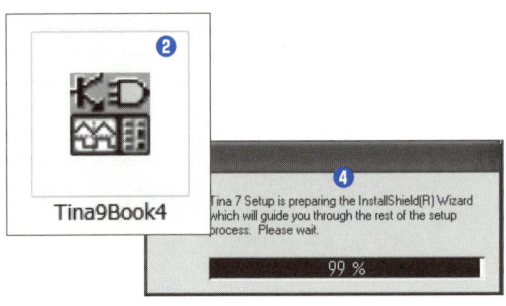

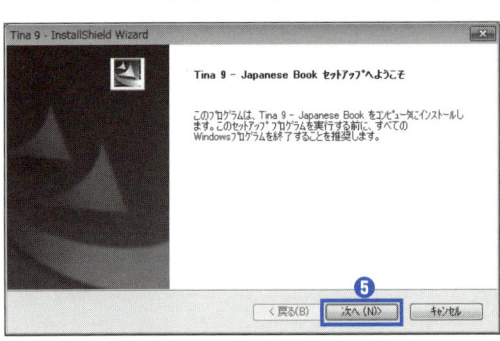

❶ 本書付属CD-ROMをパソコンにセットして、CD-ROMを開きます。
❷ 「TINA9Book4.exe」ファイルをダブルクリックします。
❸ Windowsのセキュリティ警告画面が表示されるときは、[実行]をクリックします。
❹ インストーラファイルの解凍が始まります。
❺ 解凍が終了するとインストーラが起動するので[次へ]をクリックして先へ進みます。

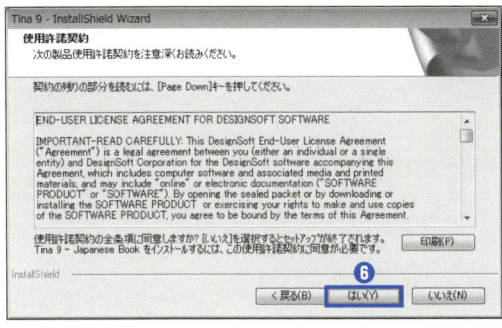

❻ 使用許諾の説明を確認後[はい]をクリックして次へ進みます。

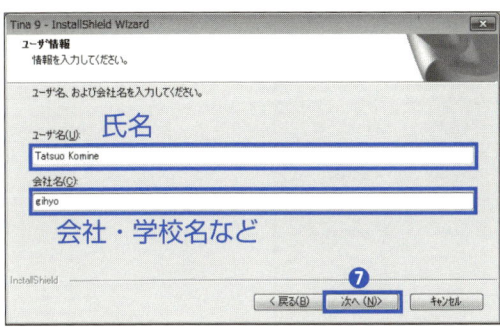

❼ 利用者情報の登録を行い、[次へ]をクリックします。

❽ インストール先フォルダを設定します。とくに指定がなければ、デフォルトの設定で[次へ]をクリックして次へ進みます。

✎ 既刊本に付属のBook版がすでにインストールしてある場合は、必ず異なるフォルダにインストールしてください。

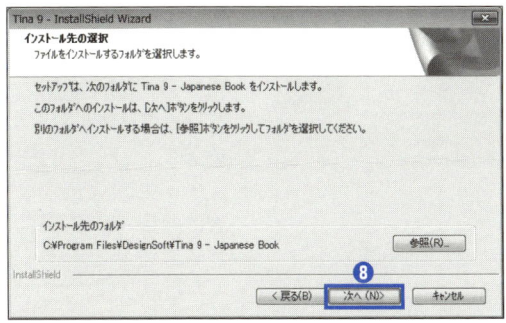

インストール先の指定時の注意点

　本書付属のTINA9（日本語・Book版Ⅳ）と、既刊本付属のBook版をインストールする場合は、必ずインストール先フォルダを別にしてください。なお、デスクトップにショートカットを2つ共存させたいときは、先に作ったほうの名前を変更しておきます。

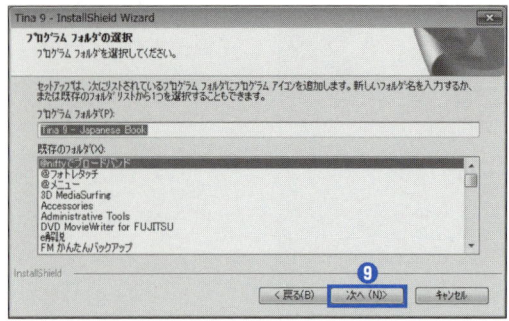

❾ [次へ] をクリックして次へ進みます。

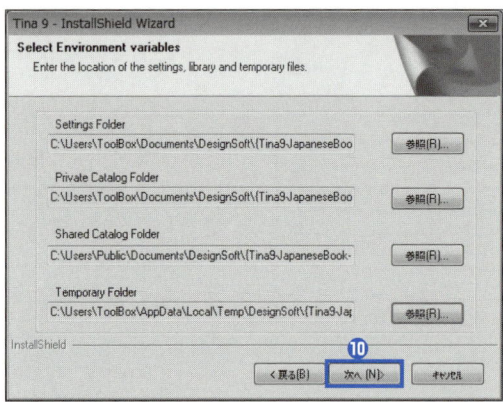

❿ インストール条件の確認で変更がなければ [次へ] をクリックして次へ進みます。

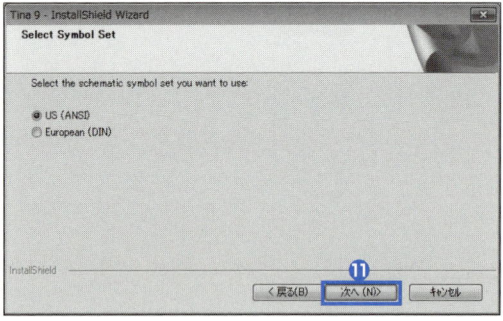

⓫ 設計時に使用する部品の規格を選択して、[次へ] をクリックします。
✎ 通常は、[US（ANSI）] にチェックを入れます。
次に設定内容の確認の画面が表示されるので [次へ] をクリックします。

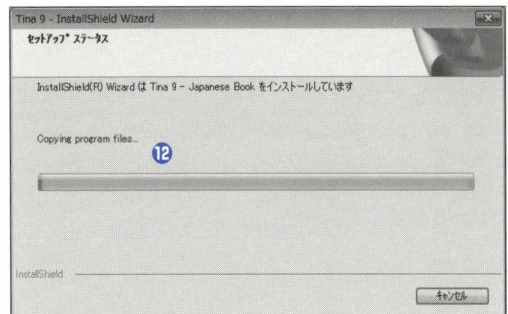

⑫ インストールが始まります。なにも操作せずしばらく待ちます。

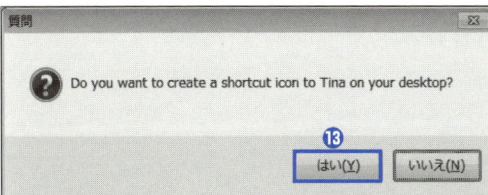

⑬ しばらく待つとデスクトップにショートカットを作成するかどうかを訪ねるメッセージが表示されるので[はい(Y)]をクリックします。

≫ すでにTINAデモ版や既刊本の日本語・Book版などをインストールしていて、そのショートカットが作成されているときは、すでにあるショートカットの名前を変えておくと、本書のTINA9（日本語・Book版Ⅳ）のショートカットとの共存が図れます。

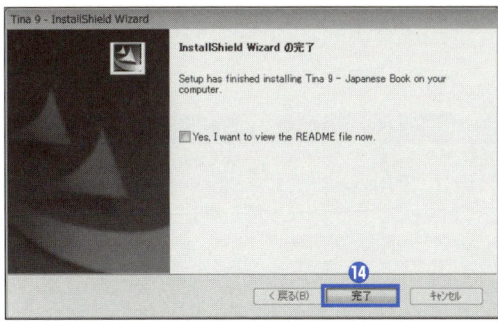

⑭ セットアップが完了しました。READMEファイルを読むならば、ラジオボタンをチェックして[完了]をクリックしてインストール作業を終了します。

アンインストール手順

プログラムのアンインストールは、お使いのパソコンの「コントロールパネル」から[プログラムの追加と削除]をクリックして、[プログラムの変更と削除]を選び、一覧から「Tina 9 − Japanese Book 4」を削除してください。

Windows7の場合：「コントロールパネル」より「プログラムのアンインストール」で削除することができます。

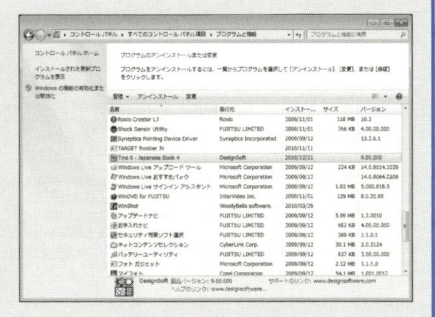

1-4 TINAのインストール

TINA の製品板について

　DesignSoft 社の TINA 製品には、用途に合わせて業務用と教育用から選べるいくつかのラインナップが用意されています。いずれも、他社の同クラスの製品に比べて、価格が安いのが特徴です。

　日本では、アイリンク（合）が製品の取り扱いを行っています。

　製品版に関しての詳細および購入は、アイリンク社のホームページあるいは下記のEメール、TEL で受け付けています。

●製品の問い合わせ先
アイリンク（合） http://www.ilink.co.jp/
Eメールアドレス：ilink_sales@ilink.co.jp　TEL：045-663-5940

表 1-4　製品版 TINA のラインナップ

製品ラインナップ	製品概要
TINA DesignSuite Industrial	企業向け。解析時ノード数無制限、部品、モデル数 20,000 点、PCB パッド数無制限、ステディステート解析、スモーク解析、ネットワークアナライザ、RF モデル、VHDL デバッガを含むフルバージョン。価格 180,000 円（税別）
TINA DesignSuite Classic	企業向け。解析時ノード数無制限、部品、モデル 10,000 点、PCB パッド数 1000。価格 90,000 円（税別）
TINA DesignSuite Basic	企業向け。解析時ノード数 200、部品、モデル 10,000 点、PCB パッド数 200。価格 20,000 円（税別）
TINA DesignSuite Education	教育向け。解析時ノード数無制限、部品、モデル数 20,000 点、PCB パッド数 1,000、ネットワークアナライザ、RF モデル、VHDL デバッガを含む。価格 93,000 円（税別）
TINA DesignSuite Student	学生自宅学習向け。解析時ノード数 100、部品、モデル数 10,000 点、PCB パッド数 100。購入には学生証の提示が必要。価格 12,000 円（税別）

＊その他、PCB 配置配線機能を除いた製品などあり
＊複数本購入時には大幅な割り引きあり
価格や仕様は 2014 年 5 月現在のものです。変更されることもあります。

1-5 サンプル回路の読み込みとシミュレーションの実行

CD-ROMの「sample」フォルダ内に本書で使用したすべてのサンプル回路のファイルを収録してあります。通常のデータファイルの読み込み方法で実行できます。

サンプル回路の読み込み

　TINAが正常にインストールされていれば、サンプル回路のファイルに関連付けがされています。「sample」フォルダを開き、各章のフォルダから実行するファイルをダブルクリックします。拡張子は「.TSC」です。TINAはフルスクリーンで起動します（TINAのメニューからファイルを開いてもかまいません）。

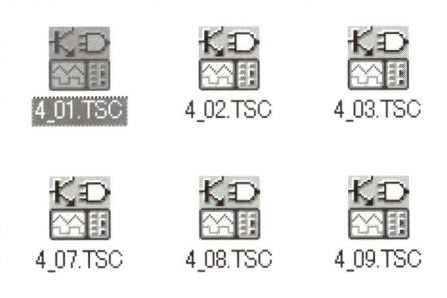

既刊本に付属のTINA9日本語・Book版もインストールしてある環境では、サンプル回路のアイコンを直接クリックすると、後からインストールしたほうのプログラムが立ち上がって読み込まれます。正しいほうでないと動作しない場合がありますので、その場合はまずTINAを起動してメニュー操作で読み込んでください。

図1-5　TINAのサンプル回路のアイコン

ONE POINT TINA　複数のファイルを開いているときはタブで回路を切り替えます

　TINAでは、複数の回路を開けます。複数の回路を開いているときは、画面下に表示されるタブを切り替えて、必要な回路を表示させます。

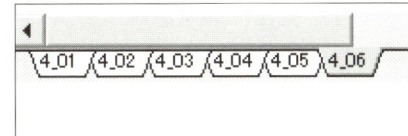

シミュレーションを開始する

シミュレーション実行時には[インタラクティブ・モード On/Off]ボタン（下記❷の解説参照）が押し込まれた状態でロックされ、ボタンの緑色のインジケータが点灯しています。なお、TINAのインタラクティブモードの設定（32ページ参照）が、回路で実行できないモードになっているときは、[インタラクティブ・モード On/Off]ボタンが働きません。

 操作手順

シミュレーションを開始するには、次の2つの方法があります。

❶ メニューから実行する方法

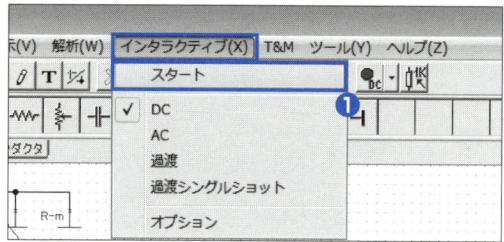

❶ メニューから[インタラクティブ]をクリックして、[スタート]を選びます。

❷ ツールボタンで実行する方法

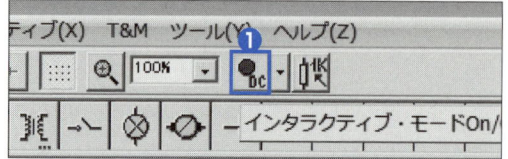

❶ ツールバーの[インタラクティブ・モード On/Off]ボタンをクリックします。
☜ シミュレーション実行時は緑色に点灯します。

スイッチのオン・オフ操作

スイッチ操作は、通常はマウスのクリックで行いますが、本書のサンプル回路のように、スイッチにキーボード操作（ホットキーと呼びます）が割り当ててある場合は、キー操作でのオンオフができます。

サンプル回路では、ホットキー操作を設定したスイッチには、回路中に[A]、[B]と割り当てたキーを表示してあります。

操作手順

❶ マウスでスイッチを操作する場合

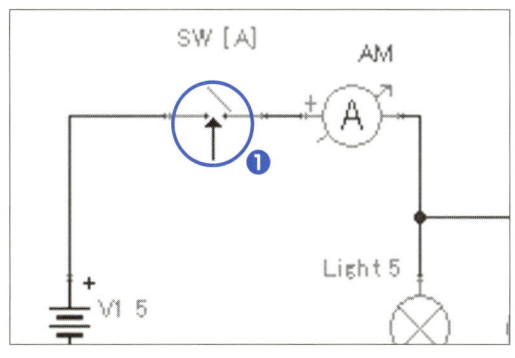

❶ スイッチの接点にマウスポインタを近づけると、ポインタの形が「↑」に変化します。
❷ ここでクリックするとスイッチが切り替わります。
✎ 部品上で誤ってクリックして部品を移動しないように注意しましょう。

❷ キーボードでスイッチを操作する場合

ホットキーで操作する場合は、[半角] キー単独の小文字モードで操作します。[全角] や Shift、Ctrl などほかのキーと同時に押してはいけません。

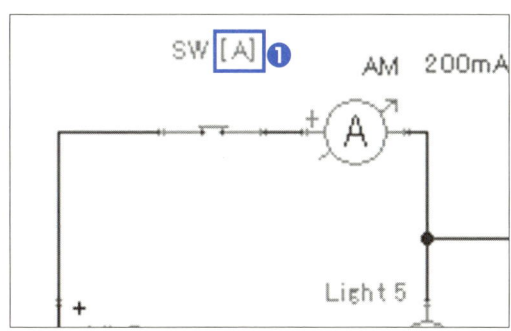

❶ キーボードのホットキーに割り当てられたキーを押します。
✎ 左の図では、[A] キーをスイッチに割り当てているので、キーボードの「A」キーでスイッチのオンオフができます。

シミュレーションを停止する

シミュレーションの停止は、シミュレーションの開始と同様にメニュー操作かツールバーの[インタラクティブ・モード On/Off]ボタン（28 ページの解説❷参照）で行います。

なお、シミュレーションを停止する前には、必ず回路の操作スイッチなどを初期の状態に戻しておきましょう。

回路図を拡大／縮小する

❶ 回路図を拡大する

　回路図を拡大／縮小表示することができます。メニューバーの[100%　▼]をクリックし、例えば150％を選択してください。縮小する際は同様に、今度は[150%　▼]と表示された箇所をクリックし、縮小したい％を選択します。

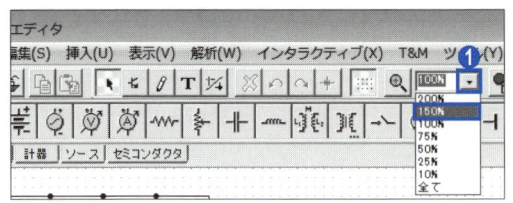

❶メニューバーの[100%]の横の[▼]をクリックして、拡大／縮小したい％を選びます。

❷ 一部分を拡大する

　一部分を拡大するには、メニューバーの🔍をクリックし、拡大したい箇所でクリックします。なお、カーソルが🔍の状態で、マウスの左ボタンを押したまま枠で拡大したい箇所を囲み、拡大することもできます。

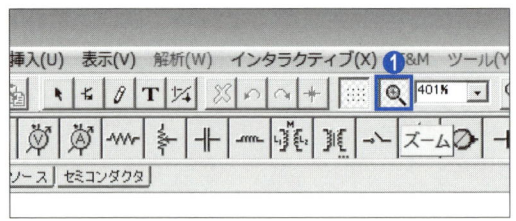

❶🔍キーをクリックします。

❸ 拡大した回路図を通常の大きさに戻す

　大きさを戻す方法は、メニューバーの[表示]→[ズーム]→[通常]を選択します。

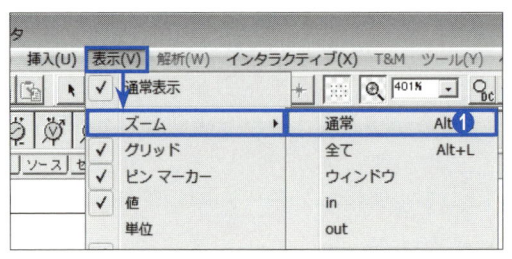

❶メニューから[表示]→[ズーム]→[通常]を選びます。

ファイルを閉じる

　今開いているファイルを閉じるときは、メニューから[ファイル]をクリックして、[閉じる]を選びます。
　同時に複数のファイルを読み込んでいる場合は、編集画面下のタブにファイル名が表示されます。表示中のファイルだけを閉じるには[ファイル]→[閉じる]を、すべてのファイルを同時に閉じるには、[ファイル]→[全て閉じる]を選びます。

操作手順

❶ 閉じたいファイルのタブをクリックして、編集画面を表示させます。

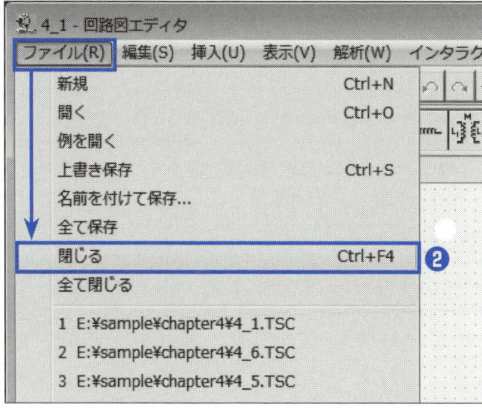

❷ メニューから[ファイル]をクリックして、[閉じる]を選びます。
✎ 複数のファイルをすべて閉じるときは、[全て閉じる]を選びます。

ONE POINT TINA | **付属のサンプル回路で規模の大きな回路は保存し直すとシミュレートできなくなります**

　本書付属のサンプル回路の中には、TINA日本語・Book版のシミュレーション制限を超えた規模のものが含まれています。
　それらの回路には、特別な処理を施して動作・観察できるようにしてありますが、それを上書き保存や名前を付けて保存をしてしまうと、処理が外れて動作しなくなります。
　シミュレートできなくなったときは、あらためて付属CD-ROMに収録のファイルから読み込んでご利用ください。

1-5 サンプル回路の読み込みとシミュレーションの実行

サンプル回路が実行できないときには

　TINA（日本語・Book 版Ⅳ）は回路の特性に合わせて 4 種類のインタラクティブモードを持っています（サンプル回路は実行可能な設定で収録してあります）。いろいろな操作をしているうちにシミュレーションができなくなった場合には、このインタラクティブモードが今どういう設定になっているかを確認してください。

　モードを変えても実行できない場合には、保存せずにいったんファイルを閉じて、再度読み込んでください。

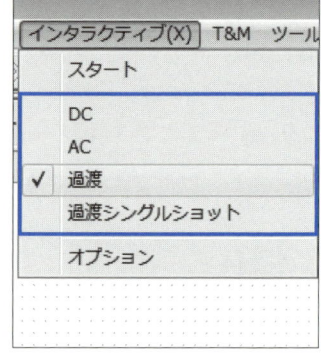

図1-6　インタラクティブの4つのモード

表1-5　インタラクティブのモードの概要（「VHDL」モードは製品版機能）

モードの種類	対象回路
DC	直流回路、アナログとデジタルの混在回路
AC	サイン波、またはコサイン波を電源とする回路
過渡	パルスなどの過渡的な現象を含む回路 アナログとデジタルの混在回路
過渡シングルショット	過渡的なシミュレーションを TINA の計算した ワンショットの時間だけ実行
デジタル（デジタル Book 版対応）	論理回路、アナログとの混在回路はシミュレーション不可
VHDL（製品版搭載機能）	集積回路設計言語である VHDL（Very high speed integrated circuit Hardware Description Language）で書かれた部品を含む回路

第2章 シーケンス制御の基礎知識

シーケンス制御は私たちの生活をいたるところで支えています。制御という言葉は工学初学者には難しく感じられますが、この章で制御とは何か、シーケンス制御とは何かを理解してください。

2-1 制御とは何か？

機械や装置に目的とする働きを行わせるように操作することを「制御」と呼びます。私たちが自転車に乗ったり、照明のスイッチを操作するのも制御なのです。

手動制御と自動制御

　お湯を沸かすのに、コンロでお湯が沸騰したのを目で見て判断して、人が手で加熱を終了するのが**手動制御**、電気ポットのようにお湯が沸騰したのを機械が検知して、自動的に加熱を終了するのが**自動制御**です。人間が明るさに応じて手でスイッチを操作して照明を点滅するのが手動制御、照明器具が明るさを検知して自動的に照明を点滅させるのが自動制御です。

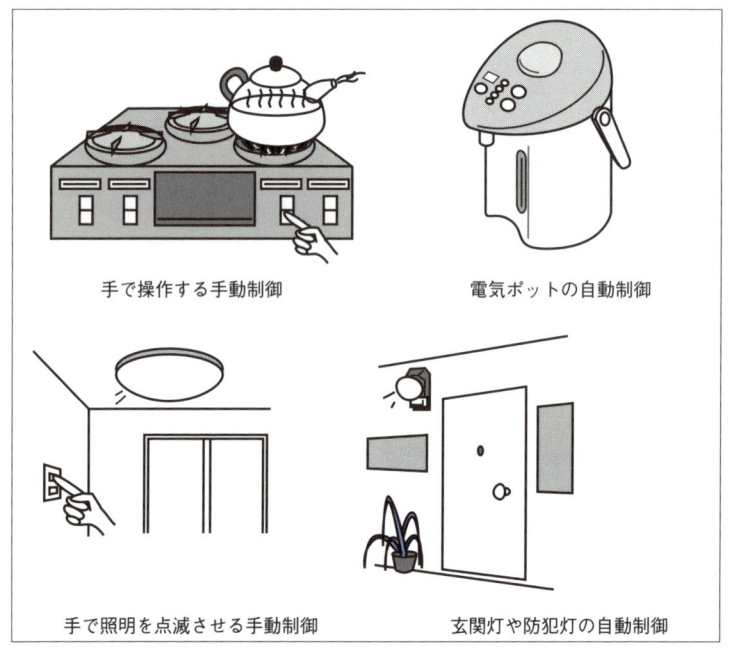

図 2-1　手動制御と自動制御

制御のしくみ

　お湯の沸騰を例として手動制御と自動制御の違いを考えましょう。図 2-2 を**フローチャート**（**流れ図**）と呼びます。フローチャートは仕事の内容を整理して考える場合に使われます。ソフトウェアのプログラミングではおなじみですが、制御の詳細を整理するのにも有効です。手動制御では人間がお湯の沸き加減の検出とボタンなどの操作を行い、自動制御では検出や操作を電気回路や機械が代行して行います。ポットの場合には、温度センサが人間の代わりに検出を行い、電気的に動作する自動スイッチが指のボタン操作の代わりを行います。

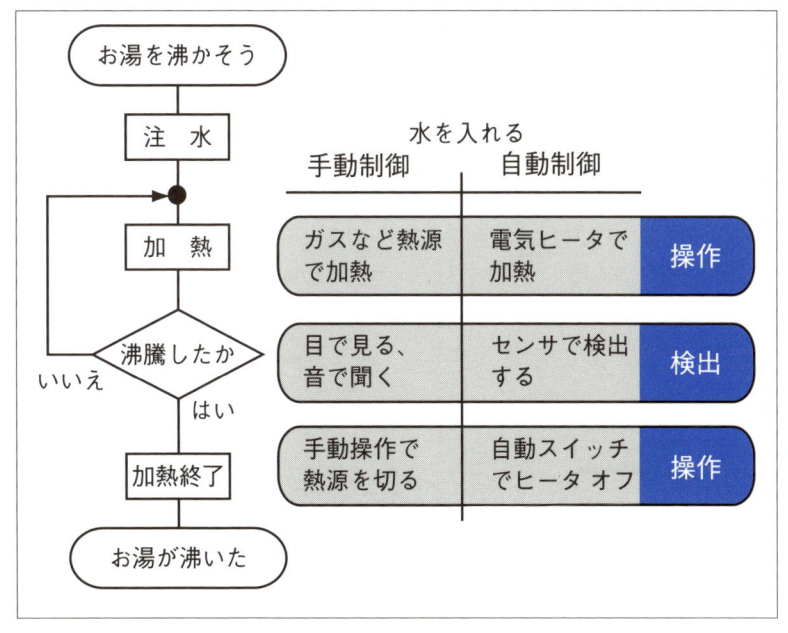

図 2-2　フローチャートで描いた制御のしくみ

2-2 いろいろな制御方式を知ろう

私たちの周りにはいろいろな機器があり、そのすべての機器がそれぞれの機器の目的に合った方法で制御されて動いています。代表的な制御の方式をまず理解しましょう。

オープンループ制御

　結果を見ずに、あらかじめ定められた順序や時間だけで制御工程を進める制御の方式を**オープンループ制御**と呼びます。
　たとえば、スイッチを操作して、明るい点灯、暗い点灯、ナツメ球点灯、消灯などを切り換える照明器具では、もしも照明管のどれかが点灯しなくてもスイッチを操作すると決められた順序で切り換わります。また、パンを焼くトースターはパンの枚数や時間を選んでスイッチを押すと、パンの焼き具合にかかわらず、あらかじめ設定したヒータの強さと時間で加熱を行います。このような制御がオープンループ制御です。

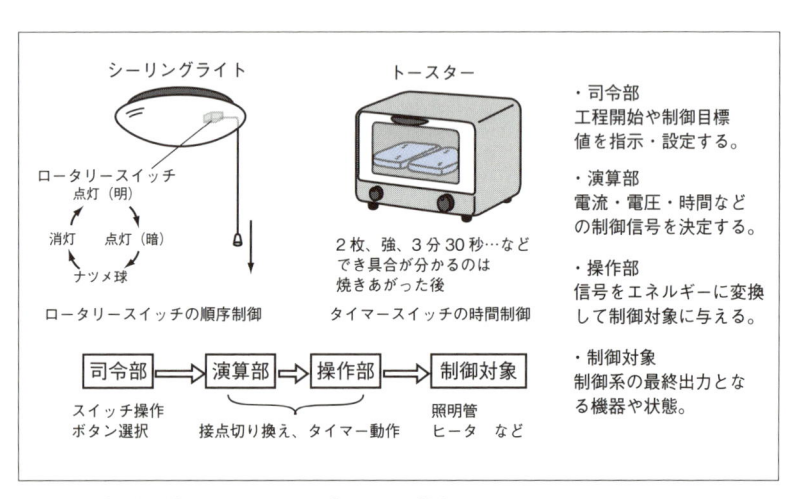

図 2-3　身近な機器にみるオープンループ制御

クローズドループ制御（フィードバック制御）

　エアコンは目標とする温度を設定するとセンサが部屋の温度を検出して常に目標値を保つように動作します。エアコン制御の信号の流れを図にすると信号が比較器とセンサの間をクルクルと循環して、常に目標値と制御結果を見比べるように動作する閉じた系と呼ばれる制御系を構成しています（図2-4参照）。このような制御系をオープンループ制御に対してクローズドループ制御と呼びます。クローズドループの代表的な制御方法がフィードバック制御です。フィードバックとは、検出した制御結果を目標値と比較するために戻す操作のことで、帰還とも呼びます。目標値と帰還信号を比較するときに、目標値に帰還信号をプラスする正帰還（ポジティブフィードバック）と目標値から帰還信号をマイナスする負帰還（ネガティブフィードバック）があります。正帰還は制御結果を発散させ、負帰還は制御結果を収束して安定するように動作します。一般に、制御系を安定させるためのフィードバック信号には負帰還を用いるので、フィードバック制御といえば負帰還制御を表します。フィードバック制御の特徴は、制御結果を検出して目標値と比較するので、制御系を乱す外乱信号が作用しても目的とする制御結果を得ることができる点にあります。

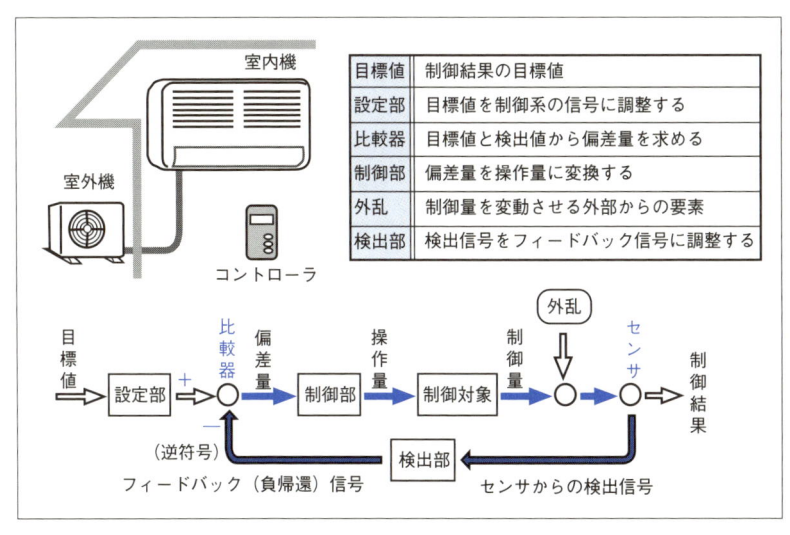

目標値	制御結果の目標値
設定部	目標値を制御系の信号に調整する
比較器	目標値と検出値から偏差量を求める
制御部	偏差量を操作量に変換する
外乱	制御量を変動させる外部からの要素
検出部	検出信号をフィードバック信号に調整する

図2-4　エアコンのフィードバック制御

2-2 いろいろな制御方式を知ろう

フィードバック制御は、操作や動作の進め方の違いによって、以下に説明するような分類でさらに区別されます。本書のテーマであるシーケンス制御も、このフィードバック制御に属しています。

● **定値制御と追従制御**

フィードバック制御の目標値の与え方による分類方法です。電気ポットでお湯の温度を一定範囲に保ったり、エアコンで部屋の温度を一定に保ったりする制御は、目標値が一定に設定される**定値制御**と呼びます。これに対して、カメラのオートフォーカスは、被写体が移動しても自動的にピントを合わせます。このように変化する目標値に対して常に同じ結果を得る制御を**追従制御**と呼びます。

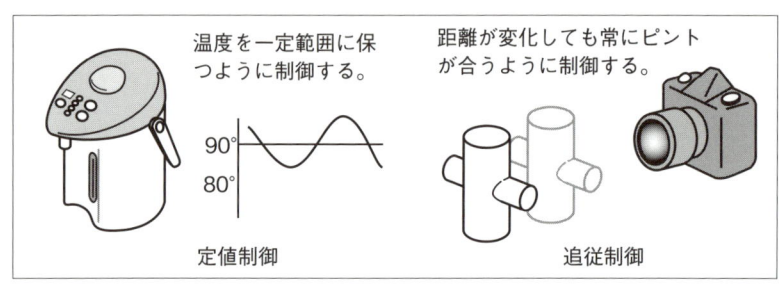

図2-5　定値制御と追従制御

● **オンオフ制御**

電気ポットは水を沸騰させた後、ヒータをオフにして保温し、お湯の温度が下がったとき再びヒータをオンにして加熱し、沸騰したらまたヒータをオフにして保温する動作を繰り返します。このように、フィードバック信号に連続量を使用し、制御量としてオンとオフの2値動作を繰り返す制御を**オン**

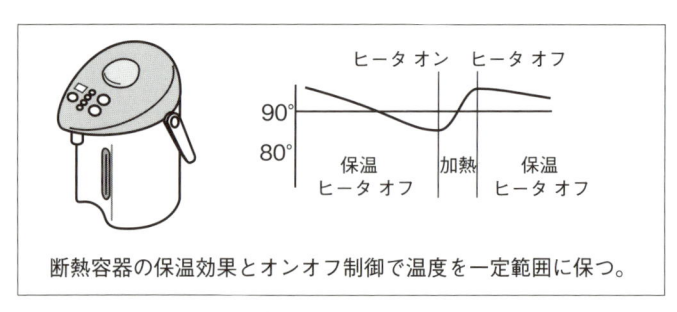

図2-6　温度のオンオフ制御

オフ制御と呼びます。実際のポットでは真空層で大気と断熱した「魔法瓶」タイプの断熱容器を採用しているため、保温効果は長時間持続されるのでオンオフが頻繁に繰り返されることはないはずです。

● サーボ制御

フィードバック制御で、物体の位置や角度、向きや姿勢などを制御量とする追従制御をとくに**サーボ制御**と呼びます。図 2-7 は、工作機械で工具や工作物を移動させるテーブル移動機構の例です。信号の変化に対して高い追従性をもつモータを**サーボモータ**と呼び、サーボモータの回転を送りねじでテーブルの直線運動に変換します。工作条件から決定したテーブルの移動条件を司令部が決定し、制御部（演算部と操作部）が制御対象（サーボモータ）を駆動し、回転速さと移動量を 2 つの検出器で検出し、フィードバック信号として比較部へ戻すクローズドループを構成します。

(a) 工作機械のテーブル移動機構

(b) 制御方法はフィードバック制御

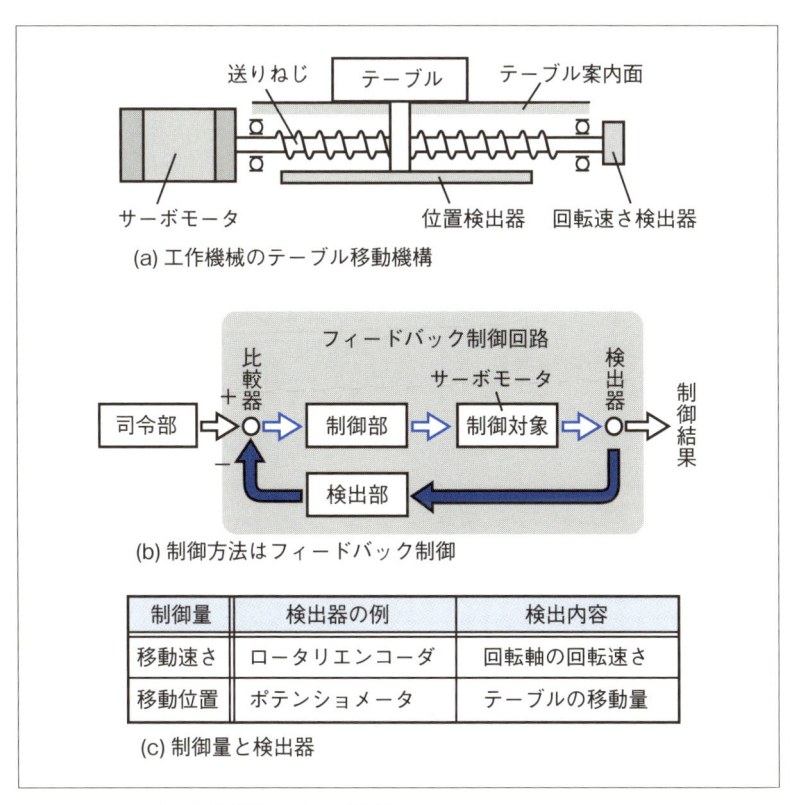

制御量	検出器の例	検出内容
移動速さ	ロータリエンコーダ	回転軸の回転速さ
移動位置	ポテンショメータ	テーブルの移動量

(c) 制御量と検出器

図 2-7　テーブル移動機構のサーボ制御

● シーケンス制御

　これまで考えたフィードバック制御では、フィードバック信号に連続量を使用しています。しかし、人間の近接で開閉する自動ドアなどでは、フィードバック信号として物体があるかないか、動作が終了したか動作中かなどの不連続な信号をフィードバック信号として取り扱う必要が出てきます。

　このように、2値のオンオフ信号を用いるクローズドループ制御を**シーケンス制御**と呼びます。日本工業規格では「あらかじめ定められた順序または手続きに従って制御の各段階を逐次進めていく制御」をシーケンス制御と定義しています。

　シーケンス制御は、身の回りの機械や装置を正確にそして安全に動作させるために、社会的に重用かつ不可欠な技術要素であるため、さまざまな分野で必要とされています。たとえば、自動販売機の制御や交通信号の制御、エレベータの制御など、現代社会にはなくてはならない技術なのです。

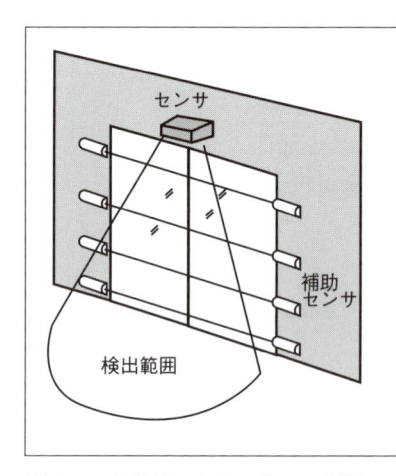

自動ドアの開閉には次のような2値条件を考え、これらを組み合わせて安全な制御条件を決定する。

・検出範囲に人を検出しているときは開く
・補助センサ信号が遮断されれば開く
・ドアが開ききって3秒後に閉じ始める
・モータ電流が大きくなったらモータ停止
・電源を投入したときには開く
・両ドアが閉じ切ったらモータ停止

図2-8　自動ドアのシーケンス制御

2-3 シーケンス制御の種類

私たちの生活に最も密着したシーケンス制御機器のひとつに全自動洗濯機があります。全自動洗濯機を例として、シーケンス制御の種類を考えてみましょう。

順序制御

　シーケンス制御は、前段階の動作が完了したことを受けて、あらかじめ定められている次の動作に移り、逐一各段階を進めていきます。その制御には大きく「順序制御」と「時限制御」、「条件制御」の3つの制御があり、その3つを組み合わせて、さまざまな装置や機器の制御を行っています。

　たとえば洗濯機は、前段階の動作の終了と同時に次の動作を開始します。このように、あらかじめプログラムされた動作を連続して実行するシーケンス制御を**順序制御**と呼びます。

全自動洗濯機は、洗濯コースを設定してスタートの指令を与えれば、プログラムされた工程を順番に実行する。
前段の動作の終了が次段の動作を開始させる制御を順序制御と呼ぶ。

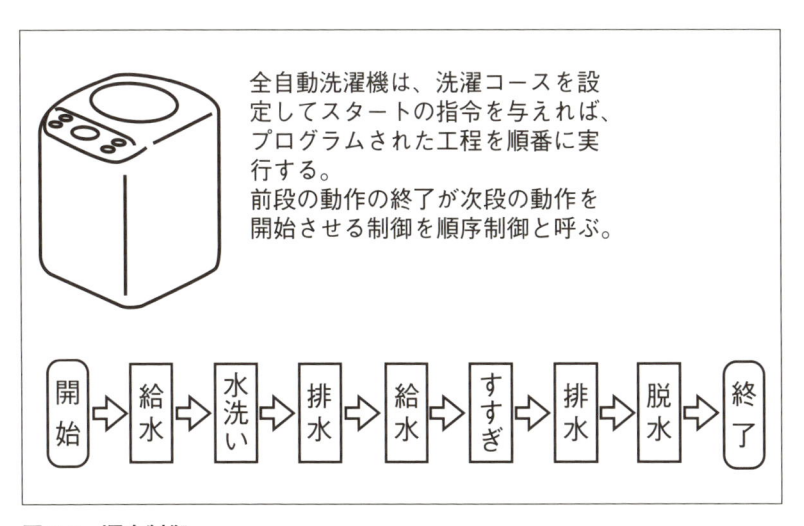

開始 ⇒ 給水 ⇒ 水洗い ⇒ 排水 ⇒ 給水 ⇒ すすぎ ⇒ 排水 ⇒ 脱水 ⇒ 終了

図 2-9　順序制御

時限制御

　洗濯機の順序制御を細かく見ると、いろいろな制御対象が考えられます。ここで、モータの運転があらかじめプログラムされた時間だけで動くものとすれば、順序制御で次の動作を実行する信号に時間経過が使用されていることになります。このように時間経過を信号にする順序制御を**時限制御**と呼びます。

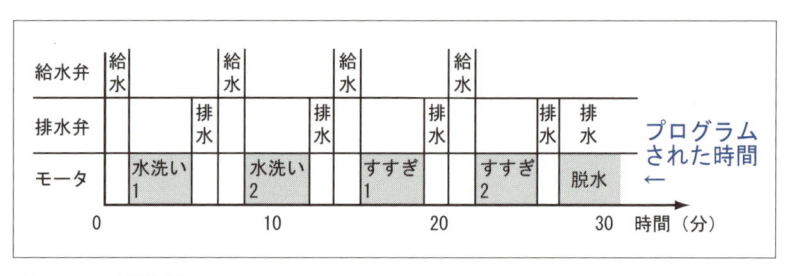

図 2-10　時限制御

条件制御

　洗濯機は洗濯物の仕上がりを直接検出することはできません。そのため、実際の洗濯機ではいろいろなセンサからの検出信号を組み合わせて、次工程へ移る条件を満たしているか否かを判断します。このように入力条件から工程の進行を決定する方法を**条件制御**と呼びます。

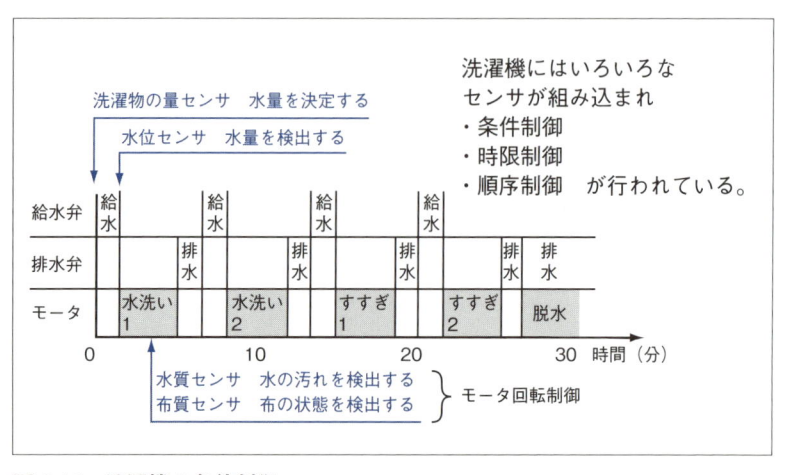

図 2-11　洗濯機の条件制御

2-4 シーケンス制御回路の種類

シーケンス制御を実行するための制御回路を作るには、具体的な制御機器が必要になります。代表的なものに、リレーと半導体回路、そしてコンピュータの3つがあります。

リレーシーケンス制御

　電磁コイルと切り換え接点を組み合わせ、コイルへ与えた入力信号の微弱電流で磁力を発生させて接点を引き寄せ、接点の切り換え動作を出力とする機器を**電磁リレー**（一般にリレー）と呼びます。入力信号と出力信号が電気的に独立しているので、出力接点は入力信号と異なる種類の制御信号や動力電流の継断などに使用することができます。接点をもつことから**有接点リレー**とも呼ばれます。

　シーケンス制御の制御部に主としてリレーを用いた制御を**リレーシーケンス制御**と呼びます。単にシーケンス制御と呼ぶ場合は、リレーシーケンス制御回路を指すことが一般的です。本書ではとくにこのリレーシーケンス回路について説明をします。

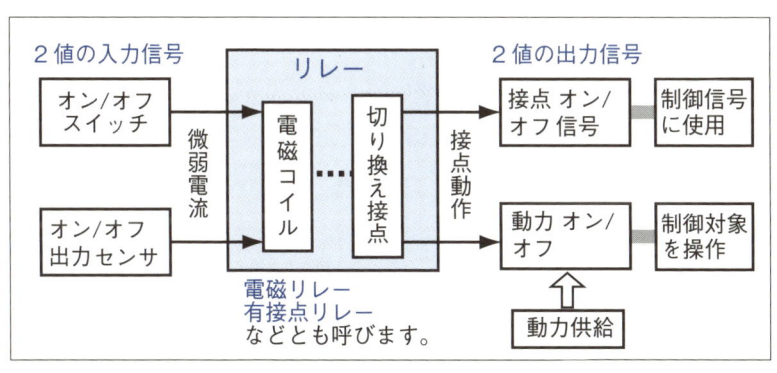

図2-12　リレーシーケンス制御の概略

無接点リレーシーケンス制御

　シーケンス制御で使用する2値信号はデジタル信号と考えられるので、論理演算を行うトランジスタやデジタルICなどの半導体素子でリレーの信号処理を行うことが可能です。半導体素子はリレーのように可動接点を持たないため、有接点リレーと対比して**無接点リレー**とも呼ばれます。半導体回路で処理できる電流は微弱なので、制御対象となるモータや電球などの負荷に流れる大きな負荷電流の開閉を行うには、リレーや電力制御素子を使用します。

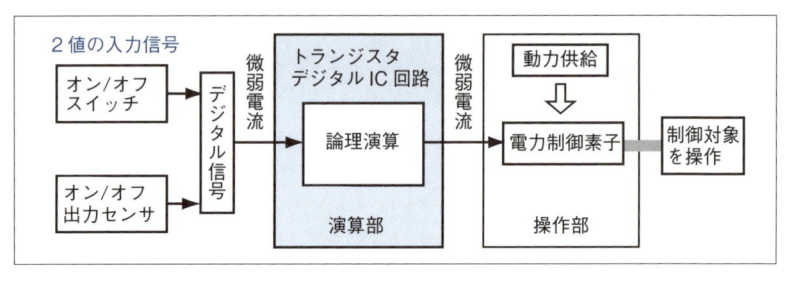

図2-13　無接点リレーシーケンス制御の概略

プログラマブルコントローラ制御

　制御回路を配線で構成する代わりにコンピュータのソフトウェア演算で回路を作り、入出力インタフェースを介してソフトウェア演算部に入力装置と制御対象を接続すると、ソフトウェアで容易に回路変更が可能な制御機器ができます。パソコンに拡張ボードを装着したり、ワンチップマイコンを利用するなどいろいろな方法があります。産業用としてシーケンス制御に特化した機器が市販され、これらの機器の総称を**プログラマブルコントローラ**と呼びます。「**シーケンサ**」とも呼ばれますが、この名称は三菱電機株式会社の登録商標です。

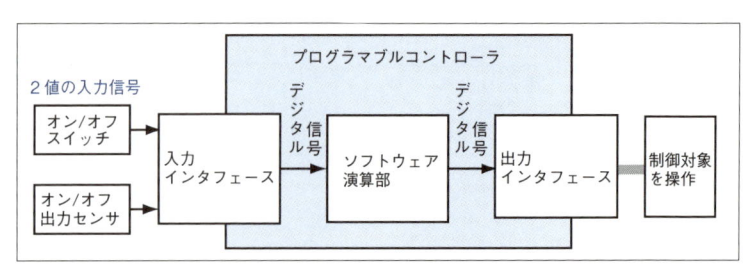

図2-14　プログラマブルコントローラ制御の概略

2-5 リレーシーケンス制御回路の部品と図記号

リレーシーケンス制御で使用する部品の概略と図記号、そして本書で使用するシミュレータ TINA の図記号を紹介します。

電磁リレー

　電磁コイルに電流を流して、磁力を発生させる操作を**励磁**と呼びます。励磁を利用して制御を行う電磁リレーには、目的によっていくつかの種類があります。

・**信号用ミニチュアリレー**……制御信号を処理する小型のリレー
・**電磁接触器**……大きな負荷電流を制御するリレー
・**電磁開閉器**……過電流防止のサーマルリレーと電磁接触器を組み合わせてモータ制御などに使用するリレー
・**タイマーリレー**……入力信号との時間差を作って接点操作をする時限制御に使用するリレー
・**基板実装用リレー**……IC のピン間隔と同じピン間隔で IC 基板上に取り付けることのできるリレー

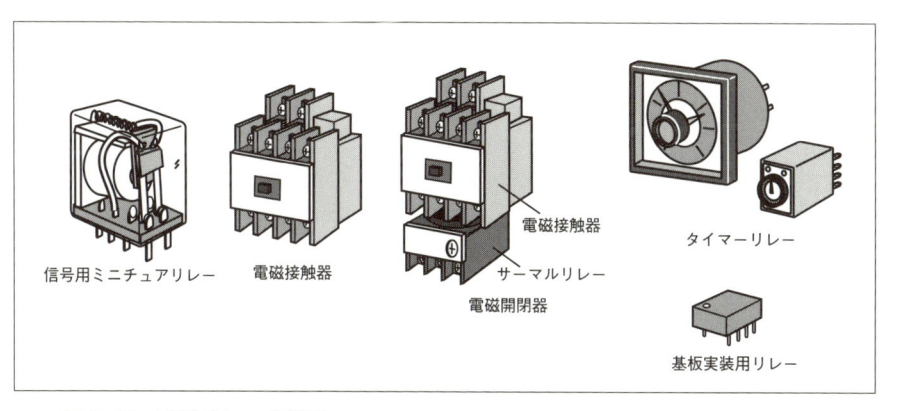

図 2-15　電磁リレーの概略

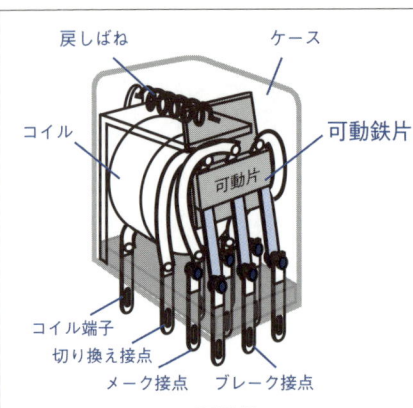

図2-16 3極連動切り換えリレーの構成とJIS図記号

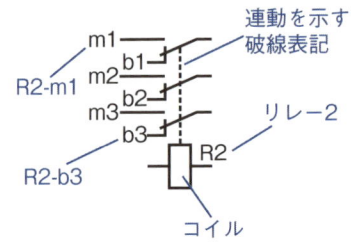

● JIS記号とTINAで用いるリレー図記号の違い

シーケンス制御の図面は日本工業規格（JIS）で図2-16に示す図記号を使用するよう決められていて、本書の説明で使う図面もJISに従います。

しかし、本書で使用するシミュレータTINAの図記号ではJISと異なる点があります。とくにコイルと接点が、図2-17のように異なります。本書のTINAのシミュレーション回路例ではコイルに円形を使用します。

第3章以降、これらの図記号はひんぱんに出てくるので、ここでしっかりと頭に入れておいてください。

また、図面では各部品の番号を示す数字は基本的に下付き数字（BS_1・R_1など）を使用しますが、TINAでは数字はすべて通常の大きさで表示されます（BS1・R1）。

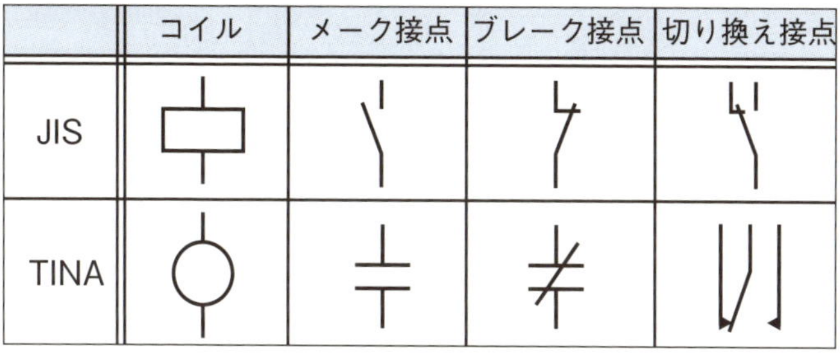

	コイル	メーク接点	ブレーク接点	切り換え接点
JIS				
TINA				

図 2-17　JIS と TINA で異なるリレーの図記号

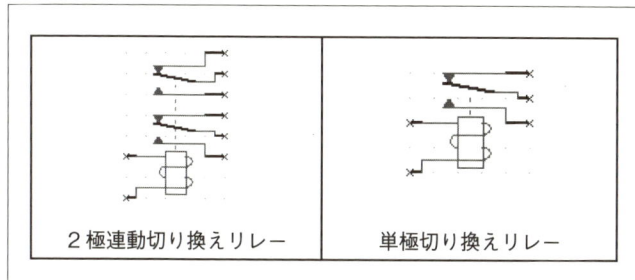

2極連動切り換えリレー	単極切り換えリレー

TINA の電磁リレーの記号です。一般的な配線図に使用します。

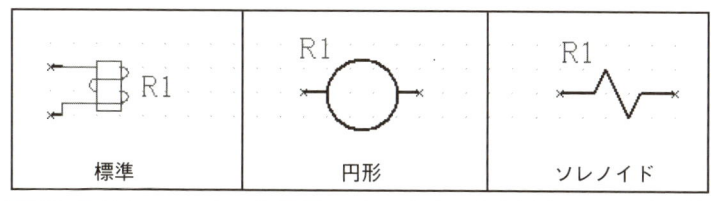

標準	円形	ソレノイド

TINA のリレーコイルの表示です。本書の回路例では円形を使用します。ソレノイドはリレー以外の電磁石に使用します。

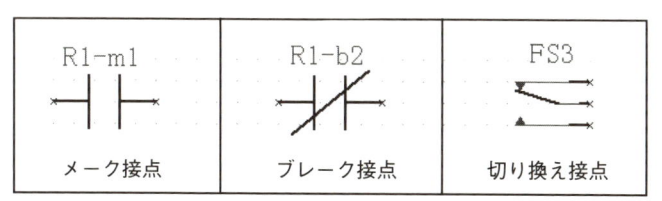

メーク接点	ブレーク接点	切り換え接点

TINA のリレー接点の表示です。

図 2-18　TINA で使用する電磁リレーの記号（サンプル回路「2_1」参照）

2-5 リレーシーケンス制御回路の部品と図記号

スイッチ

機械の始動・停止を命令する操作用信号を作ったり、回路の主電源の開閉などに使用するのがスイッチです。用途に合わせていろいろ種類があります。

(a) 信号用小型スイッチ

押しボタンスイッチ
- ボタン
- 本体
- メーク接点
- ブレーク接点

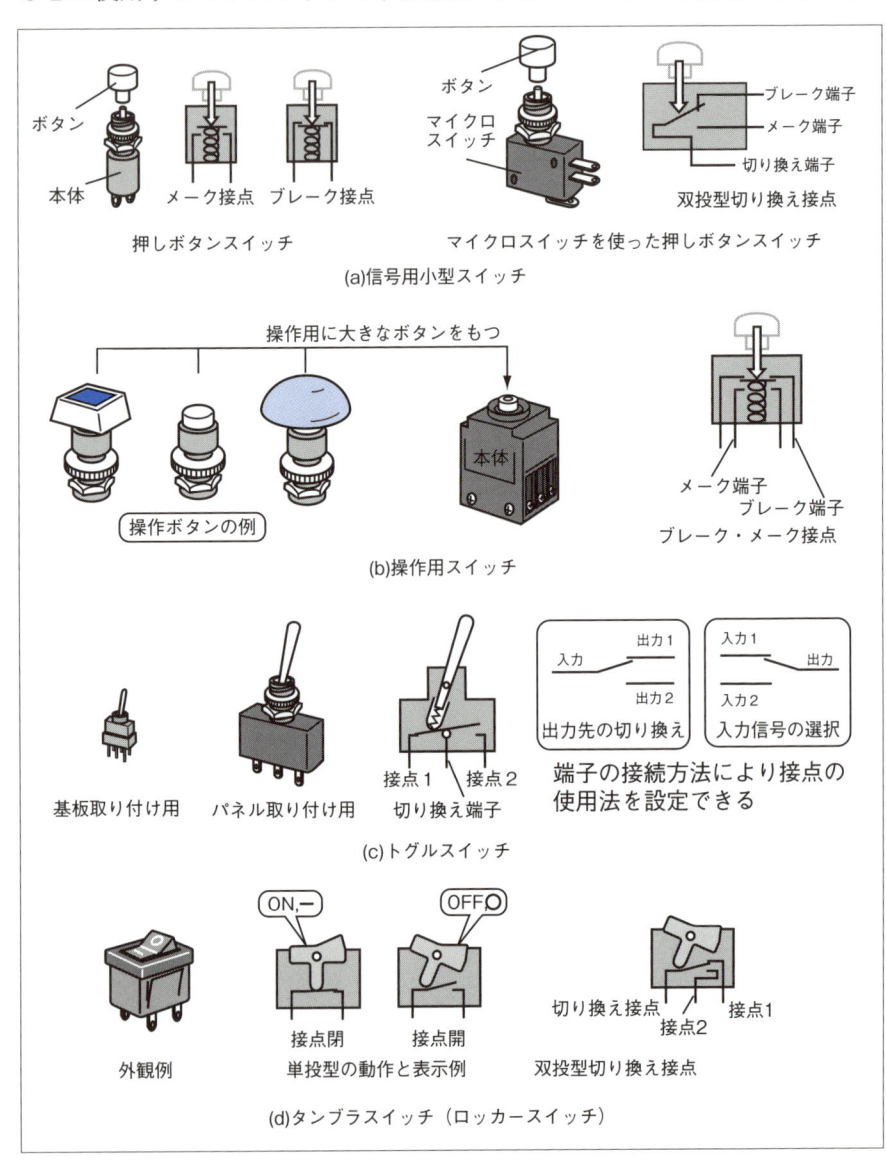

マイクロスイッチを使った押しボタンスイッチ
- ボタン
- マイクロスイッチ
- ブレーク端子
- メーク端子
- 切り換え端子
- 双投型切り換え接点

(b) 操作用スイッチ

操作用に大きなボタンをもつ
- 操作ボタンの例
- 本体
- メーク端子
- ブレーク端子
- ブレーク・メーク接点

(c) トグルスイッチ

- 基板取り付け用
- パネル取り付け用
- 接点1／接点2／切り換え端子

出力先の切り換え（入力／出力1／出力2）
入力信号の選択（入力1／入力2／出力）

端子の接続方法により接点の使用法を設定できる

(d) タンブラスイッチ（ロッカースイッチ）

- 外観例
- 単投型の動作と表示例（ON：接点閉／OFF：接点開）
- 双投型切り換え接点（切り換え接点／接点1／接点2）

図 2-19a　スイッチの概略（1）

三相スイッチ　　　　　　単相切り換え

(e)ナイフスイッチ

ひねり型　　接点を滑らせる　主に基板上で　10進数データ
　　　　　　スライド型　　　初期条件設定　を設定する
　　　　　　　　　　　　　　に使用する　　ロータリ型
　　　　　　　　　　　　　　DIP型

(f)いろいろな操作方法

図 2-19b　スイッチの概略（2）

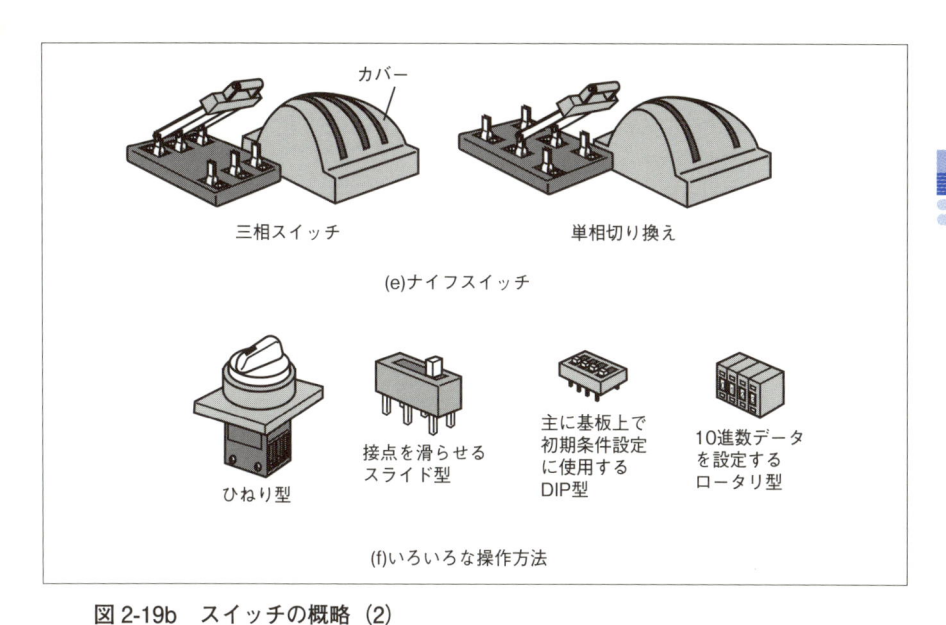

● スイッチの図記号表記

スイッチの図記号は、図 2-20 のように、リレー接点の図記号と同じもので表記します。

メークとブレークもリレー接点と同様で、メークはスイッチを操作したときに接点が閉じる（オンになる）機構のものを表し、ブレークは、通常は接点が閉じていて、スイッチを操作したときに接点が開く（オフになる）機構のものを表します。また、スイッチ操作で2つの電極端子を切り換えるのが切り換え接点です。

スイッチの図記号がリレー接点と少し異なるのは、下の図記号に次ページの図 2-21 で表したスイッチの操作方法を表す操作機構図記号を組み合わせて、図 2-22 のようにして表記する点です。

メーク接点	ブレーク接点	切り換え接点
操作したときに接点が閉じる	操作したときに接点が開く	操作したときに接点が切り換わる

図 2-20　スイッチの動作と図記号

2-5 リレーシーケンス制御回路の部品と図記号

手　動　操　作					
手動操作（一般）	押し操作	引き操作	ひねり操作	非常操作	
├──	E──	┐──	┌F──	⊂──	

手動操作	手動以外の操作				
カム操作	近接操作	電磁効果による操作	熱継電器による操作	電動機操作	
◖──	◇──	▯──	┌──	Ⓜ──	

図 2-21　スイッチの操作機構図記号

図面の向き	手動操作（一般）メーク接点	押し操作メーク接点	非常操作ブレーク接点	ひねり操作切り換え接点
縦書き				
横書き				

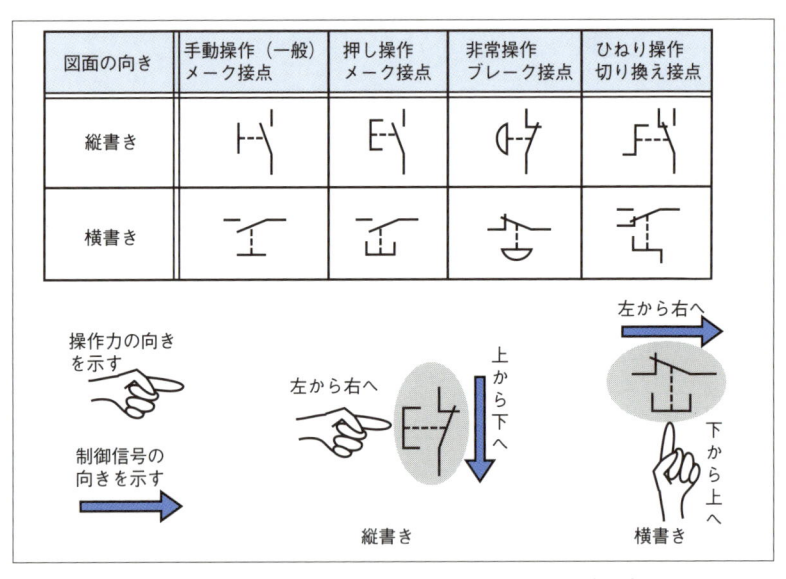

図 2-22　スイッチ図記号と操作機構図記号を組み合わせた表記例

　また、シーケンス制御では信号の流れを重視するため、図 2-22 のように信号の流れを縦で表す縦書きと、横に表す横書きがあります。

● 保持型と復帰型の違い

　シーケンス制御でスイッチを使うときに重要なことの１つが、スイッチの**動作**が**保持型**（オルタネート）なのか**復帰型**（モーメンタリー）なのかという点です。

　保持型というのは、操作をしたら次に操作をするまで入り切りの状態を保持しておくタイプのスイッチのことで、テレビの電源スイッチや照明のスイ

ッチがその例です。トグルスイッチやタンブラスイッチ、ナイフスイッチが保持型で、電源や信号供給の入り切りに使います。

いっぽう復帰型というのは、スイッチのボタンを押している間だけ、入りあるいは切りの状態になり、ボタン操作を止めると元に戻るタイプのスイッチです。自動車のクラクションなどがその例になります。

復帰型スイッチは、押しボタンスイッチで電磁リレーのコイルに流れる電流を入り切りしてモータを制御するなど、制御信号を発生させる用途に使います。

図記号では、図2-21の「手動操作（一般）」の機構図記号が保持型を表し、「押し操作」の機構図記号で復帰型を表します。

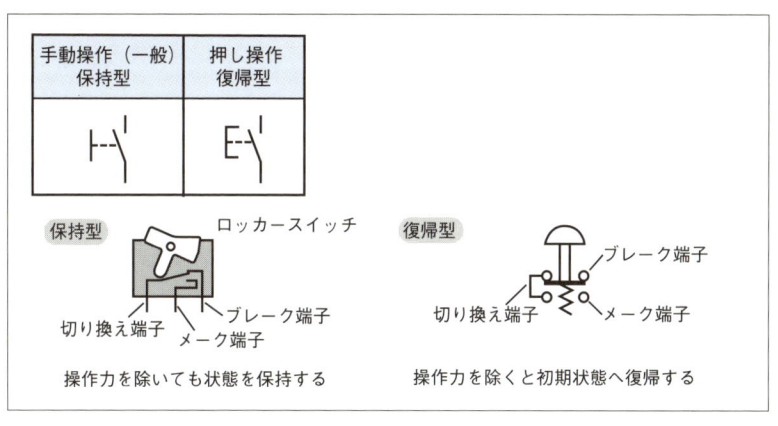

図 2-23　保持型スイッチと復帰型スイッチ

● TINA のスイッチ記号

TINA には図 2-24 のスイッチが用意されています。メーク接点、ブレーク接点の違いのほか、保持型か復帰型かを用途に合わせて使い分けます。

保持型	復帰型
操作して接点が切り換わり、操作力を除いても状態が保持される。復帰させるには改めて操作力を与える。	操作して接点が切り換わり、操作力を除くと元の状態へ復帰する。

SW1	SW2	BS1	BS2	BS3
(a)メーク接点	(b)切り換え接点	(c)メーク接点	(c)ブレーク接点	(d)切り換え接点

図 2-24　TINA のスイッチ図記号（サンプル回路 2_2）

● スイッチの「極」

　スイッチや電磁リレーの接点を「**極**」と呼びます。図 2-16 で説明した 3 極連動切り換えリレーは、1 つの機構内に 3 つの接点を有して、3 つの異なる回路の電気の流れを入り切りするものでした。

　スイッチにも、1 つの機構で 1 つの接点だけを入り切りする「**単極スイッチ**」と、1 つの機構で複数の接点（回路）を入り切りできる「**多極スイッチ**」があり、多極の場合には、電磁リレーと同様に「2 極」「3 極」とその極数を表します。

　多極スイッチを図記号で表すときは、同じ機構で連動して動く接点を、破線で結んで表すか、対応文字を表記して表します。詳細は 55 ページ以降のシーケンス図の説明を参照ください。

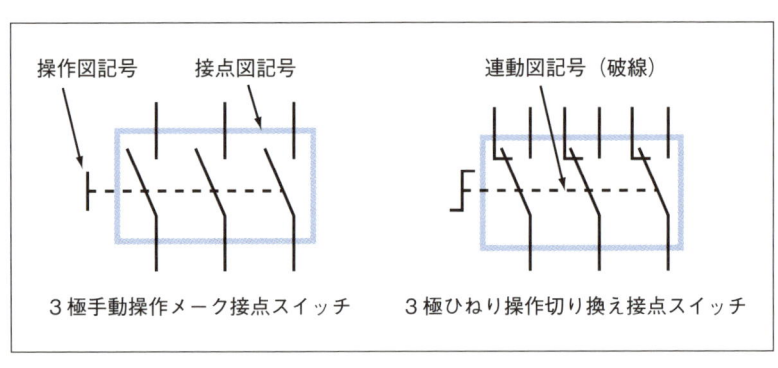

図 2-25　多極スイッチの表し方

JIS 記号と JEM 記号

　JIS 記号は、日本工業規格 JIS（Japanese Industrial Standards）が、工業標準化法のもとに、日本の工業製品の開発, 生産, 流通, 使用を対象として制定する国家規格です。

　対して JEM 記号は、電気機器製造業者の団体、社団法人日本電機工業会 JEMA（Japan Electrical Manufactures Association）の標準規格による記号です。JEM は電気機械器具の JIS のもとになる規格で、JIS が制定した後には JEM を廃止するようになっています。

ランプ

　ランプは、制御対象や制御工程を知らせる表示装置として使用されます。トランス内蔵型表示灯は、内蔵の小型トランスで低電圧に変換して白熱電球を点灯します。操作盤や機器の表示部分でランプの色に意味を持たせて図面に表示する場合は、**JIS 記号**または **JEM 記号**を使用します。

(a)ランプ・表示灯の概観　　(b)トランス内蔵型表示灯

色	文字記号 JIS	文字記号 JEM	意味	操作者が行うべき行動
赤	RD	RL	非常	危険な状態に即時対処
黄	YE	YL	異常	切迫した状態の監視，介入
緑	GN	GL	正常	任意
青	BU	BL	強制	要求された行動を実行
白	WH	WL	中立	その他，監視など

JIS ：日本工業規格
JEM：日本電機工業会

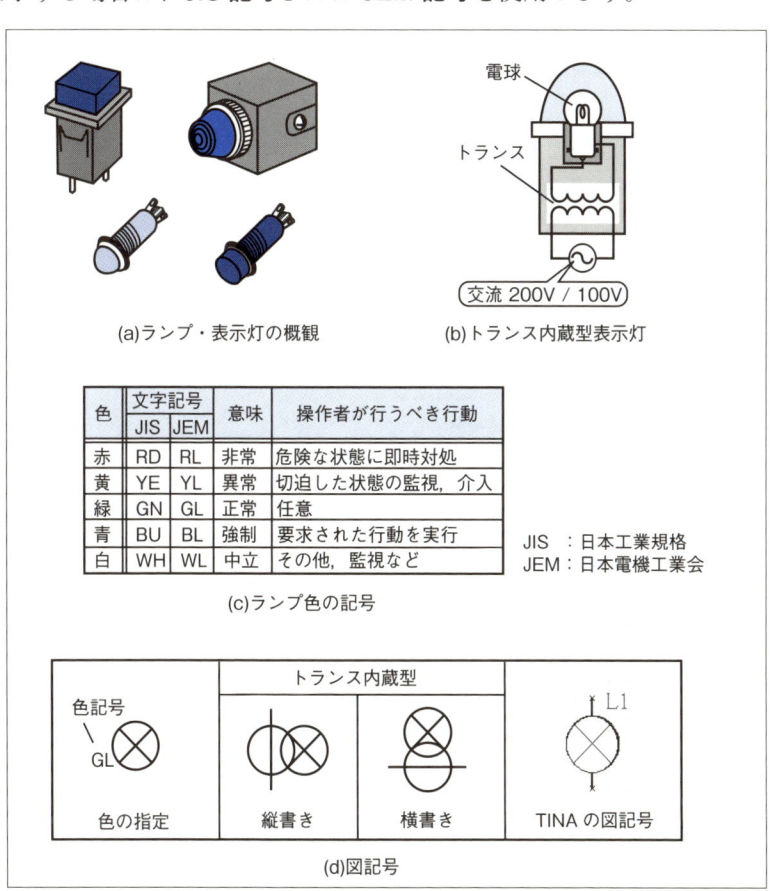

(c)ランプ色の記号

(d)図記号

図 2-26　ランプの概略と図記号（サンプル回路 2_3 参照）

ソレノイドとモータ

　コイルへ与えた入力信号で発生させた磁力で、鉄片などの磁性体に機械的運動を与える変換器の働きを目的とした電磁石を**ソレノイド**と呼びます。ソレノイドと流体制御弁を一体化した**電磁弁（ソレノイドバルブ）**などがあります。

　いっぽう、モータは電気エネルギーを機械動力に変換する最も代表的な機器です。ソレノイドやモータなどのように、電気エネルギーを機械動力に変換する機器を**アクチュエータ**と呼びます。

　シーケンス制御は、これらアクチュエータの種類や構造に関わらず、電源を供給するか遮断するかの2つの状態を与えることを目的とします。

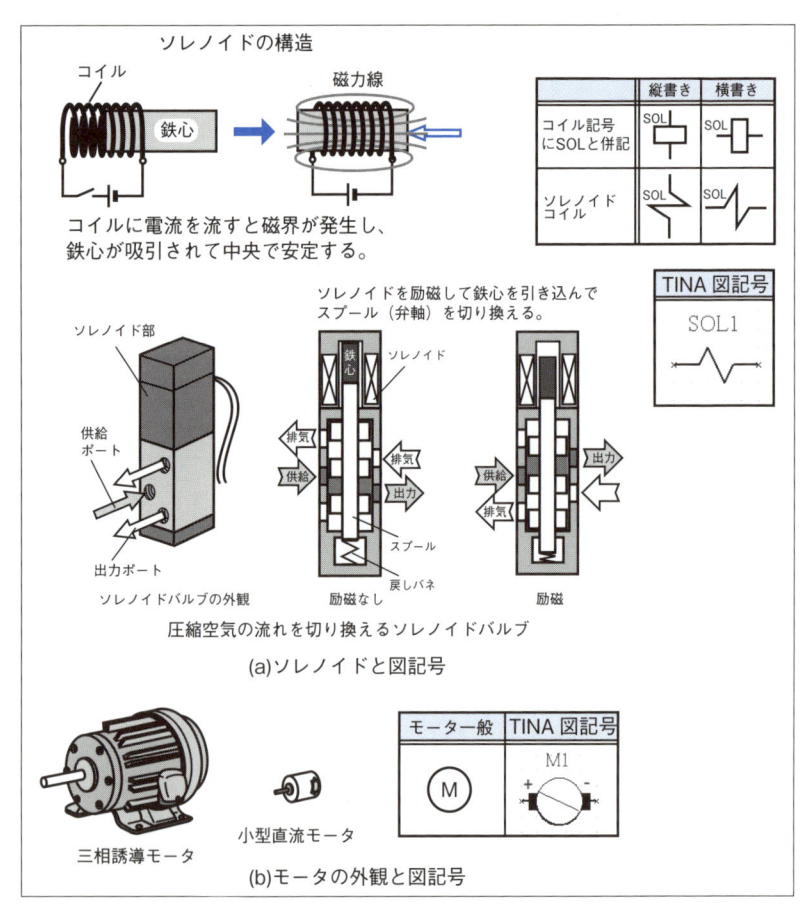

図2-27　ソレノイド、モータなどのアクチュエータ（サンプル回路「2_3」参照）

第2章 シーケンス制御の基礎知識

2-6 シーケンス図の基本を理解する

電気回路や電子回路では、部品や機器の接続を示すために配線図や回路図が使われていますが、シーケンス制御では、制御の過程まで時系列で把握できるシーケンス図が使われます。

配線図とシーケンス図

　回路を構成する部品相互の接続を、定められた記号で書き表した図面が**配線図**（**回路図**ともいう）です。

　部品相互の接続を図面で表す方法には、図2-28の左図のように部品を実物と同じように描いて表す**実物配線図**もあります。実物配線図はだれにでも部品相互の接続状態がイメージしやすい特長を持っていますが、書くのに手間がかかり、図が複雑になるので電気や信号の流れを追うには少し不便があります。

　その点配線図は、部品を記号で簡潔に描けるので、書くのがやさしく、部品の配置や部品相互の位置関係をある程度示しながら、電気や信号の流れが把握しやすくなっています。

・押しボタンスイッチBS₁とBS₂が開いているとき　ランプが点灯、モータが停止。
・BS₁かBS₂の一方、あるいは、両方が閉じているとき　ランプが消灯、モータが回転。

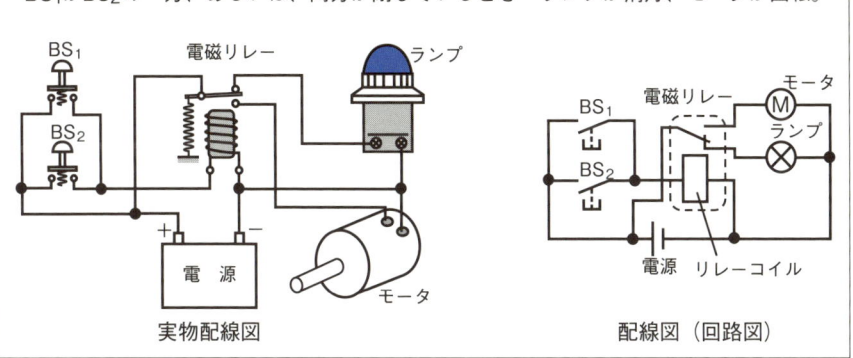

図2-28　切り換え回路の実物配線図と配線図

ただ、本書のテーマであるシーケンス制御の配線図では、部品相互の接続関係だけでなく、一連の動作の流れを容易に把握できることが求められるため、動作を主体に部品の接続を表す**シーケンス図**と呼ぶ図面が用いられます（図 2-29）。本書でも、このシーケンス図を説明に使いますので、シーケンス図の基本を押さえておきましょう。シーケンス図では電源は書きませんが、TINA の回路図はサンプル回路「2_4」のように電源を描いています（TINA の回路では電源を付けないと動作しないため）。また、リレーは図 2-18 で解説したように TINA では円形で表示します。

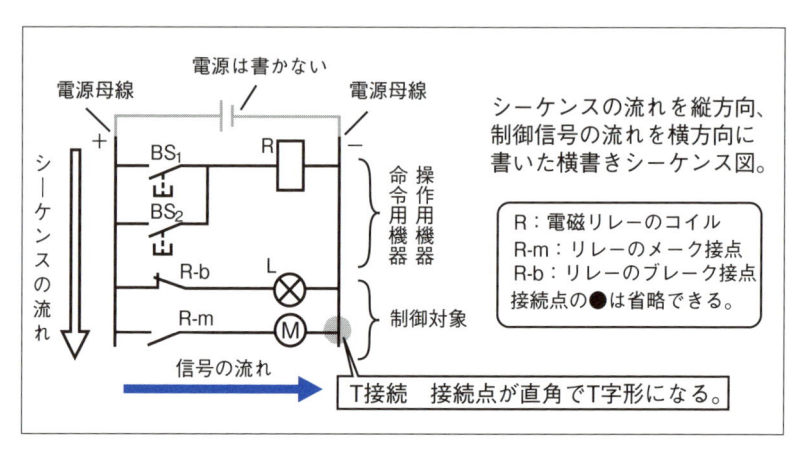

図 2-29　切り換え回路のシーケンス図（横書き）例

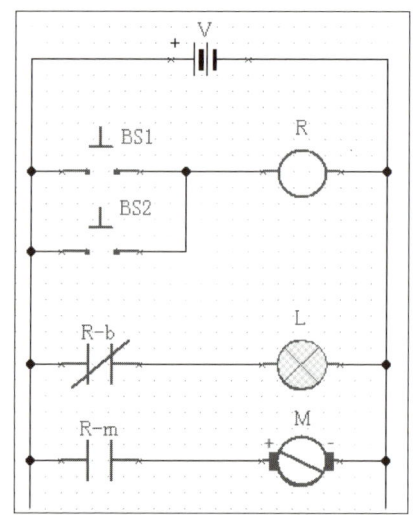

図 2-30　TINA で組んだ切り換え回路（サンプル回路「2_4」参照）

配線図とシーケンス図の違い

まず、配線図とシーケンス図の違いをあげてみます。

①接続端子の配置と部品の位置関係

図 2-28 でわかるように、配線図では部品の位置と接続端子の配置は、実物の部品配置をイメージした実物配線図とほぼ同じ位置関係を保っています。

それに比べて図 2-29 のシーケンス図では、部品接続端子の配置や部品の位置関係を問題としていないことが大きな特徴です。各部品の位置だけでなく、部品としては1個であるはずの電磁リレーのリレーコイルと接点の配置が離れた位置に配置されています。

②シーケンスの流れ

図 2-29 で両端にある縦の平行線を**電源母線**と呼び、母線間の制御機器に電源を供給します。

スイッチとリレーコイルをつなぐ水平線が命令信号を操作する機器の信号線で、リレー接点と水平線でつながるランプ、モータが制御対象です。**シーケンスの流れ**は、命令信号の上部から制御対象の下部へ向かいます。

それぞれの水平線では信号の流れを左から右に向けて考えるので、左側に接点、右側にリレーコイルやモータなどを配置します。

なお、シーケンス図には、信号の流れを横方向に表す「横書きシーケンス図」と、信号の流れを縦方向に表す「縦書きシーケンス図」とがあり、図 2-29 は横書きシーケンス図、図 2-31 は縦書きシーケンス図になります。

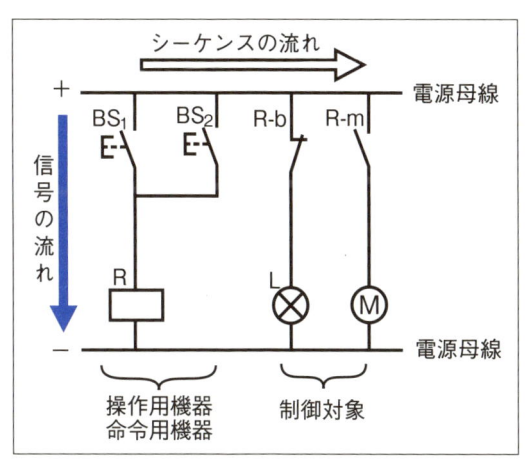

図 2-31 切り換え回路の縦書きシーケンス図例

③接続点の表記法

また、見過ごしがちなことですが、配線図では信号線の接続点に小さな黒点を書いて表しますが、シーケンス図では接続点に黒点を入れない（接続箇所がT字路のようになるので、**T接続**という）のが基本です。

ただ黒点を入れないと、信号線が交差する場所も接続点と間違ってしまいかねません。そこで、接続させない信号線は斜に交差させて接続点と見分けられるようにします。

なお、TINAで作るシーケンス回路では、接続点には自動で黒点が付いてしまいます。

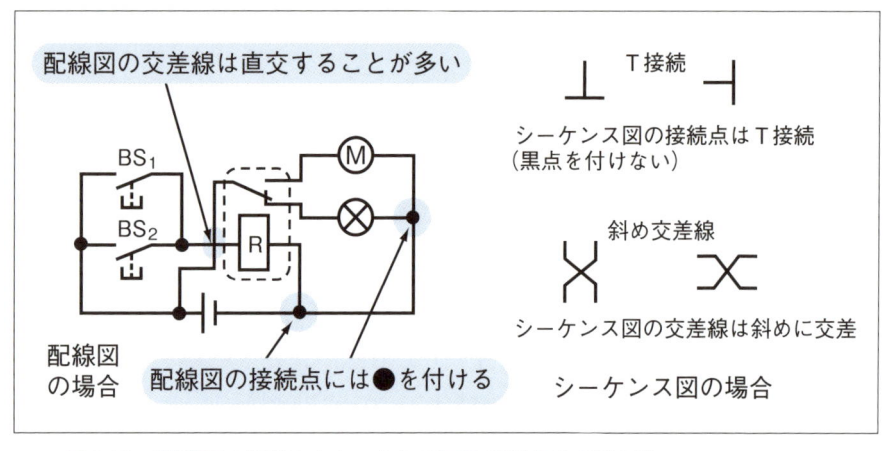

図 2-32　配線図の接続点とシーケンス図の接続点の表記の違い

縦書きシーケンス図と横書きシーケンス図

● 本書では縦書きシーケンス図をおもに採用

電源母線を水平線、制御信号の流れを垂直線で表したシーケンス図を縦書きシーケンス図と呼びます。信号は上から下へ、シーケンスは左から右へ並べます。

本書では、TINAでシーケンス図を書く際に、パソコンのディスプレイで表示させても、紙面に掲載した場合でもどちらもバランスが合うように、縦書きシーケンス図をおもに採用しています。

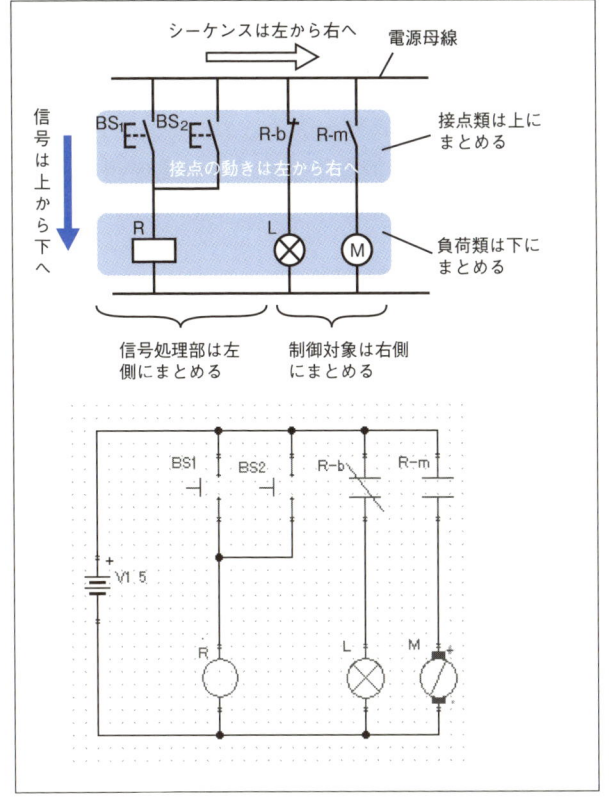

図 2-33　本書で採用する縦書きシーケンス図（サンプル回路「2_5」参照）

● コイル記号の表し方の注意点

　シーケンス図のコイル図記号は長方形で表しますが、JIS の電気図記号では抵抗器にも長方形を使用しています。そこで、図 2-34 に示すようにコイル図記号は長辺の中央に接続線を書いて、短辺中央に接続線を書く抵抗器と区別するようにしています。抵抗器を使用するシーケンス回路図では、とくに注意しましょう。

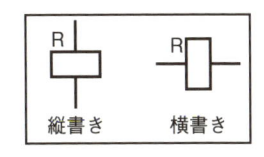

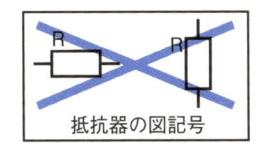

図 2-34　シーケンス図ではリレーコイルの書き方に注意

2-6 シーケンス図の基本を理解する

シーケンス図を見やすくする参照方式

シーケンス回路の規模が大きくなって、複数のリレーを使用して接点が多くなると、どのリレーコイルにどの接点が対応するのかをわかりやすく明示する必要性が出てきます。対応関係を簡潔に示すのが**接点使用先表示**です。接点使用先表示には、区分参照方式と回路番号参照方式のどちらかが用いられます。

● 区分参照方式

シーケンス図中のリレーコイルとリレー接点の対応を、水平・垂直軸に付けた区分見出しで参照できる表を付ける方式を**区分参照方式**と呼びます。

図 2-35 が区分参照方式で書いたシーケンス図の例で、リレーコイル R に 2 つのリレー接点 R-b、R-m が対応していることと、それぞれのリレー接点が図内の垂直軸のアルファベット区分と水平軸の数字区分の 2 つの組み合わせで、それぞれ B4、B5 の場所にあることを示して参照しやすくしています。

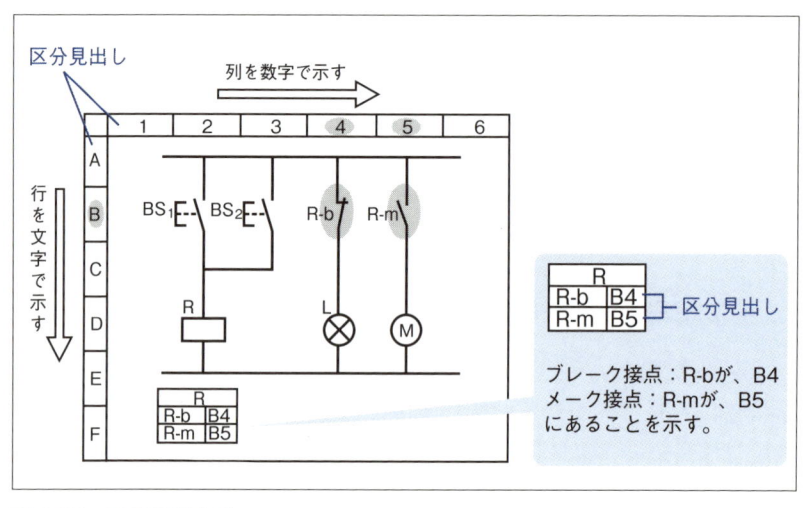

図 2-35　区分参照方式

● 回路番号参照方式

リレーコイルとリレー接点の対応を、母線近傍に割り振った回路番号見出しで参照できる表を付ける方式を、**回路番号参照方式**と呼びます。

図 2-36 が回路番号参照方式で書いたシーケンス図の例で、リレーコイル

Rに回路番号3と4にある2つのリレー接点（R-b、R-m）が対応していることを示して参照しやすくしています。

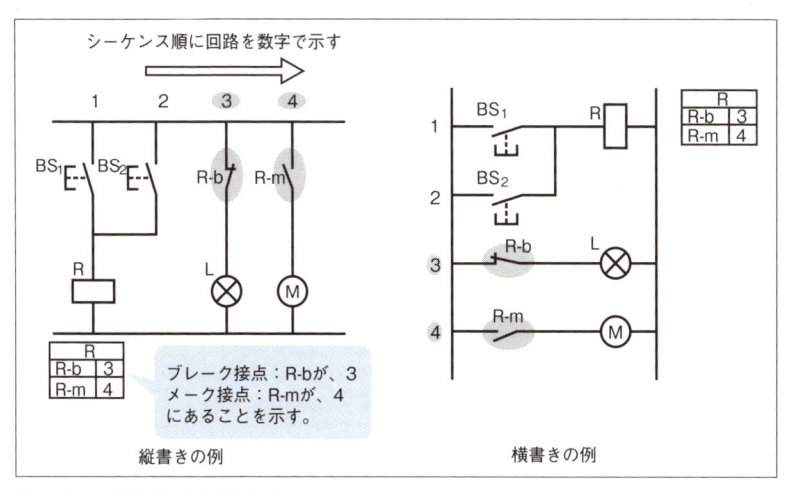

図2-36　回路番号参照方式

回路設計の基本

シーケンス図は、方式を混在させてはいけない

　縦書きシーケンス図と横書きシーケンス図、区分参照方式と回路番号参照方式など、シーケンス図の例を見てきました。シーケンス図には、どのような場合にはどのような書き方をしなければいけないということはありません。しかし、一つの図面で混在してはいけません。

2-7 TINA シーケンス制御回路の読み方

第3章からシーケンス制御回路のいろいろな例をまとめます。ここまでで説明した基礎知識を元に、本書を効率よく読み進め、回路を考えていくポイントをまとめておきます。

自作の制御回路の動作検証ができる

　本書の特色は、実際の制御機器に触れることのできない読者の方でもシミュレートソフト TINA を活用してシーケンス制御回路のしくみと基本を体験的に理解できる点にあります。そこで、次章以降の構成は、回路の内容、章の進み具合によって多少の違いがありますが、以下の3ステップを基本として解説しました。

　1　タイムチャートを作る・・　制御内容を正しく分析します。
　2　シーケンス図を作る・・　制御システム全体の構成を理解します。
　3　TINA のシミュレート・・　回路動作を確認します。

　はじめてシーケンス制御を学習される方は、まずはザックリとタイムチャートとシーケンス図で回路の動作を掴んで、次に TINA でサンプル回路を操作しながら動きを確認してください。これでもう一度 TINA を操作しながら読み直すと、なるほどと理解できると思います。
　また、タイムチャートがないもの、たとえば「第8章のモータ制御の例」では、TINA でサンプル回路を操作しながら動作を確認してください。

動作確認はランプの点灯で代用

　TINA は、シーケンス制御回路専用の設計ソフトではなく、皆さんが設計し、TINA の編集画面に書いたシーケンス制御回路を電子回路の一部としてシミュレートを行うソフトウェアです。前述したように、JIS の図記号と異なった点があります。その主なものを図 2-37 にまとめました。
　また、TINA で確認できる負荷はランプとモータの2つなので、たとえばベルトコンベアなどの動作はランプの点滅で代用します。

接続点	操作スイッチ		コイル	接点		
	メーク	ブレーク		メーク	ブレーク	切り換え
JIS	⊥	E-\	E-/	▭	\	/	⌐
TINA	┬•	┤├	┤／├	○	╪	≠	⌐

図 2-37　JIS と TINA で異なる主なシーケンス図記号

シーケンス図を考える手順

　ここで、第 3 章以降の回路製作の練習として、簡単なシーケンス制御回路の設計を練習しておきましょう。

❶ 制御回路の内容を考える

　例題として、ここでは押しボタンスイッチでリレーを操作してランプとモータを切り換えて動作させる制御回路を設計してみます。使用する機器を図 2-38 にまとめました。

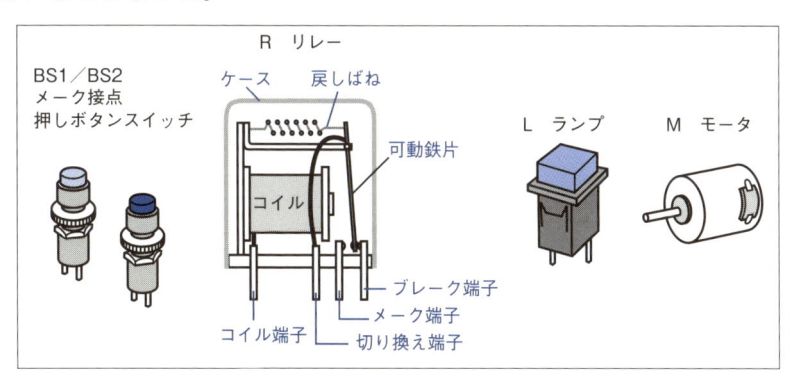

図 2-38　制御回路に使用する機器

❷ タイムチャートを作り、制御機器を決定する

　詳細は第 3 章 1 節で説明をしますが、機器の状態を時間を追って表した図を**タイムチャート**と呼びます（次ページの図 2-39 参照）。
①回路の初期状態では、ランプ L が点灯、モータ M が停止している。
②押しボタンスイッチ BS1 か BS2 のいずれか、または両方を押してリレーコイルが励磁されると、ランプ L が消灯してモータ M が回転する。

③押しボタンスイッチをすべて離すと初期状態へ戻る。

これをタイムチャートでは図 2-39 のように表します。

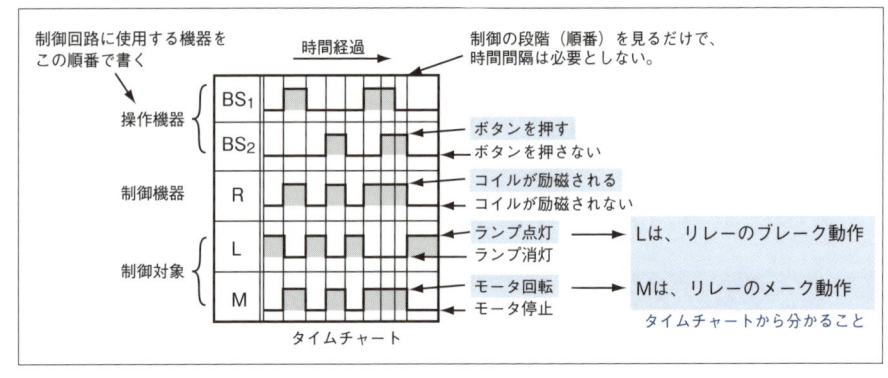

図 2-39　タイムチャートを作るときの注意事項

❸ シーケンス図を作る

　タイムチャートからシーケンス図を作ります。シーケンス図はシーケンス制御機器の配線を回路の動作に着眼して表した図面なので、一般の回路図のように部品間を接続する配線図を別に書き起こす必要はありません。縦書き、横書き、参照方式などは設計者が自由に決定できます。

　図 2-39 に示したシーケンス図を参考に、機器の配置やメーク動作、ブレーク動作の図記号などをしっかりと理解しましょう。

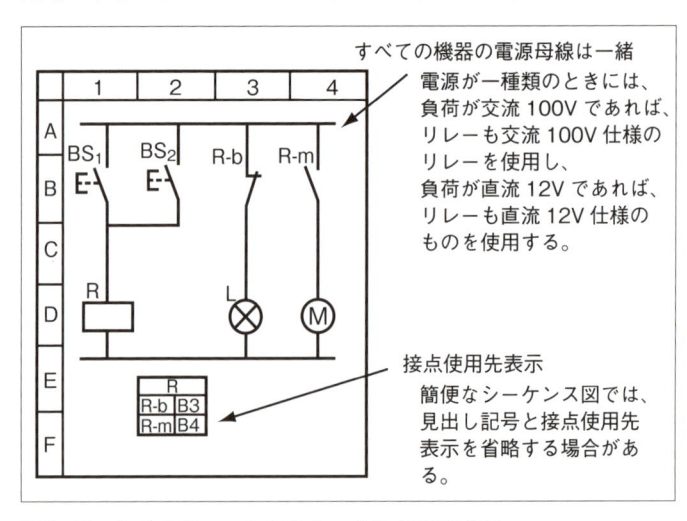

図 2-40　タイムチャートからシーケンス図を作る

TINA のサンプル回路を使ってみよう

　図 2-40 で作ったシーケンス図を TINA でシミュレーションできるようにしたサンプル回路が、付属 CD-ROM に収録されたファイル名「2_5」です。このサンプル回路を開いて操作してみましょう。ファイル名「2_5」のアイコンをダブルクリックすると TINA が起動してファイルが開きます（第 1 章 27 ページを参照）。TINA の起動時はフルスクリーンモードなので、ウィンドウを見やすい大きさに調整してください。

● TINA のシーケンス図について

　TINA のシーケンス図では、以下の点が JIS 規格と異なります。
①電源が表示されている。
②接続点が●（黒丸）で表示されている。
③操作スイッチ、リレーコイル、リレー接点の図記号。
各サンプル回路には、JIS 規格に準拠したシーケンス図を示してあります。

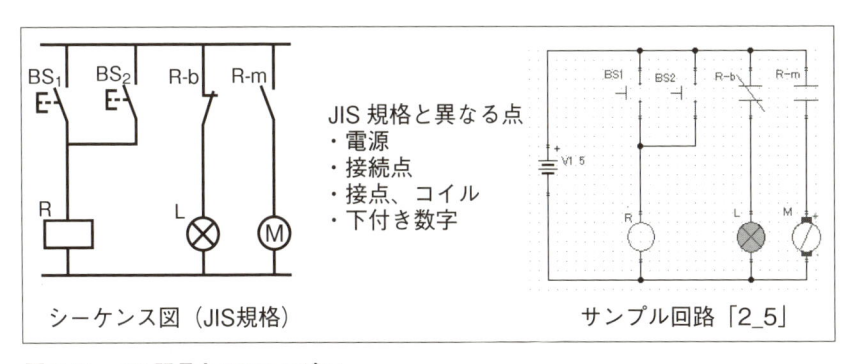

図 2-41　JIS 記号と TINA の違い

● シミュレーションこそ理解の近道

　本書には、サンプル回路に対応するタイムチャートをできうる限り掲載しました。タイムチャートを見ながら操作すると、動作を理解しやすくなります。タイムチャートの操作機器の信号をキーボードやマウスから与えて出力機器の変化を確認して制御動作の理解を深めましょう。

❶シミュレーションをはじめる

　では、回路を操作してみましょう。メニューから [インタラクティブ] をクリックして、[スタート] を選ぶか、ツールバーの [インタラクティブ・モ

ード On/Off] ボタンをクリックします（第 1 章 28 ページ参照）。シミュレーションが開始され、ランプ L が点灯します（図 2-42 参照）。

❷押しボタンスイッチを操作する

　サンプル回路の各操作スイッチは、機器名末尾の記号をホットキーに設定してあります。キーボードの [1] キーを押すか、マウスカーソルを BS1 接点近くへ移動させてカーソルの形状が👆に変化したときにクリック＆ホールドすると、BS1 接

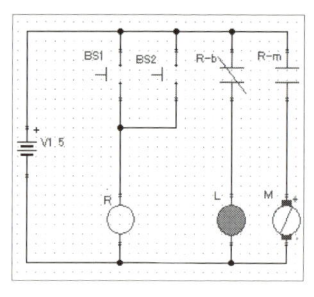

図 2-42　TINA 回路図をシミュレートする

点が閉じてリレー接点 R-b と R-m が切り換わり、L が消灯し、M が回転します（図 2-43 参照）。[1] キーを離す、または BS1 接点をクリック＆ホールドするのをやめると、スイッチ接点が開いて初期状態へ戻ります。

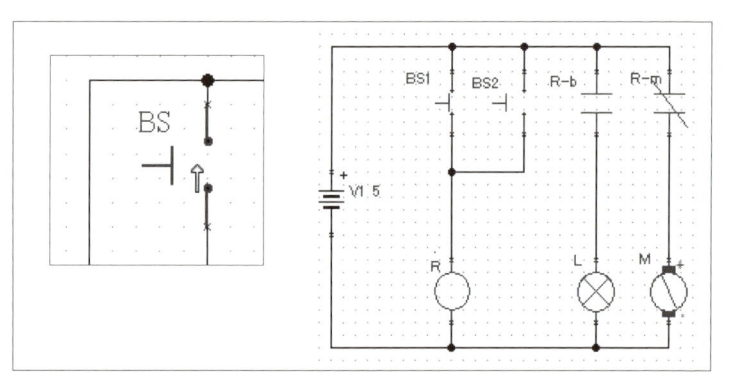

図 2-43　押しボタンスイッチによる切り換え動作

回路設計の基本

なぜリレーを使うのか？

　電磁リレーに電流が流れると磁力が発生し、可動切片がコイルに引き寄せられます。これにより、ブレーク接点とメーク接点が切り換わるわけです。どうしてこのようにしているかというと、リレーコイルに流す微弱な信号電流で、大きな電流を必要とするランプ、モータといった負荷の切り換えを行えるようにするためです。

第 2 章 シーケンス制御の基礎知識

2-8 TINAで シーケンス制御回路をつくる

TINAでシーケンス制御回路を作る手順を紹介します。前節でまとめた記号や書式の違いに注意して、自分で回路を作ってシミュレートしてみましょう。

部品を配置する

「TINA」で実際にシーケンス図からサンプル回路のようなシミュレーション回路を作ってみましょう。例題として前述したサンプル回路「2_5」の編集工程を説明します。慣れるまでは各パーツの配置間隔をあまり詰めずに、
　①水平方向で部品の高さを揃える。
　②垂直方向で端子の位置を揃える。
という2点に注意して部品を配置してください。

操作手順

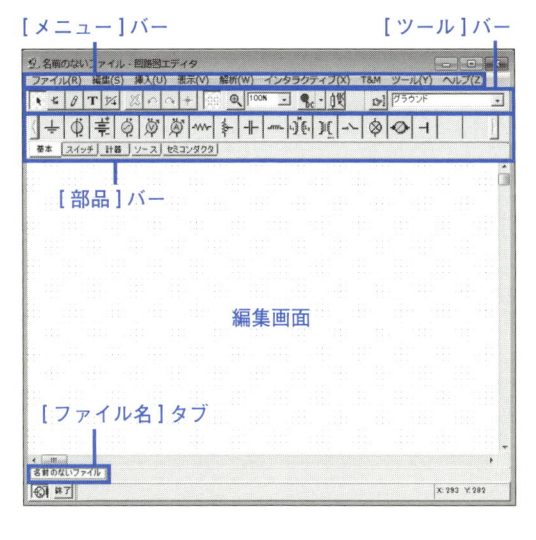

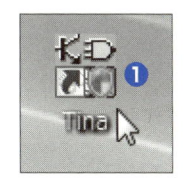

[メニュー]バー　　　　　　[ツール]バー

[部品]バー

編集画面

[ファイル名]タブ

❶ TINAを起動させます。TINAはフルスクリーンで起動するので、ウインドウを適当な大きさに調節しましょう。

✎ TINA起動時の画面を、「回路図エディタ」画面と呼びます。

✎ 本書では、TINAの各部の呼び名は左の図のように表記しています。

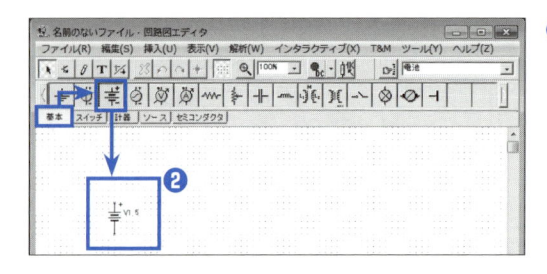

❷ [部品]バーの[基本]タブをクリックして、[電池]を選び、編集画面の適当な場所でクリックして配置しましょう。配置した後の部品の位置は、ドラッグして移動できます。

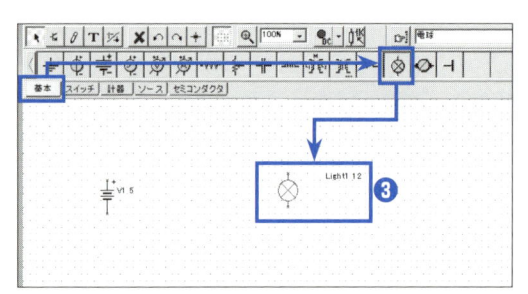

❸ [基本]タブの[電球]を選んで、編集画面に配置します。

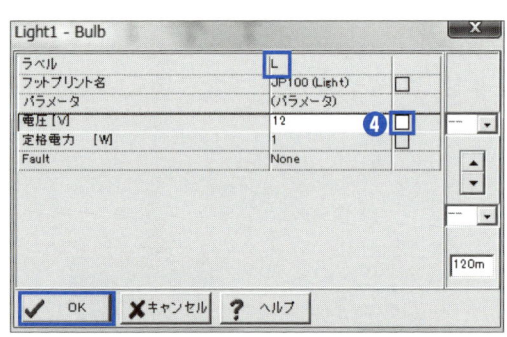

❹ いま配置した[電球]をダブルクリックし、プロパティ設定画面を表示します。[ラベル]名を「L」にして、[電圧]の右端のチェックをはずします（電圧の数値は変更しません）。設定が終われば[OK]をクリックします。

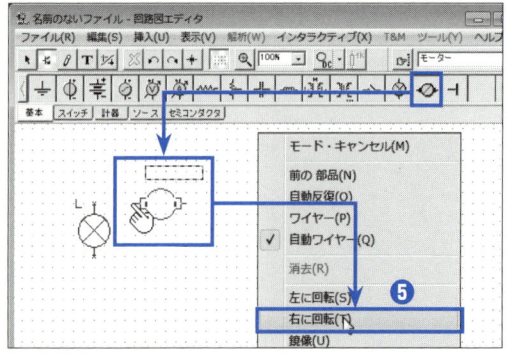

❺ [基本]タブの[モータ]を選びます。編集画面で右クリックし、サブメニューから[右に回転]を選びます。

◎ 縦書きシーケンス図では、信号の流れの決まりから、上が＋、下が－と、部品の極性の向きが決まっています。

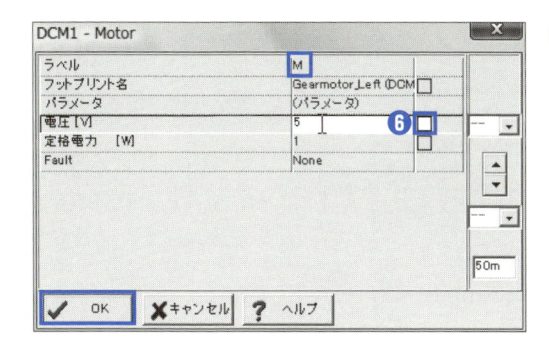

❻配置したモータをダブルクリックしてプロパティを設定します。[ラベル]名を「M」にして、[電圧]右端のチェックをはずします。

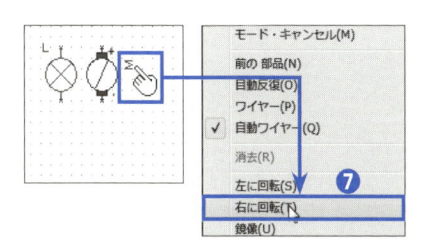

❼モータのラベル文字部を右クリックし、[右に回転]を選びます。
✎ ラベルの位置はマウスをドラッグして移動できます。

リレーとリレー接点を設置する

ここまでで、シーケンス回路図の基本部品を配置しました。続いてリレーとリレー接点を配置します。

操作手順

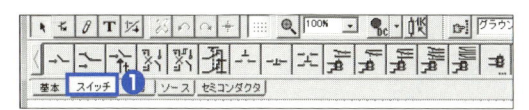

❶[部品]バーの[スイッチ]タブをクリックします。

❷[リレーコイル]を選ぶとサブウィンドゥが開くので、[リレーコイル(サークル)]を選びます。

2-8 TINAでシーケンス制御回路をつくる　　69

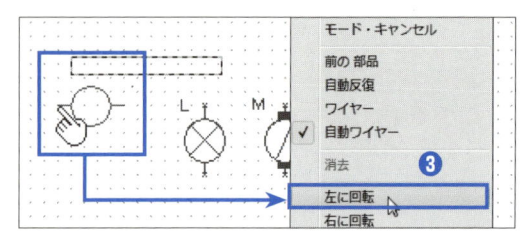

❸ 編集画面で右クリックし、サブメニューから [左に回転] を選びます。

◎ リレーコイルには極性が無く、どちらの方向に回転しても大丈夫です。後述のリレースイッチ（接点）についても同じです。

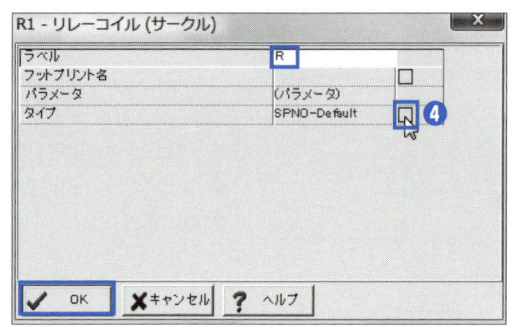

❹ リレーコイルをダブルクリックし、プロパティを設定します。[ラベル] 名を「R」にして、[タイプ] の右端のチェックをはずします。

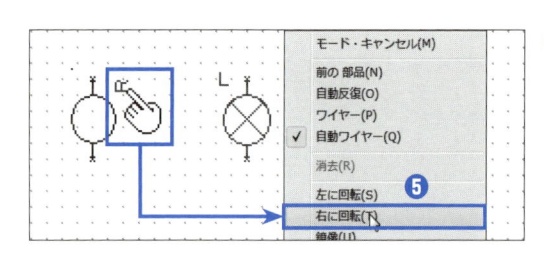

❺ ラベル文字部を右クリックして [右に回転] を選んで、文字を水平にしておきます。

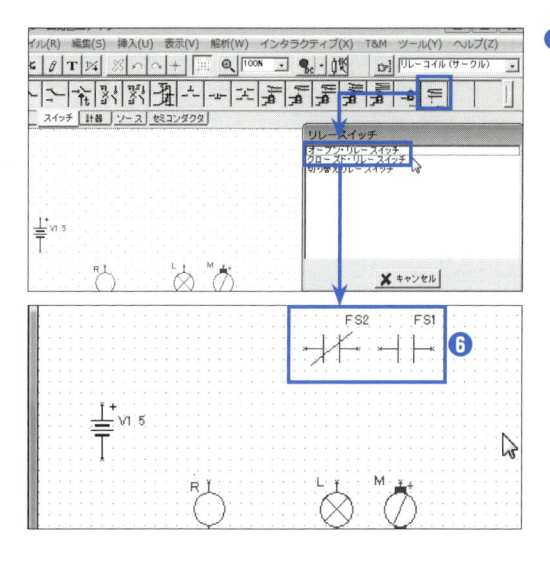

❻ [スイッチ] タブの [リレースイッチ] をクリックし、サブウィンドゥから、[オープン・リレースイッチ] と [クローズド・リレースイッチ] をそれぞれ選んで1つずつ配置します。オープン・リレースイッチをモータの上に、クローズド・リレースイッチをランプの上に配置します。

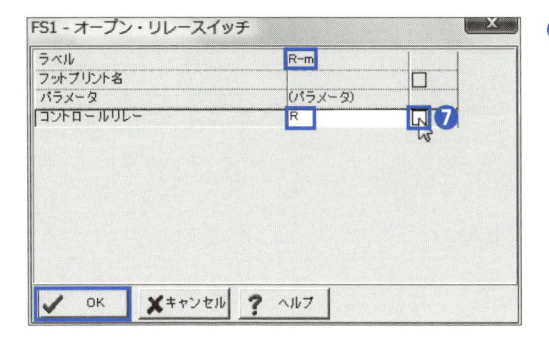

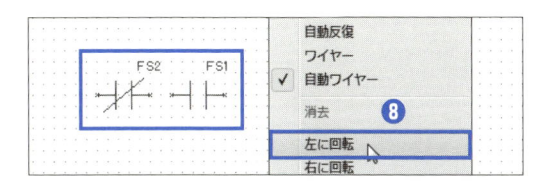

❼ それぞれをダブルクリックして、プロパティを設定します。[ラベル]名はオープン・リレースイッチを「R-m」、クローズド・リレースイッチは「R-b」にして、[コントロールリレー]欄でスイッチを制御するリレーのラベル「R」を指定します。右端のチェックもはずします。

❽ 2つのスイッチを右クリックし、サブメニューから回転させて垂直にします。

ボタンスイッチを配置する

2つのボタンスイッチを配置します。部品配置はこれで完了です。

操作手順

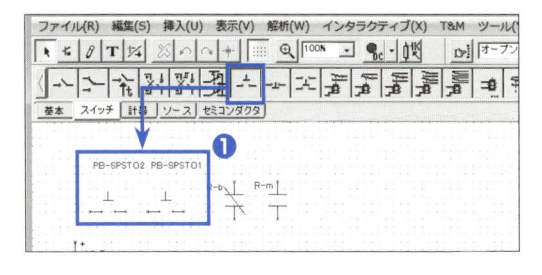

❶ [スイッチ]タブで、[オープン・プッシュ・スイッチ]を選んで2つ配置します。

❷ [オープン・プッシュ・スイッチ]を右クリックして、表示されるメニューから[左に回転]をクリックして垂直にします。
✎ 縦書きシーケンス図では、入力を左から受けるように配置します。

2-8 TINAでシーケンス制御回路をつくる

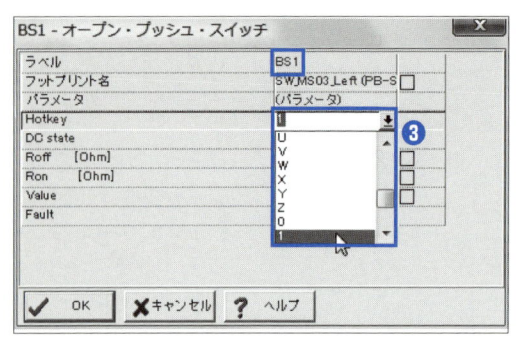

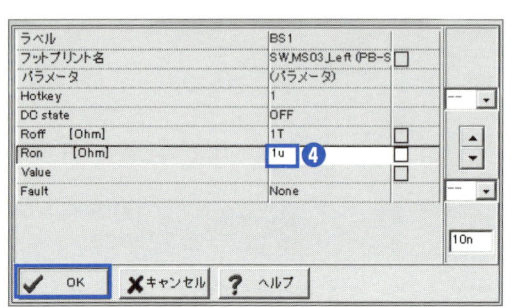

❸それぞれのスイッチをダブルクリックし、プロパティを設定します。[ラベル]名を「BS1」「BS2」にして、[Hotkey]欄にキーボードでスイッチを操作するキーを指定します。
- ホットキー設定の際、本書では原則としてラベル名の末尾文字を設定しています。

❹[Ron]欄に抵抗値を入力します。
- ここでは Ron を 1u（u は単位記号マイクロの代用）とします。スイッチの並列接続では必ず Ron を設定してください。

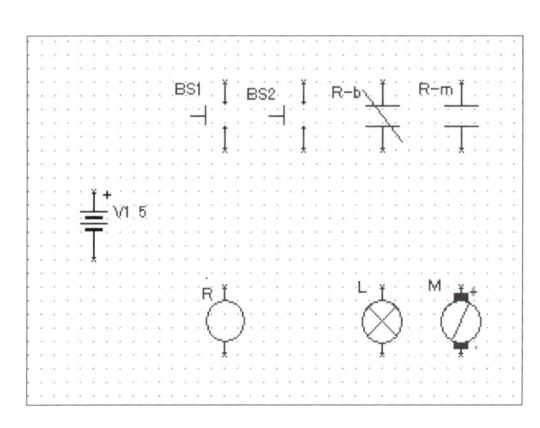

❺ここまでの部品配置を確認します。
- 部品の高さ、端子の位置が揃うように位置を調整します。

部品を配線でつなげる

　部品間の配線を行います。接続順に決まりはありませんが、シーケンスの流れに合わせて、電源母線→シーケンス順（左から右）→信号順（上から下）とするとわかりやすいと思います。配線の始点は部品の端子を基本とします。

操作手順

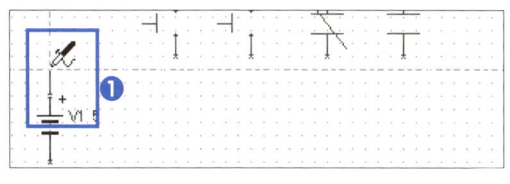

❶ マウスを部品端子にあて、ポインタがペンマークになったときにクリックすると始点が設定されます。

❷ マウスを動かして、経路を配線します。経路は編集画面のグリッド（点）に吸着します。

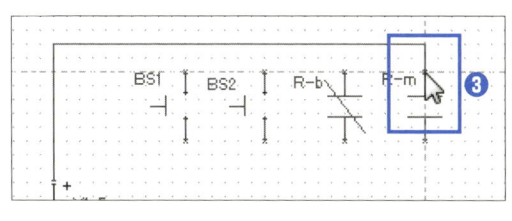

❸ 目的の部品の端子に接続すると、ポインタがペンマークからカーソルポインタに戻ります。ここでクリックすると配線が完了します。

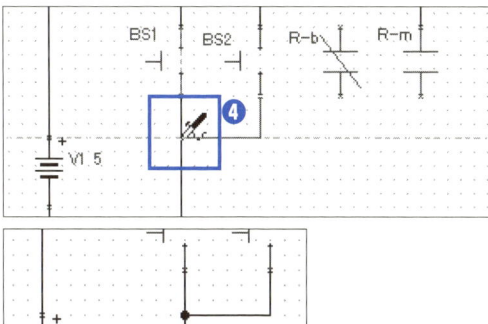

❹ 各部品を配線します。配線同士の交差接続では、線が重なってもポインタはペンマークのままです。配線の上でクリックすれば接続できます。

✎ 接続点には●が自動で付きます。

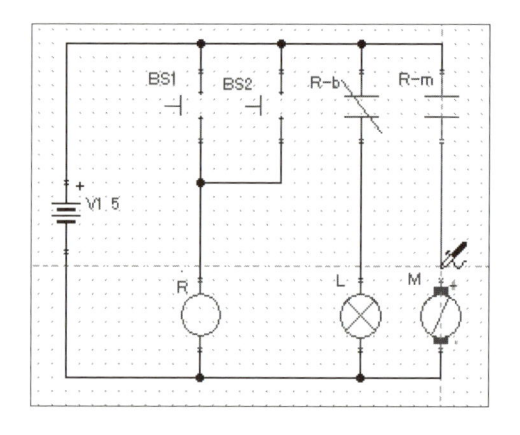

❺配線を終えれば、シーケンス図の完成です。[メニュー]バーの[ファイル]から、ファイル名を付けて保存しましょう。余分な部品や配線は、マウスポインタで選択し、Deleteキーで削除できます。

シミュレーションの実行

完成したシーケンス図が正しい動作をするか、TINAでシミュレーションをして確かめます。[メニュー]バーの[インタラクティブ]から[スタート]を選ぶか、[ツール]バーの「シミュレーションボタン」をクリックしてください（シミュレーションの開始方法について詳しくは、第1章28ページを参照してください）。

また、タイムチャートと見比べてみると、意図したとおりの動作になっているかがよくわかると思います。

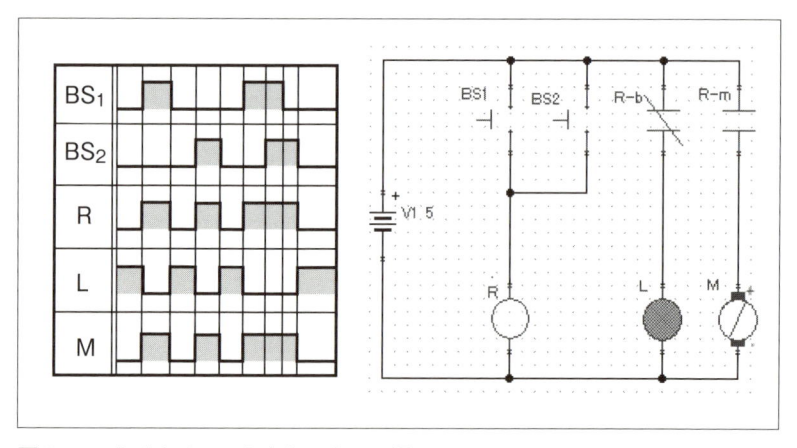

図2-44 タイムチャートとシーケンス図

第2章 シーケンス制御の基礎知識

第3章 シーケンス制御の基本回路

シーケンス制御には定石ともいえる基本回路があり、これらの回路を組み合わせれば、ほとんどの目的を満たすことができます。
この章では、シーケンス制御の基本回路の考え方と作り方を理解しましょう。

3-1 タイムチャートを理解しよう

制御回路の動作を明確に理解するために、制御シーケンスを視覚的に表した図をタイムチャートと呼びます。

信号の書き方

　タイムチャートは、横軸に時間経過、縦軸に信号や負荷の状態を線の高低で表しています。図 3-1(a) の接点は、操作入力がないと接点が開き、操作入力が加えられると接点が閉じる**メーク接点**の動作を表したタイムチャートです。
　この場合、負荷は停止時オフ、作動時オンとなります。図 3-1(b) は、時間遅れのある信号や負荷の状態変化を表す場合の例で、信号が変化していくようすを斜めの上り線や下り線で表します。

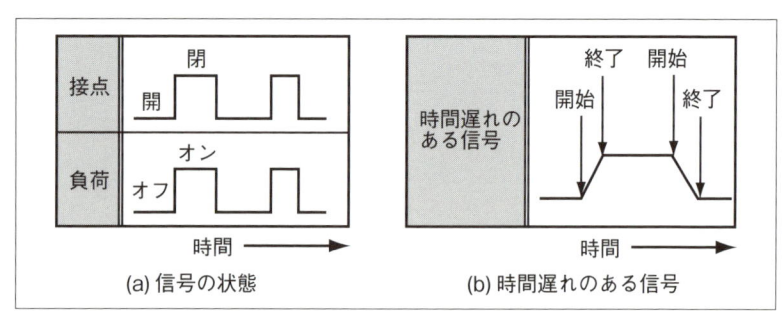

図 3-1　タイムチャートの例

タイムチャートとシーケンス図

　ランプとモータを用いた、押しボタンスイッチによる切り換え制御回路を例として、タイムチャートからシーケンス制御回路を作ってみましょう。

❶ 使用機器と制御内容を決める

　まず仕事の目的（ランプとモータの切り換え制御回路）が決まったら、実際に調達できる機器の仕様に合わせて制御内容を決定します（図 3-2 ①参照）。

❷ タイムチャートを考える

制御内容（図 3-2 ①の制御内容）を時系列順で図示して、制御対象に与える信号を決定します。このとき、信号の時間遅れは無視します。

```
●使用機器
 ・操作機器   押しボタンスイッチBS₁、BS₂
 ・制御機器   電磁リレー
 ・制御対象   ランプ、モータ
●制御内容
 ・BS₁とBS₂が開いているとき
  ランプが点灯、モータが停止。
 ・BS₁かBS₂の一方あるいは、
  両方が閉じているとき
  ランプが消灯、モータが回転。
```

BS₁		押す 閉	離す	開
BS₂			押す 閉 離す	開
リレー		オン		オフ
ランプ	点灯	消灯	点灯	消灯
モータ		回転		停止

①使用機器と制御内容を決める　　②タイムチャートを考える

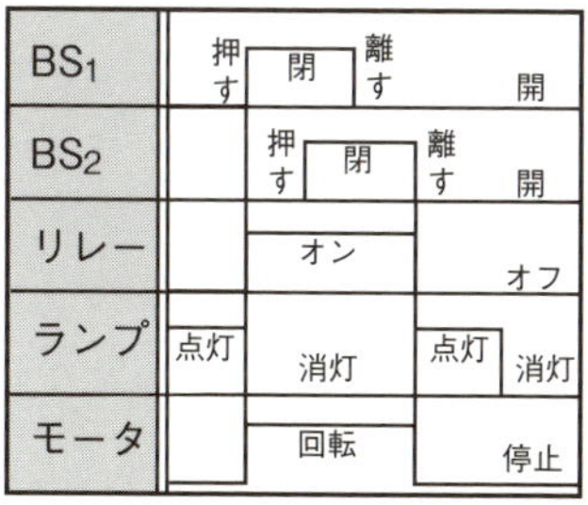

図 3-2　タイムチャート

■アドバイス

ここでタイムチャートの読み方を復習しておきます。制御内容の「BS₁ と BS₂ が開いているとき」とは、押しボタンスイッチ（BS₁、BS₂）を押していない状態のことで、図 3-2 ②の「低」の部分になります。このときランプが点灯、モータが停止ということで、ランプは「高」、モータは「低」になっています（ランプ＝高＝点灯、モータ＝低＝停止）

同様に「BS₁ か BS₂ の一方あるいは、両方が閉じているとき」の閉じるとは、スイッチを押した状態のことです。BS₁、BS₂ の「高」になっている箇所が閉じた箇所です。一方が「高」、あるいは両方が「高」のとき、リレーが「オン」になり、ランプが消灯、モータが回転しています。

❸ シーケンス図を作る

タイムチャートからシーケンス図を作成するには、リレーコイルを励磁する接点の組み合わせや、制御対象を制御する接点を決定します。

上記の制御内容で、タイムチャートを実現したシーケンス図が、図 3-3 の①になります。ここで R が電磁リレーのコイル、L がランプ、M がモータで、R-b はリレーのブレーク接点、R-m はメーク接点です。

さて、(BS₁、BS₂) を押していないとき、ランプは点灯しています（タイムチャートを確認してください）。つまり、常時点灯していて、スイッチが押されると消灯することになります。ということは、ランプにはブレーク接点をつなぐ必要があることになります(R-b)。モータは常時は停止していて、

スイッチが押されたとき（BS_1かBS_2の一方あるいは、両方が閉じているとき）回転するようにするためには、メーク接点（R-m）をつなぐことになるわけです。

①シーケンス図を作る　　　　②実際の配線

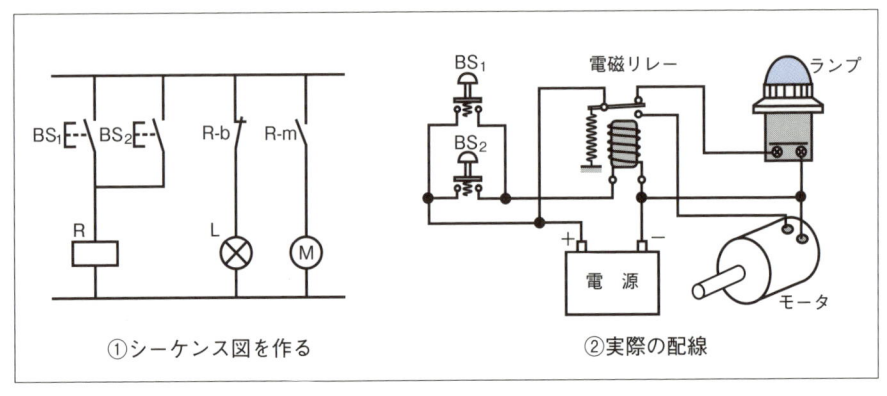

図 3-3　シーケンス図（R: 電磁リレー、L：ランプ、M: モータ）

3-2 スイッチ信号の処理

スイッチとは、シーケンス制御回路を制御するリレーコイルに、制御信号を与えるための操作機器です。目的の制御内容を実現するスイッチ信号の処理を考えます。

接点と動作の呼称

　スイッチやリレーの接点の動作で、「開」と「閉」はとくに誤解されがちです。「開」は接点が「開いている」ので、回路は遮断されてオフの状態です。対して「閉」は接点が「閉じている」ので、回路がつながってオンの状態となります。

　また、手動スイッチの動作には、操作力を除くと初期状態へ戻る**復帰型**と、操作力を除いても操作時の状態を維持する**保持型**があります（図 3-5 参照）。復帰型は制御信号入力用、保持型は電源継断用に適しています。

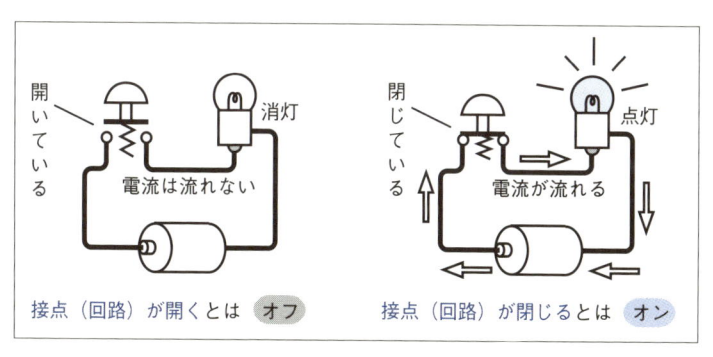

図 3-4　スイッチ接点の「開」と「閉」

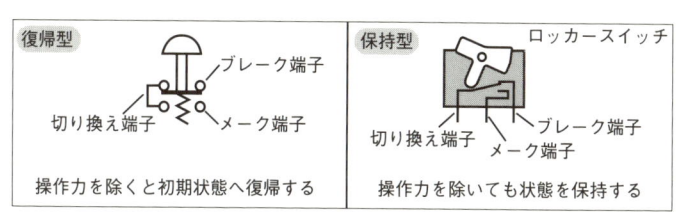

図 3-5　スイッチの動作の呼称

49ページでも解説しましたが、「メーク接点」は通常はオフで、スイッチを押して、閉じたときにオン、「ブレーク接点」は通常オンで、スイッチを押し、開いたときにオフとなります。しっかりと理解しておきましょう。

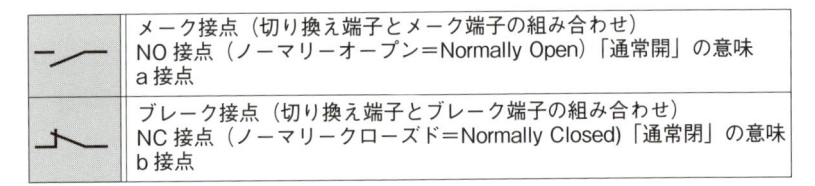

	メーク接点（切り換え端子とメーク端子の組み合わせ） NO 接点（ノーマリーオープン＝Normally Open）「通常開」の意味 a 接点
	ブレーク接点（切り換え端子とブレーク端子の組み合わせ） NC 接点（ノーマリークローズド＝Normally Closed）「通常閉」の意味 b 接点

図 3-6　メーク接点とブレーク接点

接点の組み合わせ

複数のスイッチを直接組み合わせて、リレーコイルへ与える信号を作る場合があります。図 3-7 は 2 つのスイッチの両方に操作入力が与えられたときだけ信号を出力する接続で**論理積（AND）**と呼びます。図 3-8 は 2 つのスイッチのどちらか、または両方に操作入力が与えられときに信号を出力するため、**論理和（OR）**と呼びます。

そのほか、操作入力と反対の信号を出力する**論理否定（NOT）**（図 3-9 参照）、2 つの操作入力の状態が異なるときだけ信号を出力する**排他的論理和（EX-OR ＝ Exclusive OR）**があります（図 3-10 参照）。

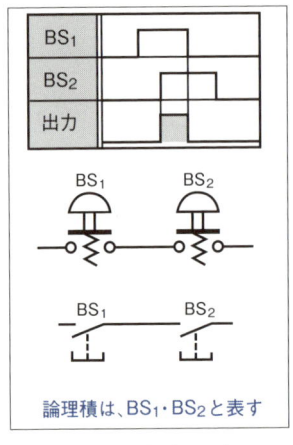

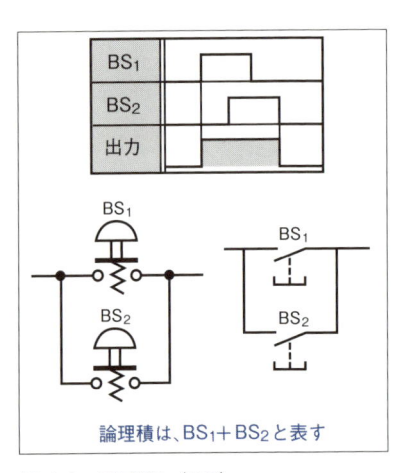

図 3-7　論理積（AND）　　論理積は、$BS_1 \cdot BS_2$ と表す

図 3-8　論理和（OR）　　論理積は、$BS_1 + BS_2$ と表す

（図中の凸は図 3-1 で解説しました。スイッチを押している（閉じている状態）です）

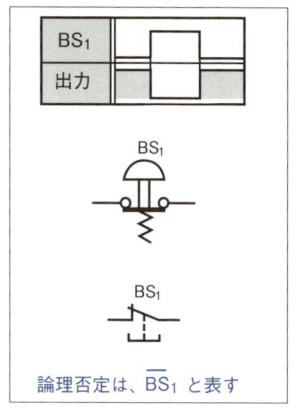

図 3-9　論理否定（NOT）

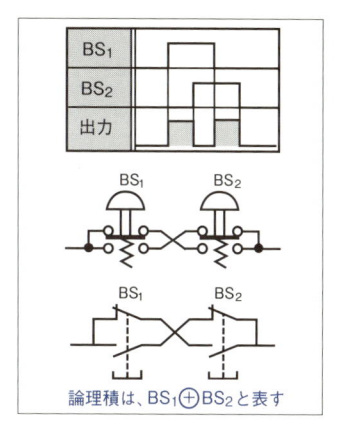

図 3-10　排他的論理和（EX-OR）

逆の動作を考える

　前述の基本的な接続法とまったく逆の動作を作ることもできます。ANDの逆動作を **NAND（否定論理積）**、OR の逆動作を **NOR（否定論理和）** と呼びます。この 2 つの回路で、図のように接点を置き換えることを**ド・モルガンの定理**と呼びます。

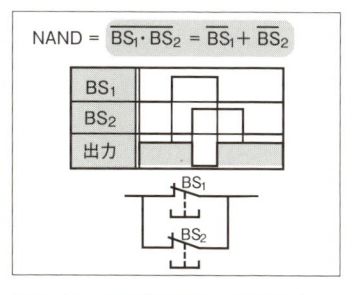

$$NAND = \overline{BS_1 \cdot BS_2} = \overline{BS_1} + \overline{BS_2}$$

$$NOR = \overline{BS_1 + BS_2} = \overline{BS_1} \cdot \overline{BS_2}$$

図 3-11　否定論理積（NAND）

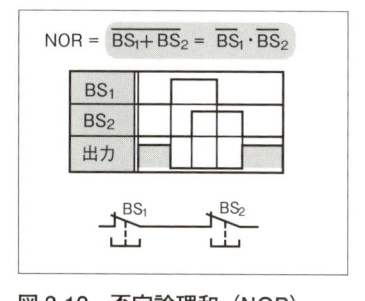

図 3-12　否定論理和（NOR）

　排他的論理和と逆の動作は、2 つの信号が同じ状態の場合に信号を出力するので、**一致動作**と呼びます。排他的論理和で、交差させた接点の接続（図 3-10 参照）を平行に結ぶと一致回路ができます。

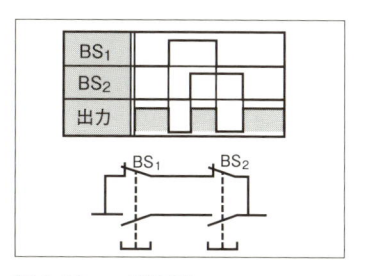

図 3-13　一致回路

3-2　スイッチ信号の処理

> **ONE POINT TINA** 排他的論理和の TINA 出力を
> シミュレーションで確認しよう

前ページの排他的論理和のサンプル回路（ファイル名「3_1」）を付属 CD-ROM から開いて、TINA のシミュレーションをやってみましょう。

このサンプル回路は、2つのスイッチ入力信号の状態が異なるときにランプが点灯します。

ファイルを開くと、初期状態で BS1 と BS2 が上部接点に接しています。

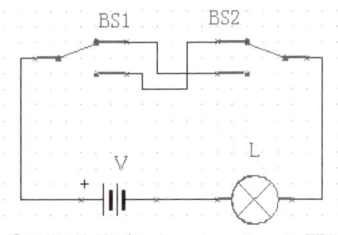

① ツールバーの [DC] をクリックして、インタラクティブモードでシミュレーションを開始します。

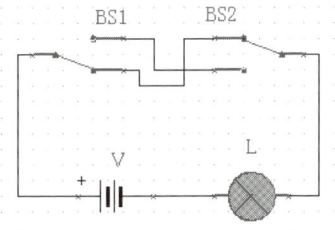

② キーボードの [1] を押すか、BS1 にマウスを置き、カーソルが↑になったところでクリックします。 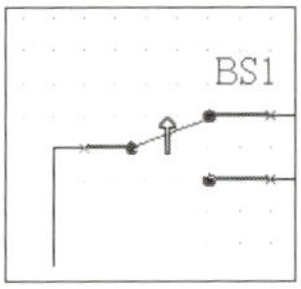
③ ランプが点灯します。

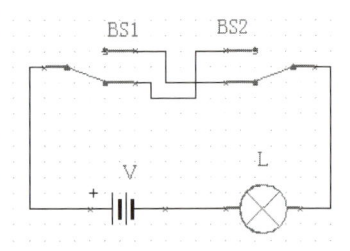

④ キーボードの [2] を押すか、BS2 にマウスを置いてカーソルが↑になったところでクリックします。 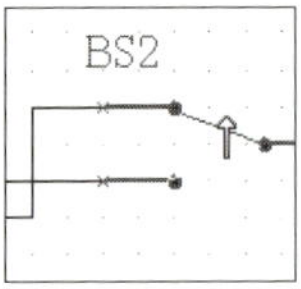
⑤ ランプが消灯します。

⑥ 手順②、④を参考に、キーボードかマウスで入力信号を切り換えて動作を確認します。

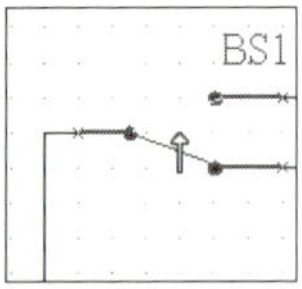

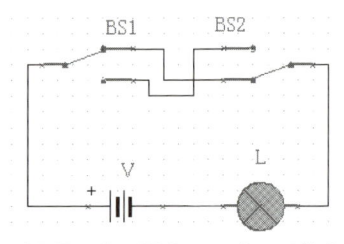

① 初期状態（シミュレーション開始時）

② BS1 をクリックして切り換え

④ BS2 をクリックして切り換え

手順④の後、再度 BS1 を切り換え

■ 気づきましたか？

排他的論理和回路と一致回路の動きは、日常生活で頻繁に使っています。たとえば階段灯のように、複数箇所で照明を点滅操作するスイッチの動作です。

第 3 章 シーケンス制御の基本回路

3-3

信号を記憶する自己保持回路

シーケンス制御回路に入力する信号は、次の動作に影響を与えないように短時間の入力を基本とします。出力を継続するためには、この信号を保持する回路が必要となります。

自己保持回路とは

　瞬間的な入力信号を、リレーの接点を経由して保持する回路が**自己保持回路**です。図3-14(a)の保持型信号のように操作入力を機械的に保持するスイッチ（ロッカースイッチ）では信号の切り換えに操作入力を必要とし、センサ検出信号などでの制御ができないため自動制御には不向きです。そのため、シーケンス制御回路の制御信号には、図3-14(b)のように復帰型スイッチ（たとえば押しボタンスイッチ）の瞬間入力を使用し、瞬間的な信号を記憶させます。

　図3-14(c)～3-15(i)にシーケンス制御で使用されるスイッチやセンサと図記号の例を示します。

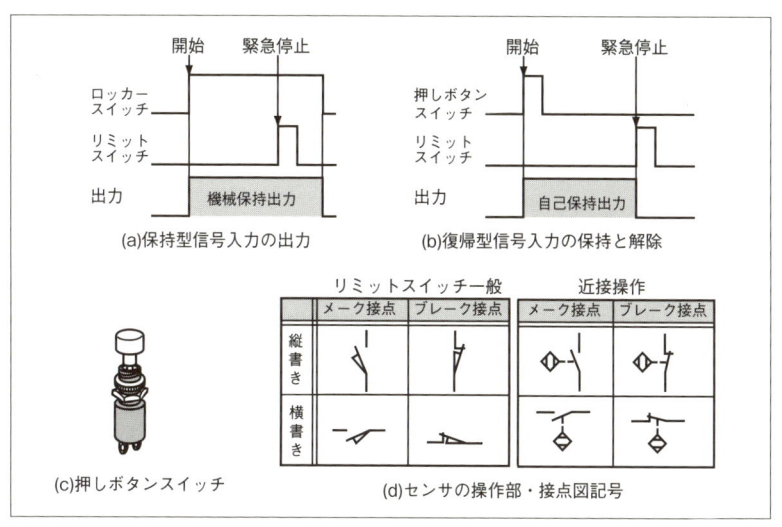

(a)保持型信号入力の出力　　(b)復帰型信号入力の保持と解除

(c)押しボタンスイッチ　　(d)センサの操作部・接点図記号

図3-14　入力信号を保持する（1）

3-3　信号を記憶する自己保持回路　　83

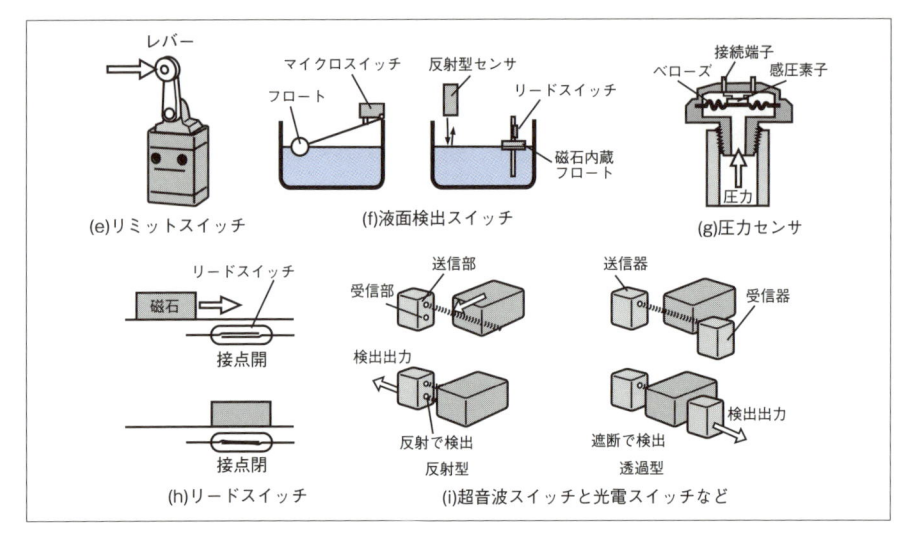

図 3-15　入力信号を保持する（2）

リセット入力優先型自己保持回路

　自己保持をセットする信号とリセットする信号を同時に入力したとき、リセット入力を優先する回路が、**リセット入力優先型自己保持回路**です。

　図 3-16 のタイムチャートは接点閉を「高」、接点開を「低」で示し、リレーと負荷は通電時を「高」、非通電時を「低」で表しています。

①の範囲はセット信号を入力してもリセット信号が入力されているので、リレー、負荷ともに通電されない状態です。

②の範囲はリセット信号が除かれてセット信号が有効になり、回路が保持された状態です。セット信号が切れたり、再投入されても出力状態は変化しません。

③でリセット信号が入力され、回路の動作が終了します。

品目指定	機能	備考
L	制御対象	負荷　表示灯
R	操作機器	リレーコイル　入力信号保持
BS₁	命令機器	セット用　メーク接点
BS₂	命令機器	リセット用　ブレーク接点

使用機器の詳細

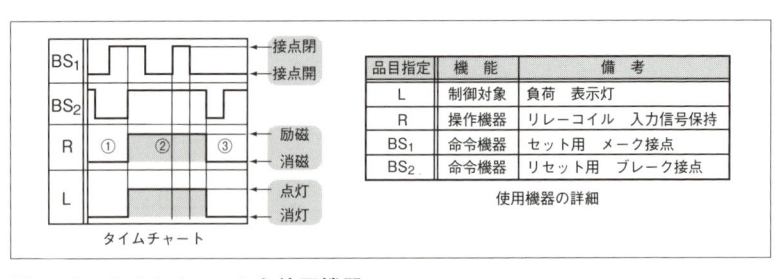

図 3-16　タイムチャートと使用機器

図3-17がリセット優先型自己保持回路の基本形です。リセット用スイッチをリレーコイルの直前に配置し、リレーコイルの励磁電流を遮断します。

リレー接点の機能	
R-m1	自己保持用接点
R-m2	負荷用接点

接点の配置法
①セット用メーク接点とリレーの保持用メーク接点を並列に接続する。

②リセット用ブレーク接点をリレーコイルの直前に置く。

(a) リセット優先型自己保持回路の基本形

I_R：リレーコイルの制御電流　　I_L：負荷に流れる電流

- セット用接点 BS_1 を閉じる。
- 制御信号 I_R が流れる。
- リレーコイル R が励磁される。
- リレーのメーク接点 R-m1、R-m2 が閉じる。
- 負荷電流 I_L が流れてランプが点灯する。

- セット用接点 BS_1 を開く。
- リレーのメーク接点 R-m1 から I_R が流れ続ける。
- リレーコイル R の励磁が保持される。
- 負荷電流 I_L が流れ続けてランプが点灯する。

- リセット用接点 BS_2 を開く。
- リレー保持電流 I_R が遮断され R が消磁する。
- リレーのメーク接点 R-m1、R-m2 が開く。
- I_R と I_L が消えて保持動作が終了する。

(b) リセット優先型自己保持回路の動作

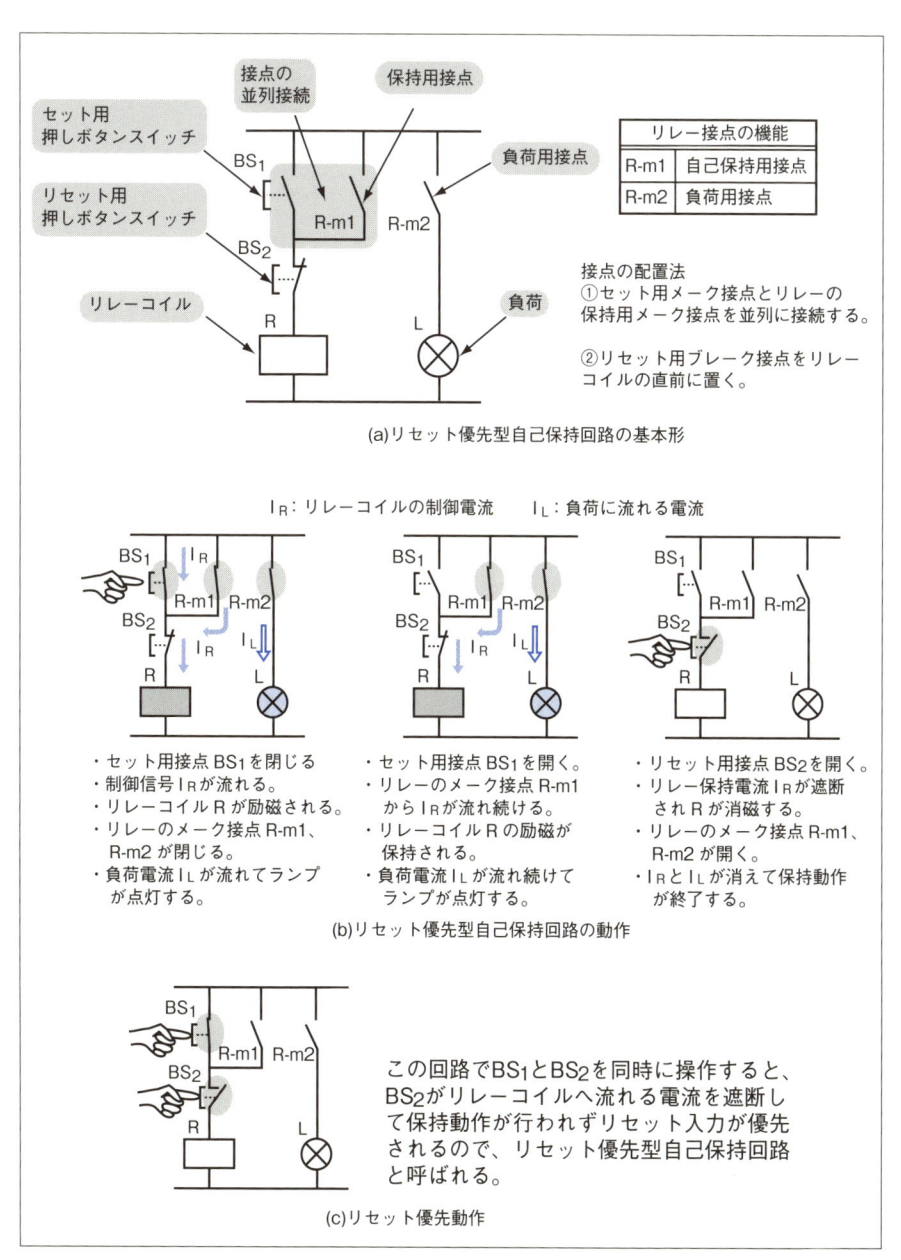

この回路で BS_1 と BS_2 を同時に操作すると、BS_2 がリレーコイルへ流れる電流を遮断して保持動作が行われずリセット入力が優先されるので、リセット優先型自己保持回路と呼ばれる。

(c) リセット優先動作

図 3-17　リセット入力優先型自己保持回路

図3-18 は TINA のサンプル回路です。リセット入力優先型自己保持回路の動作を TINA 上で確認してみましょう。

①初期状態（シミュレーション開始時）

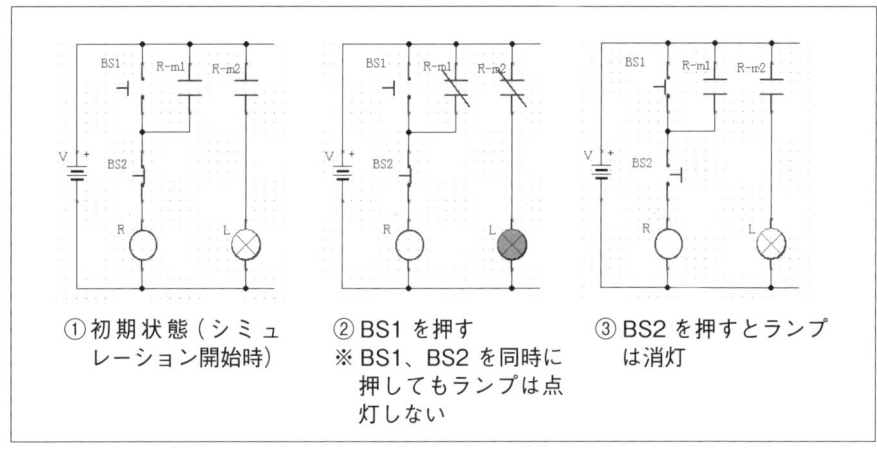

②BS1 を押す
※ BS1、BS2 を同時に押してもランプは点灯しない

③BS2 を押すとランプは消灯

図3-18　TINA で回路動作を確認する（ファイル名「3_2」）

　セット用スイッチにロッカースイッチを利用した場合、前述したように機械的に保持するので、R-m1 を BS_1 と並列に接続する必要はありません。ということはこの回路の場合、ロッカースイッチで実現できることになります。ですがあえて押しボタンスイッチを利用しているのは、後述する回路のように実際にはリミットスイッチを利用した回路を組むケースが多いためで、そうすると機械的に保持したのでは、回路が組めなくなるためです。

セット入力優先型自己保持回路

　自己保持をセットするスイッチと解除するスイッチを同時に押したとき、セット入力を優先する回路です。図3-19 のタイムチャートで**セット入力優先型自己保持回路**の動作を考えます。
①の範囲はセット信号が入力されていないので、回路の準備状態です。
②の範囲は同時に入力したセット信号とリセット信号のうちセット信号が有効になり、後にリセット信号が除かれ回路が保持された状態です。セット信号が切れて再投入されても、出力状態は変化しません。
③でリセット信号が入力されて回路の動作が終了します。

図 3-19　タイムチャートと使用機器

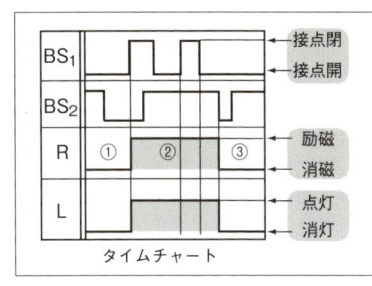

品目指定	機能	備考
L	制御対象	負荷　表示灯
R	操作機器	リレーコイル　入力信号保持
BS_1	命令機器	セット用　メーク接点
BS_2	命令機器	リセット用　ブレーク接点

使用機器の詳細

　図 3-20、3-21 がセット優先型自己保持回路の基本形です。リレーの保持用接点とリセット用スイッチを直列に接続したものと、セット用スイッチを並列に接続します。

リレー接点の機能	
R-m1	自己保持用接点
R-m2	負荷用接点

接点の配置法
①リレーの保持用メーク接点とリセット用ブレーク接点を直列に接続する。

②セット用メーク接点を①の回路と並列に置く。

(a) セット優先型自己保持回路の基本形

I_R：リレーコイルの制御電流　　I_L：負荷に流れる電流

・セット用接点 BS_1 を閉じる。
・制御信号 I_R が流れる。
・リレーコイル R が励磁される。
・リレーのメーク接点 R-m1、R-m2 が閉じる。
・負荷電流 I_L が流れてランプが点灯する。

・セット用接点 BS_1 を開く。
・リレーのメーク接点 R-m1 から I_R が流れ続ける。
・リレーコイル R の励磁が保持される。
・負荷電流 I_L が流れ続けてランプが点灯する。

・リセット用接点 BS_2 を開く。
・リレー保持電流 I_R が遮断され R が消磁する。
・リレーのメーク接点 R-m1、R-m2 が開く。
・I_R と I_L が消えて保持動作が終了する。

(b) セット優先型自己保持回路の動作

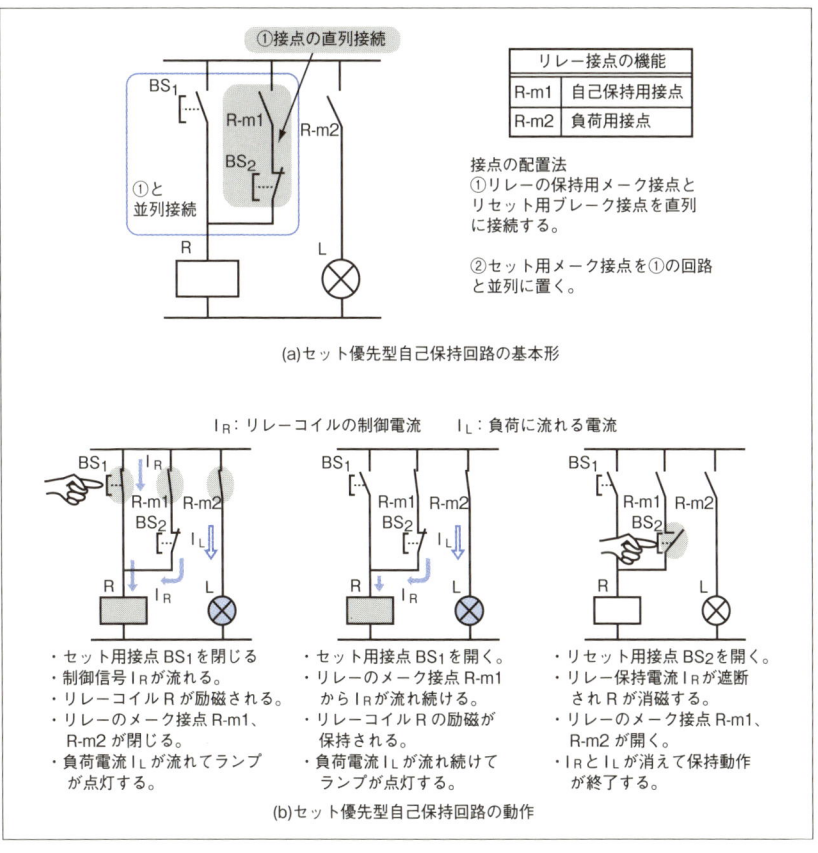

図 3-20　セット入力優先型自己保持回路（1）

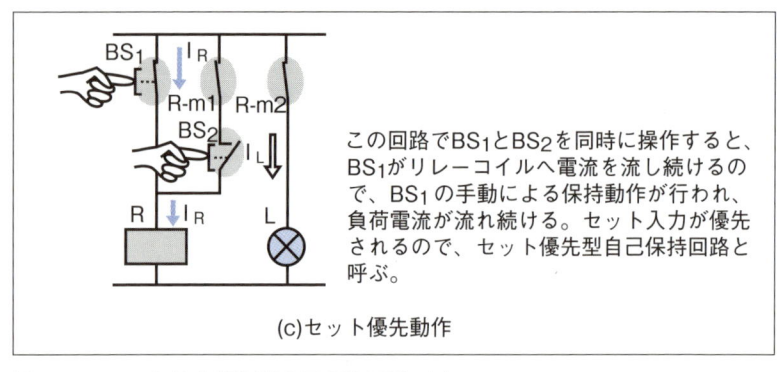

この回路でBS₁とBS₂を同時に操作すると、BS₁がリレーコイルへ電流を流し続けるので、BS₁の手動による保持動作が行われ、負荷電流が流れ続ける。セット入力が優先されるので、セット優先型自己保持回路と呼ぶ。

(c)セット優先動作

図 3-21　セット入力優先型自己保持回路（2）

　TINA のサンプル回路「3_3」を開いて、セット入力優先型自己保持回路の動作が前節のリセット入力優先自己保持回路と異なる点に注目しながら、実際に確認してみましょう。

① 初期状態（シミュレーション開始時）

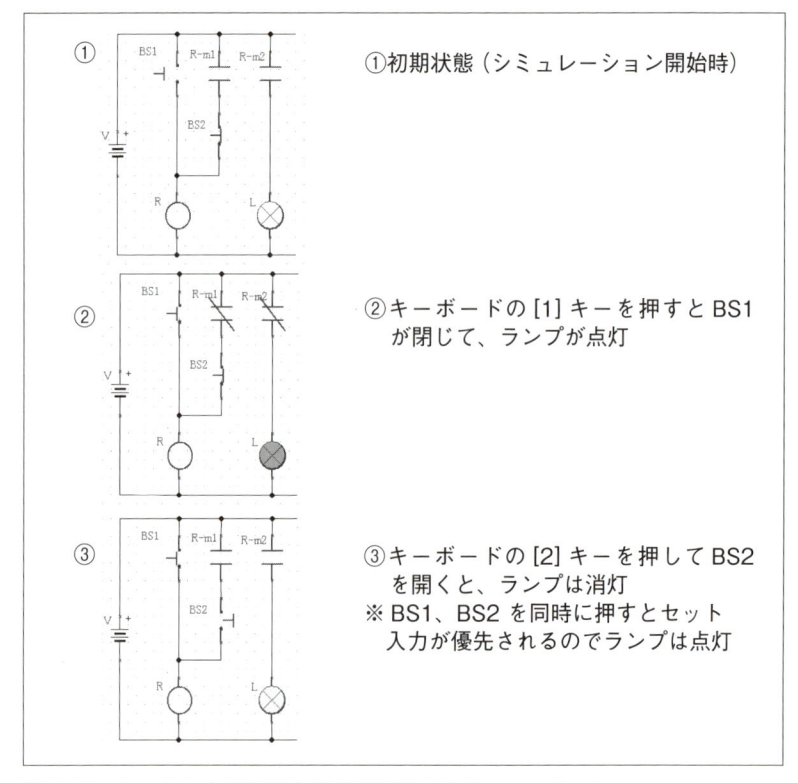

② キーボードの [1] キーを押すと BS1 が閉じて、ランプが点灯

③ キーボードの [2] キーを押して BS2 を開くと、ランプは消灯
※ BS1、BS2 を同時に押すとセット入力が優先されるのでランプは点灯

図 3-22　セット入力優先型自己保持回路のシミュレーション

3-4 リレー論理回路のしくみ

シーケンス制御回路では命令を伝える信号線と動力を与える電力線を明確に分ける必要があります。そのため2値信号で負荷を動作させる例として論理回路を考えます。

リレー論理回路とは

　3章2項で考えた、スイッチの組み合わせによる信号処理を利用し、さまざまな2値信号の組み合わせをリレーシーケンス制御で実行する回路が、**リレー論理回路**です。また、出力される信号を把握するために**真理値表**を用います。

　シーケンス制御回路は微弱電流を流すスイッチ接点や信号線と、大きな電流を流す操作機器の接点や動力線を明確に分けるので、スイッチ接点と負荷接点を供用することはできるだけ避けなければなりません（図 3-23 参照）。

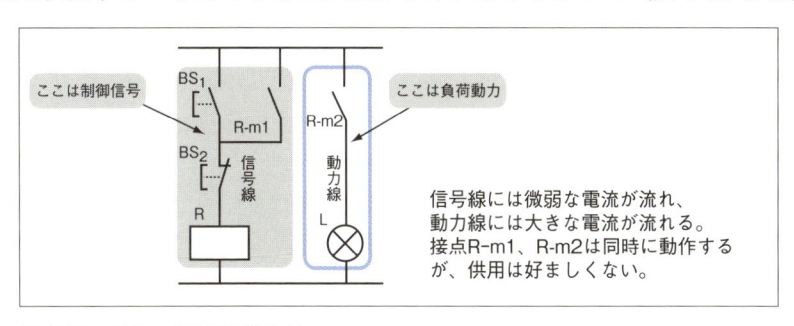

ここは制御信号　　　ここは負荷動力

信号線には微弱な電流が流れ、動力線には大きな電流が流れる。接点R-m1、R-m2は同時に動作するが、供用は好ましくない。

図 3-23　リレー論理回路とは

回路設計の基本

真理値表

　真理値表は動作表とも呼ばれ、2値信号のすべての組み合わせを「0」と「1」で表し、それぞれ出力信号がどのように変化するかを示すものです。

AND(論理積)　　　OR(論理和)

X・Y=Z		
X	Y	Z
0	0	0
0	1	0
1	0	0
1	1	1

X+Y=Z		
X	Y	Z
0	0	0
0	1	1
1	0	1
1	1	1

基本的な論理演算の真理値表

AND 回路

最も基本的な論理演算規則のひとつが **AND 回路** です。

論理演算 AND は論理積と呼ばれ、2 つの信号 X と Y がともに「1」のときだけ出力 Z=「1」となります。図 3-24 のタイムチャートでは、信号変化と出力の組み合わせをとくに見やすくしました。

2 入力 AND 回路は図 3-23 のスイッチ組み合わせ回路のように、2 つの接点を直列に接続します。リレー論理回路では BSX 入力と BSY 入力の自己保持出力 X-m2 と Y-m2 を直列につないで負荷接点としています。

(a) タイムチャートと ANSI 図記号

(b) スイッチの組み合わせとリレー論理回路

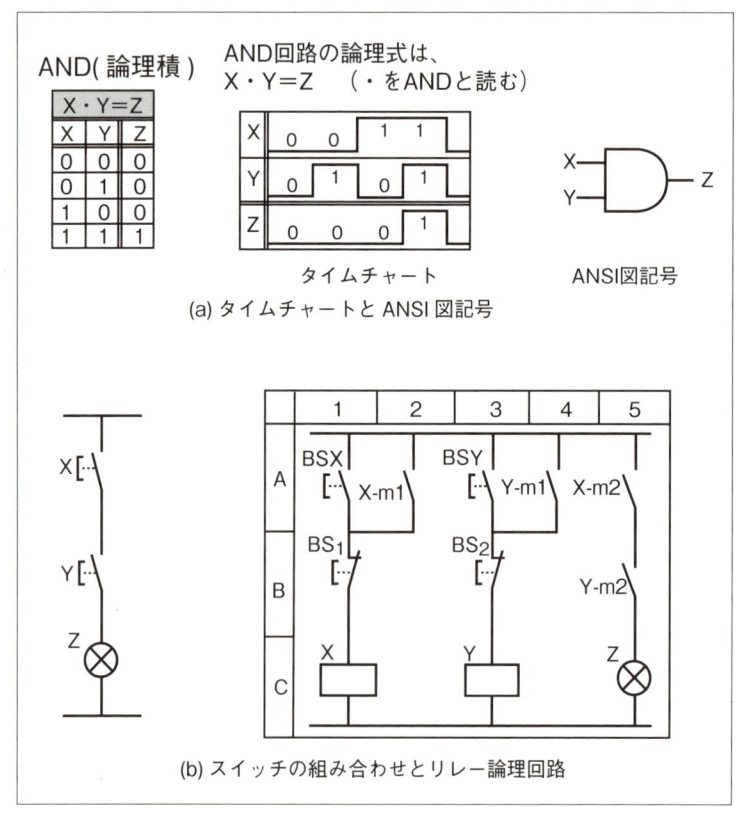

図 3-24　AND 回路

それでは、TINA のサンプル回路「3_4」で確認してみましょう。

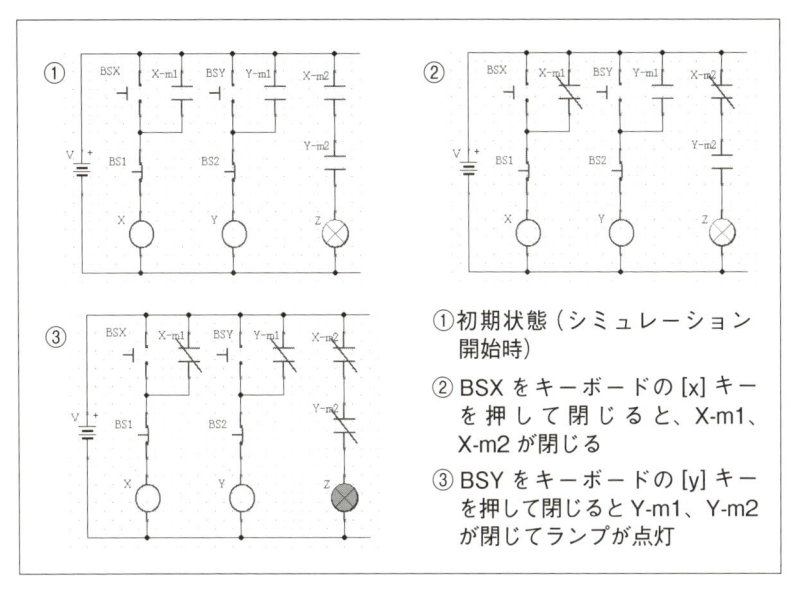

図3-25 AND回路のシミュレーション（ファイル名「3_4」）

① 初期状態（シミュレーション開始時）
② BSXをキーボードの[x]キーを押して閉じると、X-m1、X-m2が閉じる
③ BSYをキーボードの[y]キーを押して閉じるとY-m1、Y-m2が閉じてランプが点灯

BSXとBSYの両方を押したときにランプが点灯することが確認できましたね。

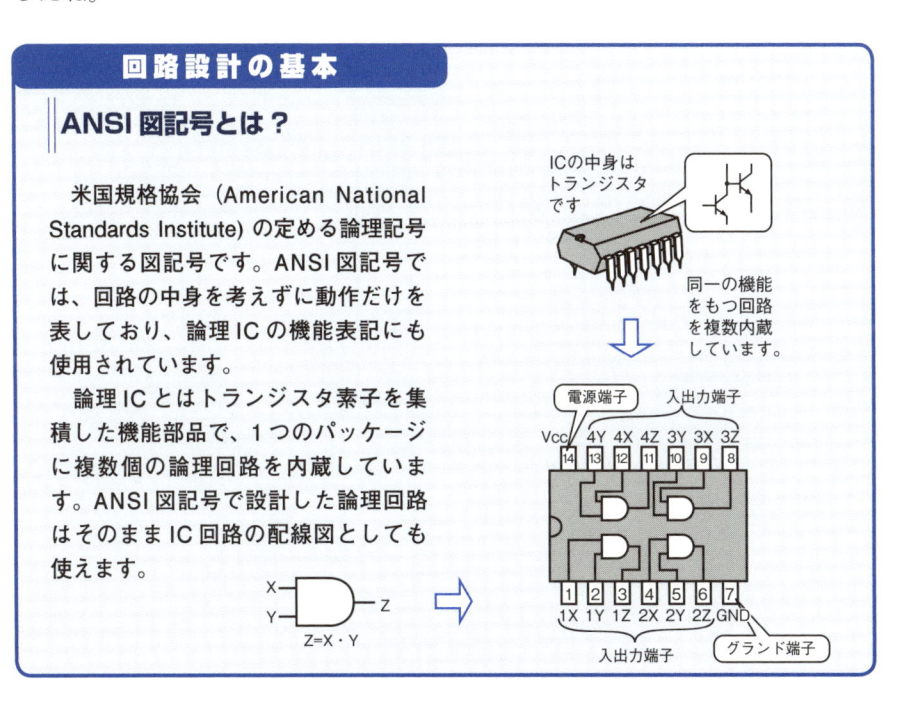

回路設計の基本

ANSI図記号とは？

　米国規格協会（American National Standards Institute）の定める論理記号に関する図記号です。ANSI図記号では、回路の中身を考えずに動作だけを表しており、論理ICの機能表記にも使用されています。

　論理ICとはトランジスタ素子を集積した機能部品で、1つのパッケージに複数個の論理回路を内蔵しています。ANSI図記号で設計した論理回路はそのままIC回路の配線図としても使えます。

$Z = X \cdot Y$

ICの中身はトランジスタです

同一の機能をもつ回路を複数内蔵しています。

電源端子　入出力端子
Vcc 4Y 4X 4Z 3Y 3X 3Z
14 13 12 11 10 9 8

1 2 3 4 5 6 7
1X 1Y 1Z 2X 2Y 2Z GND

入出力端子　　グランド端子

3-4 リレー論理回路のしくみ

OR 回路

　論理演算 OR は論理和と呼ばれ、2 つの信号 X と Y のどちらかまたはともに「1」のとき出力 Z=「1」となります。この条件は、図 3-26 の真理値表からわかるように、X と Y がともに「0」でないとき Z=「1」とも考えられます。

　2 入力 OR 回路は図 3-26 のスイッチの組み合わせ回路のように 2 つの接点を並列に接続します。リレー論理回路では BSX 入力と BSY 入力の自己保持出力 X-m2 と Y-m2 を並列につないで負荷接点としています。

OR(論理和)

X+Y=Z		
X	Y	Z
0	0	0
0	1	1
1	0	1
1	1	1

OR回路の論理式は、
$X+Y=Z$　（＋をORと読む）

タイムチャート

ANSI図記号

(a) タイムチャートと ANSI 図記号

(b) スイッチの組み合わせとリレー論理回路

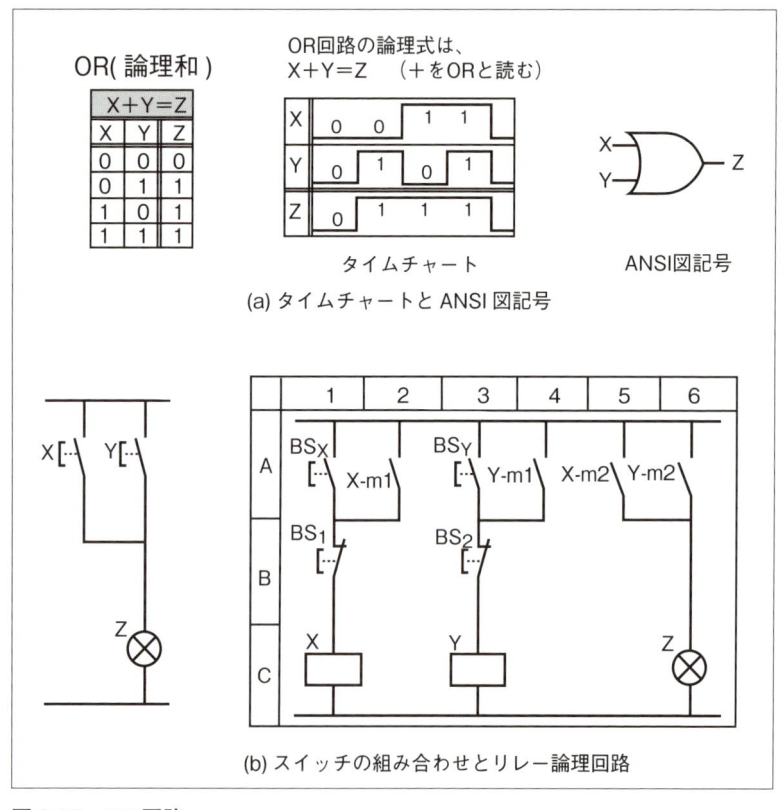

図 3-26　OR 回路

サンプル回路「3_5」で動作を確認してみましょう。

① 初期状態（シミュレーション開始時）

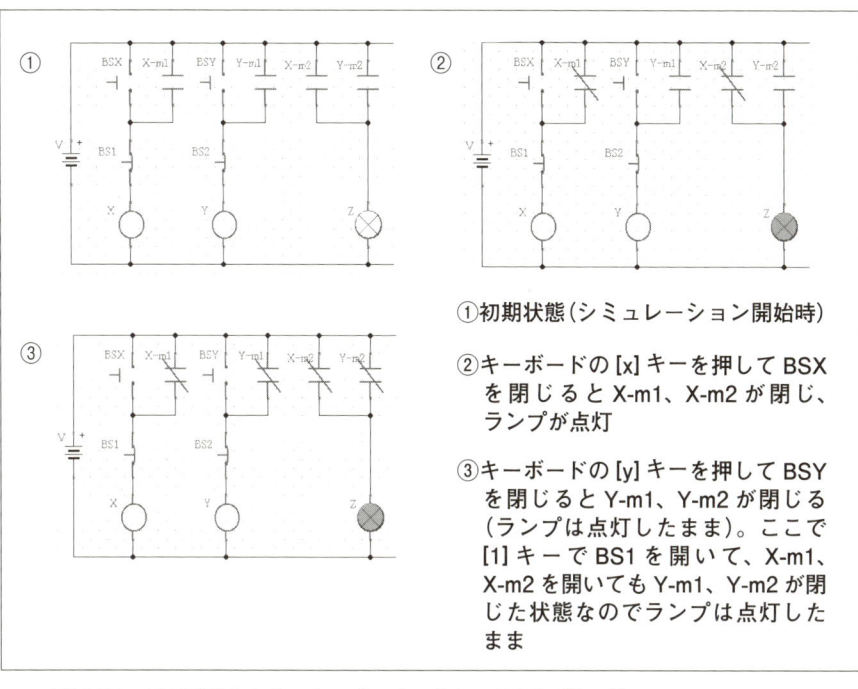

② キーボードの [x] キーを押して BSX を閉じると X-m1、X-m2 が閉じ、ランプが点灯

③ キーボードの [y] キーを押して BSY を閉じると Y-m1、Y-m2 が閉じる（ランプは点灯したまま）。ここで [1] キーで BS1 を開いて、X-m1、X-m2 を開いても Y-m1、Y-m2 が閉じた状態なのでランプは点灯したまま

図 3-27　OR 回路のシミュレーション（ファイル名「3_5」）

NOT 回路

論理演算 NOT は論理否定と呼ばれ、信号 X と反対の出力を Z に与えます（図 3-28 参照）。NOT 回路は図 3-29 のスイッチの組み合わせ回路のようにブレーク接点で作ることができます。リレー論理回路では BSX 入力で励磁したリレー X のブレーク接点で負荷を制御します。

NOT (論理否定)

$\overline{X}=Z$	
X	Z
0	1
1	0

NOT 回路の論理式は、
$\overline{X}=Z$　（ ¯ をバーと読む）

タイムチャート

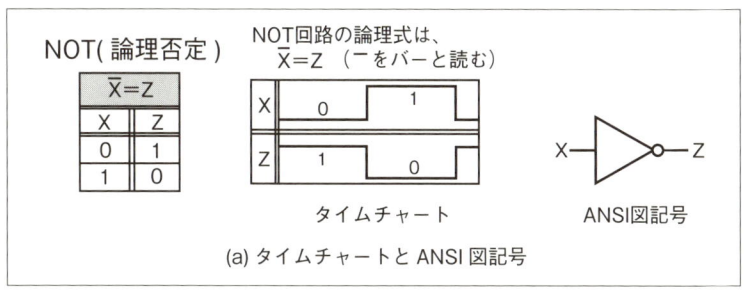

ANSI 図記号

(a) タイムチャートと ANSI 図記号

図 3-28　NOT 回路（1）

(b) スイッチの組み合わせとリレー論理回路

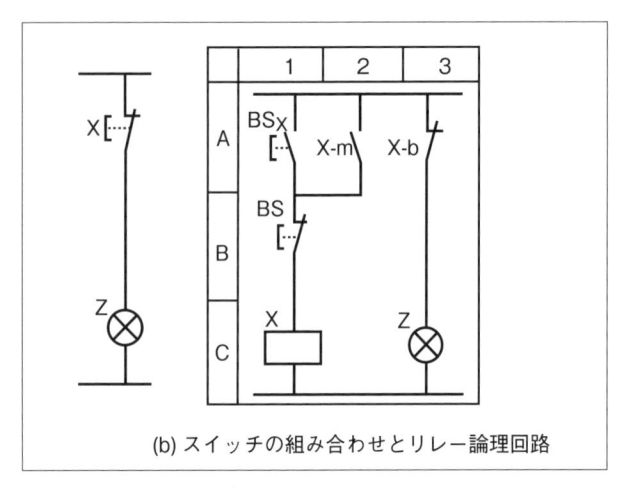

図 3-29　NOT 回路（2）

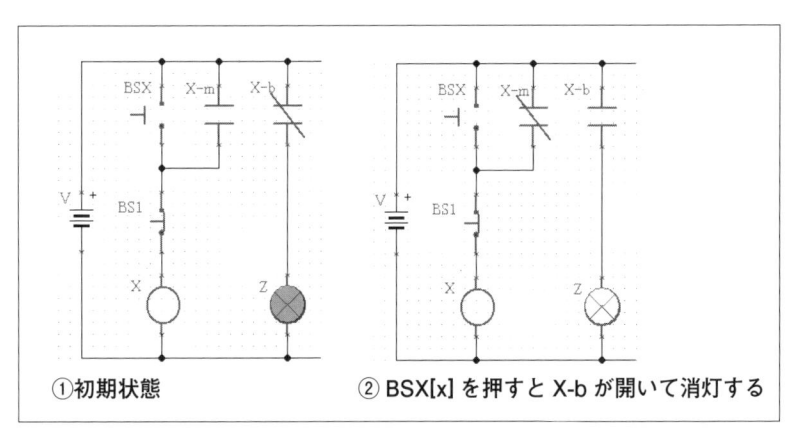

① 初期状態　　　　② BSX[x] を押すと X-b が開いて消灯する

図 3-30　TINA で NOT 回路の動作を確認する（ファイル名 「3_6」）

EX-OR 回路

論理演算 EX-OR は排他的論理和（EX-OR ＝ Exclusive OR）と呼びます。2 つの信号 X と Y が不一致のとき出力 Z=「1」となります（図 3-31 参照）。2 つのリレー接点のメーク接点とブレーク接点を直列接続した回路 2 組を並列につないで負荷接点とします。

(a) タイムチャートと ANSI 図記号

(b) スイッチの組み合わせとリレー論理回路

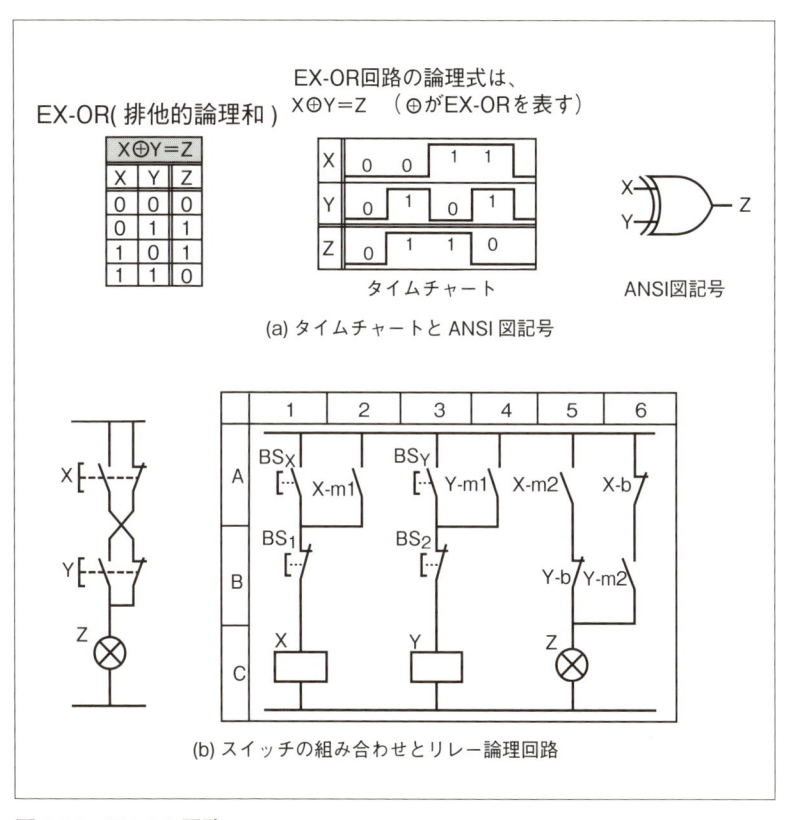

図 3-31　EX-OR 回路

TINAで排他的論理和回路の動作を確認してみましょう。

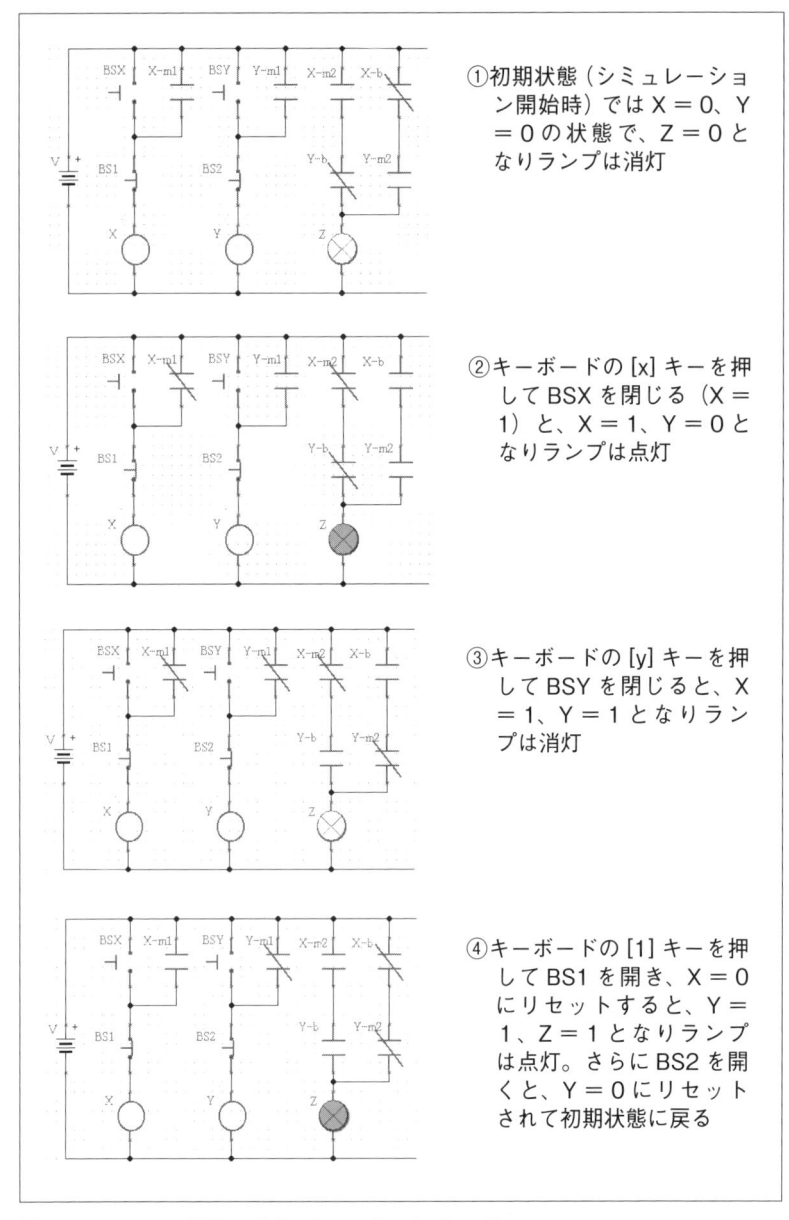

① 初期状態（シミュレーション開始時）では X＝0、Y＝0 の状態で、Z＝0 となりランプは消灯

② キーボードの [x] キーを押して BSX を閉じる（X＝1）と、X＝1、Y＝0 となりランプは点灯

③ キーボードの [y] キーを押して BSY を閉じると、X＝1、Y＝1 となりランプは消灯

④ キーボードの [1] キーを押して BS1 を開き、X＝0 にリセットすると、Y＝1、Z＝1 となりランプは点灯。さらに BS2 を開くと、Y＝0 にリセットされて初期状態に戻る

図3-32　EX-OR回路の動作（ファイル名「3_7」）

3-5 インタロック回路のしくみ

ある機器の動作中にほかの機器が動作しては危険なとき、先行入力を優先して途中から割り込む信号を阻止する回路がインタロック回路です。代表的なインタロック回路を考えます。

インタロック回路とは

　インタロック回路は安全保護の仕組みです。たとえばエレベータはドアが開いているときは、上昇や下降ボタンを押しても動作しません。また、鉄道も左右のドアがすべて閉じていなければ発車することができません。

　そうした代表的なインタロック回路は、複数の入力に1対1で対応する出力をもちます。それぞれの入出力の組み合わせは、最初の入力信号を有効として、後からの入力を無効とするように組まれます。

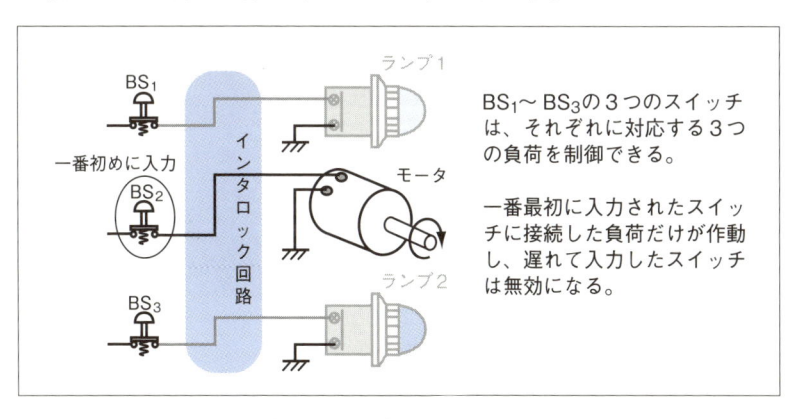

BS_1〜BS_3の3つのスイッチは、それぞれに対応する3つの負荷を制御できる。

一番最初に入力されたスイッチに接続した負荷だけが作動し、遅れて入力したスイッチは無効になる。

図3-33　インタロック回路のイメージ

タイムチャートを考える

　基本的な2入力インタロック回路を考えます。図3-34は、2つの入力スイッチを使用してどちらか一方の先行入力を保持し、それと同時に他方のスイッチ入力を遮断するという動作回路のタイムチャートです。制御機器の接点は保持用、遮断用、負荷用の3極連動接点を使用します。

機器と接点		BS₁が先行入力	BS₂が先行入力	機 器 と 接 点 の 動 作
操作機器	BS₁	⊓		BS₁ランプL₁を点灯させるメークスイッチ
	BS₂		⊓	BS₂ランプL₂を点灯させるメークスイッチ
制御機器	R₁	▭		先に入力されたスイッチで動作するリレーを保持する。
	R₂		▭	
後入力遮断用接点	R₁-b	▭		保持したリレーのブレーク接点で、後から入力されたスイッチの信号を遮断する。
	R₂-b		▭	
保持用接点負荷用接点	R₁-m1	▭		先に入力されたスイッチに対応する負荷を出力し続ける。
	R₁-m2	▭		
	R₂-m1		▭	
	R₂-m2		▭	

図 3-34　インタロック回路のタイムチャート

インタロック回路を考える

タイムチャートから、シーケンス図を書いていきます。

リレー R_1、R_2 とも相互に同じ動作をするので、同様の回路を 2 組接続します。ボタンスイッチ BS_1、BS_2 でリセット入力優先型自己保持回路を作り、それぞれのブレーク接点を互いのリセット入力用接点とします。

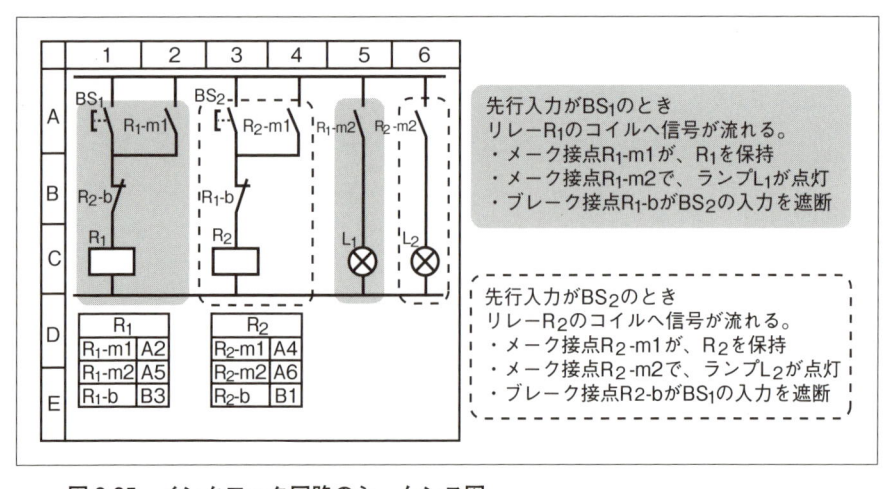

先行入力がBS₁のとき
リレーR₁のコイルへ信号が流れる。
・メーク接点R₁-m1が、R₁を保持
・メーク接点R₁-m2で、ランプL₁が点灯
・ブレーク接点R₁-bがBS₂の入力を遮断

先行入力がBS₂のとき
リレーR₂のコイルへ信号が流れる。
・メーク接点R₂-m1が、R₂を保持
・メーク接点R₂-m2で、ランプL₂が点灯
・ブレーク接点R₂-bがBS₁の入力を遮断

図 3-35　インタロック回路のシーケンス図

TINA のインタロック回路例

図 3-35 の回路を TINA で組みました。ボタンスイッチ BS1、BS2 の割り当てをキーボードの [1]、[2] キーに設定してあります。キーボードを操作して動作を確認してください。[1]、[2] キーの先行入力が後から押されるスイッチを遮断します。

図 3-36 の回路では、自己保持の解除を TINA のインタラクティブ [スタート / ストップ] で行います。

図 3-37 の回路は、BS3[3] で回路を開いてリセットを解除します。

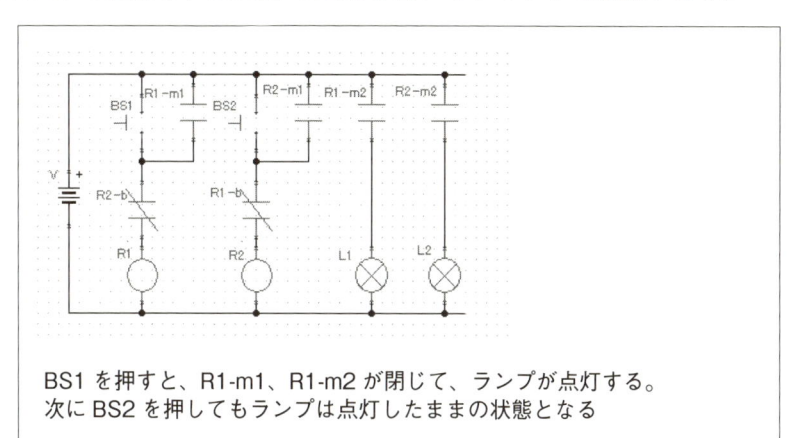

BS1 を押すと、R1-m1、R1-m2 が閉じて、ランプが点灯する。
次に BS2 を押してもランプは点灯したままの状態となる

図 3-36　TINA のインタロック回路（ファイル名「3_8」）

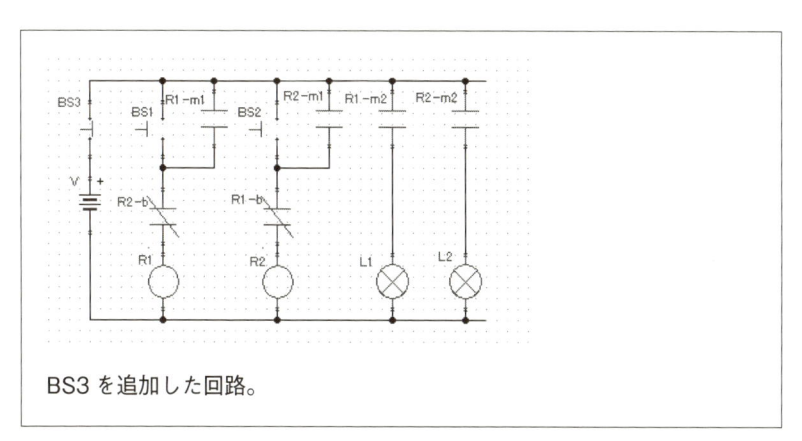

BS3 を追加した回路。

図 3-37　リセット解除付きインタロック回路（ファイル名「3_9」）

3-5　インタロック回路のしくみ

3-6 タイマー回路の働き

あらかじめ設定した時間を利用して、スイッチの命令信号やセンサの検出信号が入力されたとき、時間差を作って動作を行わせる回路がタイマー回路です。

限時動作瞬時復帰回路

　動作命令信号が与えられてから設定時間経過後に動作し、リセット信号を与えた瞬間に復帰するタイマー回路を考えます。タイムチャートを書く前に、具体的な手順を確認します。

❶ 次の動作を行う回路を考える
1. セットスイッチ BS_1 を押す。
2. 同時に、ランプ L が点灯する。
3. 設定時間（t 秒）後にモータ M が回転する。→**限時動作**
4. リセットスイッチ BS_2 を押すと L が消灯、M が停止する。→**瞬時復帰**

❷ 使用する機器を決定してタイムチャートを作る
　リセット入力優先型自己保持回路と限時動作タイマーリレーを組み合わせます。

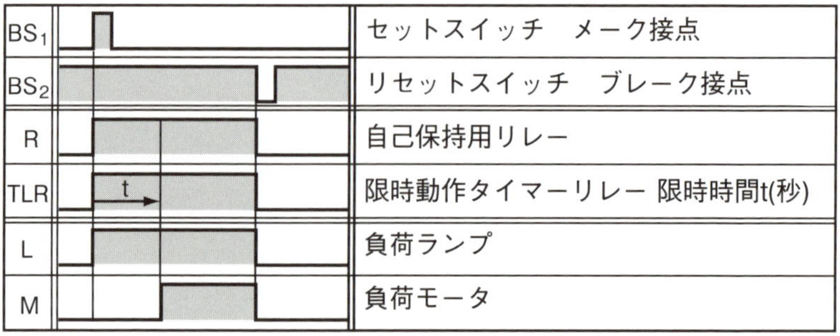

BS_1		セットスイッチ　メーク接点
BS_2		リセットスイッチ　ブレーク接点
R		自己保持用リレー
TLR	t	限時動作タイマーリレー 限時時間t(秒)
L		負荷ランプ
M		負荷モータ

図 3-38　限時動作瞬時復帰のタイムチャート

❸ 接点の限時動作と回路

　タイマーリレー TLR（Time Lag Relay）は信号が入力されてから設定時間経過後にタイマー接点を切り換える限時動作を行います。

　接点の限時動作の図記号は図 3-39 のように表します。接点に傘のような操作部を付けます。動作するときには傘が空気の抵抗を受けて出力が遅れる（**パラシュート効果**）限時動作を行い、復帰するときには傘は空気の抵抗を受けることなく瞬時に作動するように考えます。

限時動作接点の記号	限時動作	瞬時復帰
抵抗を受ける傘と考える	動作時に抵抗を受けると考える	復帰時は抵抗がないと考える

図 3-39　限時動作接点の図記号

　自己保持用リレーとタイマーリレーは同じ時間、入力信号を受けます。図 3-40 のシーケンス図では、タイマーリレーの種類は考えず接点動作のみを表します。

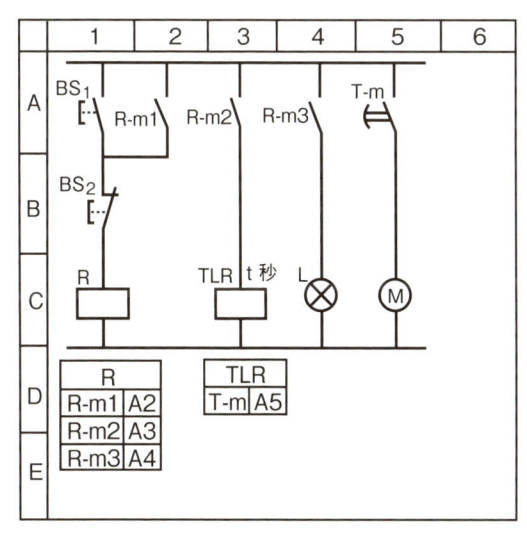

図 3-40　限時動作瞬時復帰回路のシーケンス図

❹ TINA の回路例

BS1 に瞬間入力を与えるとリレー R が励磁され、R のメーク接点が閉じるので BS1 が保持、タイマーリレー TLR が励磁され、ランプ L が点灯します。TLR の設定時間（3秒）が経過するとモータ M が回転します。

BS1 を押すとランプが点灯。3秒後にモータが回転する

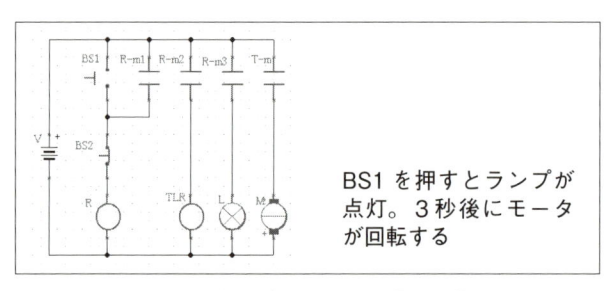

図 3-41　TINA の回路例（ファイル名「3_10」）

TINA の回路例で限時動作瞬時復帰の接点は T-m です。この接点に3秒の限時制御を加えるタイマーリレー TLR は以下のように設定します。

❺ TINA のタイマー時間設定手順

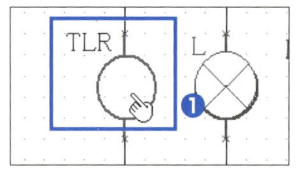

❶ TLR をダブルクリックし、「TLR-リレーコイル（サークル）」画面を開く

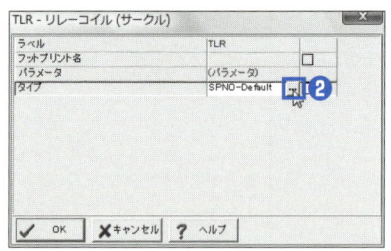

❷ [タイプ] 右端のスピードボタン […] をクリックして「カタログエディタ」を開く

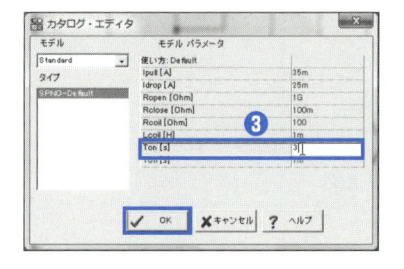

❸ Ton[s]で3を入力。[OK]をクリックして設定画面を閉じる

第 3 章 シーケンス制御の基本回路

瞬時動作限時復帰回路

 動作命令信号が与えられると瞬時に動作し、リセット信号を与えてから設定時間経過後に復帰する動作を作る回路です。

❶ 次の動作を行う回路を考える
1. 初期状態で L_2 が点灯している。
2. セットスイッチ BS_1 を瞬間押す。
3. 同時に、ランプ L_1 が点灯し、L_2 が消灯する。→**瞬時動作**
4. リセットスイッチ BS_2 を押すと L_1 が消灯する。
5. 設定時間（t 秒）後にランプ L_2 が点灯する。→**限時復帰**

❷ 使用する機器を決定してタイムチャートを作る
 リセット入力優先型自己保持回路と限時復帰タイマーリレーを組み合わせます。

BS_1		セットスイッチ　メーク接点
BS_2		リセットスイッチ　ブレーク接点
R		自己保持用リレー
TLR	t	限時復帰タイマーリレー 限時時間t(秒)
L_1		負荷ランプ
L_2		負荷ランプ

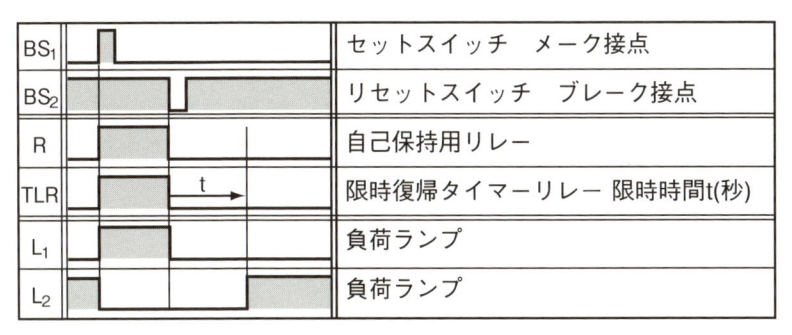

図 3-42　瞬時動作限時復帰のタイムチャート

❸ 接点の限時動作と回路
 タイマーリレー TLR は入力された信号が解除されてから設定時間経過後にタイマー接点を復帰させる限時復帰を行います。接点の限時復帰の図記号は図 3-43 のように表します。接点に限時動作を逆にした傘のような操作部を付けます。動作時には傘は空気の抵抗を受けずにすぐに動作します。復帰するときには傘が空気の抵抗を受けて設定時間だけ遅れて限時復帰するように考えます。

限時復帰接点の記号	瞬時動作	限時復帰
抵抗を受ける傘と考える	動作時は抵抗がないと考える	復帰時に抵抗を受けると考える

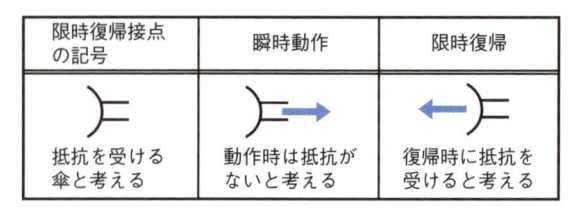

図 3-43　限時復帰接点の図記号

　目標とする制御動作のタイムチャートに合わせて、自己保持用リレーとタイマーリレーに同じ時間だけ入力信号を与えます。タイマーリレー接点は目標動作に合わせてブレーク接点を使用します。

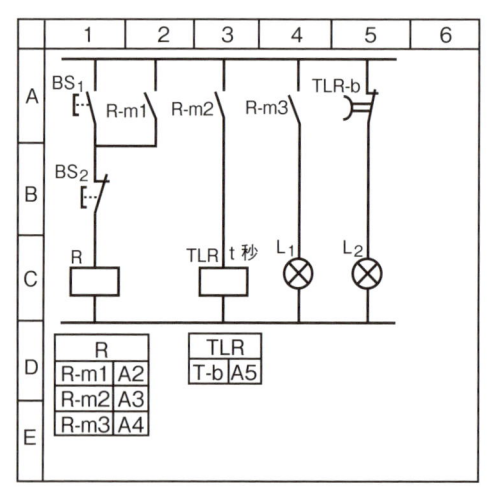

図 3-44　瞬時動作限時復帰回路のシーケンス図

❹ TINA の回路例

　図 3-45 を参考に、TINA でサンプル回路をシミュレートしましょう。
　初期状態で TLR-b が閉じているのでランプ L2 が点灯しています。BS1[1] に瞬間入力を与えるとリレー R が励磁され、R のメーク接点が閉じるので BS1 が保持、タイマーリレー TLR が励磁され、ランプ L2 が消灯し、L1 が点灯します。BS2[2] を開くと L1 が消灯し、TLR の設定時間（3 秒）が経過するとランプ L2 が点灯して初期状態へ復帰します。
　TLR の時間設定を変更するには、「カタログ・エディタ」の Toff[s] で設定します (図 3-46 参照)。

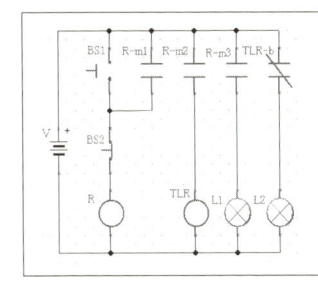

BS1 を一瞬押すとランプ L2 が消灯し、L1 が点灯。BS2 を押すと L1 が消灯して、3 秒後に L2 が点灯する

図 3-45　TINA の回路図（ファイル名「3_11」）

　図 3-42 のタイムチャートを見ながら TINA を操作してみてください。この回路の動きがよくわかると思います。

❺ TINA の TLR の時間設定手順

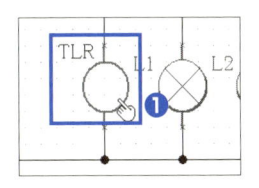

❶ TLR をダブルクリックし、「TLR-リレーコイル（サークル）」画面を開く

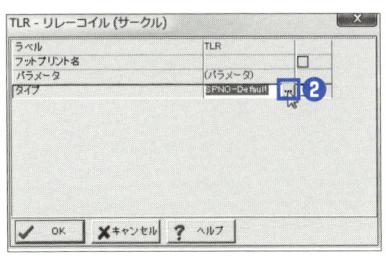

❷ [タイプ] 右端のスピードボタン □ をクリックして「カタログエディタ」を開く

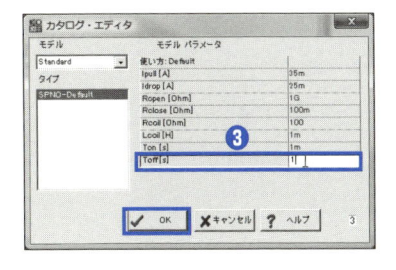

❸ Toff[s] に数値で秒数を入力（ここでは 3 にしています。[OK] をクリックして設定画面を閉じる

3-6　タイマー回路の働き　　105

第4章 組み合わせシーケンス制御の例

シーケンス制御の中でも複数の入力信号の順番に関係なく、入力信号の組み合わせ状態によって出力を決定する制御回路の例を考えます。

4-1 両手操作の安全装置のしくみ

手動スイッチ操作の動力プレス装置などでは、最も基本的な安全対策として、作業者が両手で同時にスイッチを押す多入力 AND 回路を応用した安全装置が採用されています。

安全装置としての多入力 AND 回路

　動力プレス作業での事故を防止するために、複数の手動入力信号が同時に与えられたときだけ、動作信号を出力する回路が使用されます(図 4-1 参照)。この回路を**多入力 AND 回路**と呼びます。材料をセットしてプレス作業を行うときに、両手でスイッチ操作を行うことで機械の運動部分から手を遠ざけることになり、安全を確保することができます。

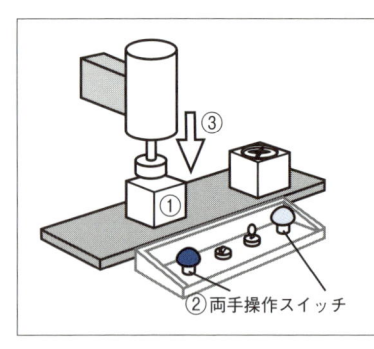

両手操作の安全スイッチ
①材料をセットする。
②操作スイッチを両手で押す。
　＊2つの操作スイッチを同時に押すために、必ず両手が加工部分から離れる。
③プレス機が作動する。

②両手操作スイッチ

図 4-1　両手操作スイッチの安全装置

タイムチャートとシーケンス図

　多入力 AND 回路の制御内容はシンプルです。使用機器も、一般的に現場で扱われるプレス装置を参考に決めていきましょう。

　プレス装置の動力にはモータ、油圧、空気圧などが考えられます。ここでは、入力信号機器として 2 つのメーク接点スイッチ、制御対象として、スタンバイ表示のランプ、プレス駆動用にモータ式ならばソレノイドクラッチ、油圧や空気圧式ならばソレノイド切り換えバルブなどの機器を使用した制御回路

を考えます。TINAで回路を作ることを考えて、制御対象としてスタンバイ表示ランプL_1、ソレノイドバルブなどの代用としてランプL_2の2つのランプを使用します。

● 使用機器
- 操作機器　押しボタンスイッチBS_1、BS_2
- 制御機器　電磁リレー
- 制御対象　ランプL_1、L_2

● 制御内容
- BS_1とBS_2が開いているときランプL_1が点灯L_2が消灯。
- BS_1とBS_2の両方が閉じているときランプL_1が消灯L_2が点灯。

両手操作スイッチ

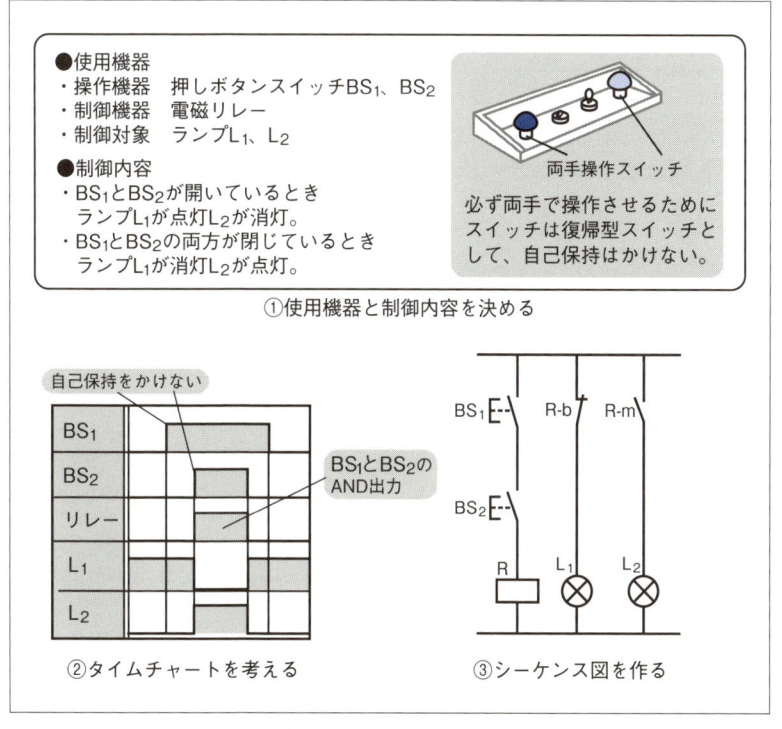

必ず両手で操作させるためにスイッチは復帰型スイッチとして、自己保持はかけない。

①使用機器と制御内容を決める

②タイムチャートを考える

③シーケンス図を作る

図4-2　多入力AND回路のタイムチャートとシーケンス図

TINAの回路例

　現場作業の流れをシミュレートしながら、TINA上で目的どおりの動作をするか、手順ごとに確認していきましょう。
　プレス装置の操作盤に、保持型メインスイッチSWとスタンバイ表示ランプ、2つの操作スイッチがあると仮定します（図4-3(a)参照）。

① SWを閉じる（ONにする）。
② モータやポンプなどの動力が駆動してスタンバイランプが点灯する。
③ **両手操作でスイッチ（BS1、BS2）を閉じる（ONにする）。**
④ **スタンバイランプ（L1）が消灯してプレス加工を行う（L2点灯）。**

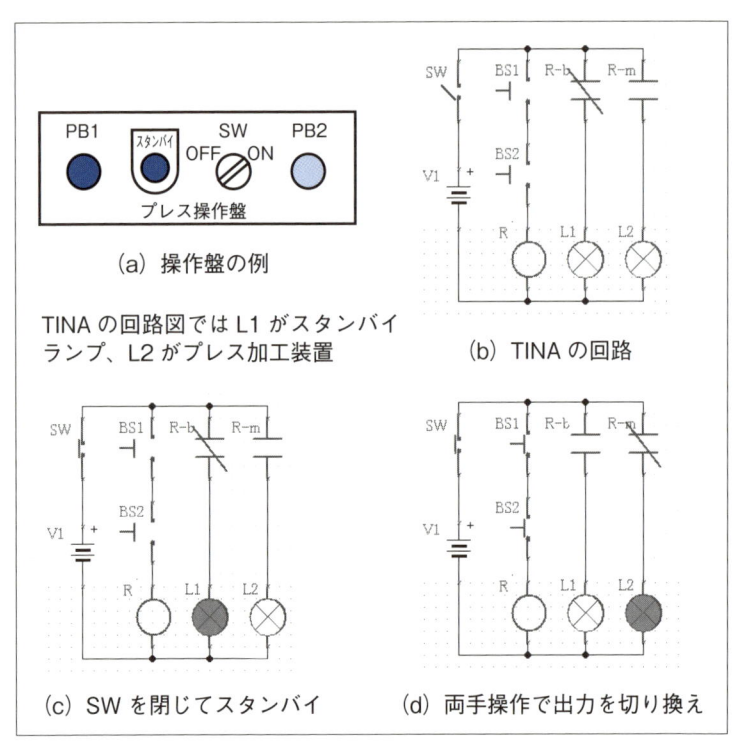

図4-3　TINA 回路例（ファイル名「4_1」）

(a) 操作盤の例

TINA の回路図では L1 がスタンバイランプ、L2 がプレス加工装置

(b) TINA の回路

(c) SW を閉じてスタンバイ

(d) 両手操作で出力を切り換え

回路の応用例

　この回路は、自己保持のないスイッチを直列に接続した AND 出力で、リレーを制御しています。手で押すスイッチを、物体の有無を検出するセンサーに置き換えて、駐車場の空き表示を知らせる表示灯などへの応用ができます。

　自動車の有無を検出するには、原理的に重量センサー、光電センサー、超音波センサーなどいろいろなものが考えられ、これらを処理した接点出力の検出器を4つ使用した例を図4-4に示します。4台分の駐車スペースの一台分ごとに検出器を取り付け、4つの検出器のすべてが自動車のあることを検出するとリレーが励磁されて表示灯が[空有]から[満車]に切り換わり、外部へ知らせます。

第 4 章 組み合わせシーケンス制御の例

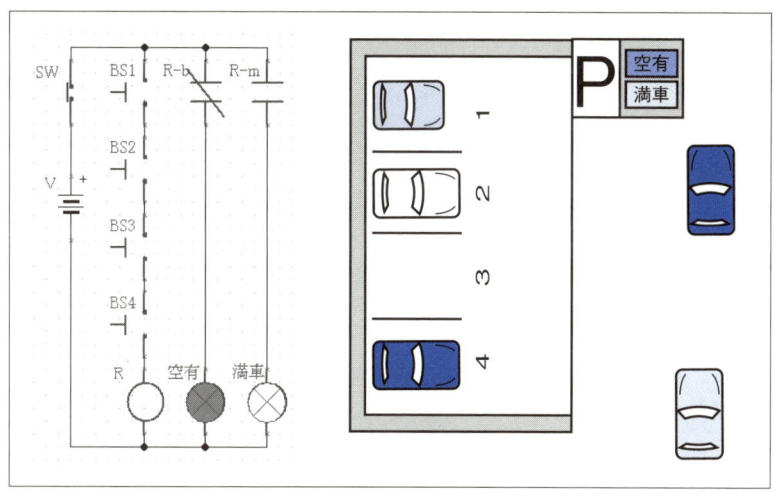

図 4-4　駐車場の表示回路（ファイル名「4_2」参照）

　サンプル回路にはBS1〜BS4までホットキーを設定してあります。キーボードの[1]〜[4]のキーを押して、すべてが同時に押された状態になると、満車のランプが点灯します。

> ### さまざまな種類のセンサー
>
> 　リレーシーケンス制御で使用するセンサーは、検出対象の状態変化をセンサー材料のいろいろな特性変化を利用して、接点の開閉として出力します。センサーの測定原理には次のような現象が利用されます。
> - 接触による接点の開閉
> - 熱や力による体積変化
> - 抵抗値変化
> - 磁気変化
> - 静電容量変化
> - 周波数変化
> - 化学反応　　　ほか
>
> センサーの例
>
> | 検出対象 | おもなセンサー・素子 |
> |---|---|
> | 温度・熱 | サーミスタ
熱電対
バイメタル |
> | 物体の有無 | リミットスイッチ
磁気スイッチ
光電スイッチ
超音波スイッチ |
> | 圧力 | ダイアフラムスイッチ
ブルドン管スイッチ
抵抗線ひずみゲージ
圧電スイッチ |
> | 明るさ | 光電スイッチ |
> | 人体の近接 | 赤外線スイッチ |

4-1 両手操作の安全装置のしくみ

4-2 3入力インタロック回路

2入力インタロックをさらに発展させた3入力インタロック回路を考えます。複数の入力から最も先行する1つの入力信号を選択する回路の作り方を理解しましょう。

多入力インタロック回路の考え方

多入力インタロックは、複数入力のうち一番早く入力された信号を優先させて、後からの入力を遮断する動作です。

ちょうど、テレビ番組で使われる早押しボタンに近い動作をする回路を組むこともできます。3入力の早押しボタン決定動作を行うリレー回路を例として、動作の内容を考えましょう。

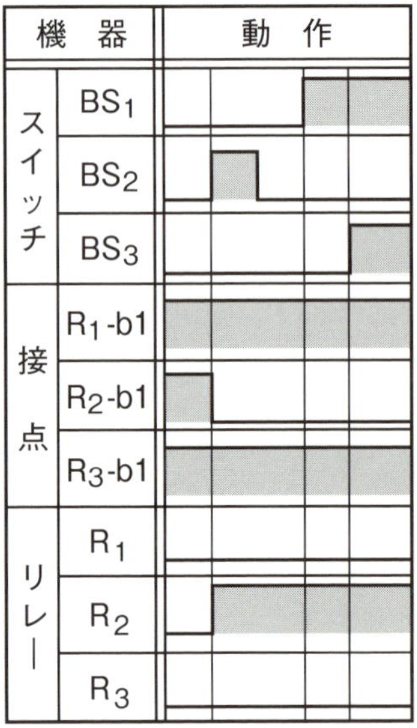

機器		動作
スイッチ	BS_1	
	BS_2	
	BS_3	
接点	R_1-b1	
	R_2-b1	
	R_3-b1	
リレー	R_1	
	R_2	
	R_3	

次の「リセット入力優先型自己保持回路」を作ります。
・入力スイッチ　メーク接点BS_1、BS_2、BS_3
・リレー　R_1、R_2、R_3
・他入力の遮断　リレーのブレーク接点AND接続

タイムチャートの例
・BS_2が最初に入力される
・R_2が励磁されR_2の接点が切り替わる
・BS_2はR_2のメーク接点で自己保持される
・R_2のブレーク接点が開いて、R_1、R_3の回路を遮断する

図4-5　3入力インタロックのタイムチャート

シーケンス回路図

図4-6では、3つのランプを負荷として、それぞれを単独のスイッチから選択して点灯させる、3入力インタロック回路のシーケンス図を示します。

この回路では、1つのリレーで2つのメーク接点と2つのブレーク接点を切り換えるので、最低でも4極の接点を必要とします。実際の機器で、どうしても接点の極数が足りない場合には、保持用メーク接点1と負荷用メーク接点2を共用することも考えられます。

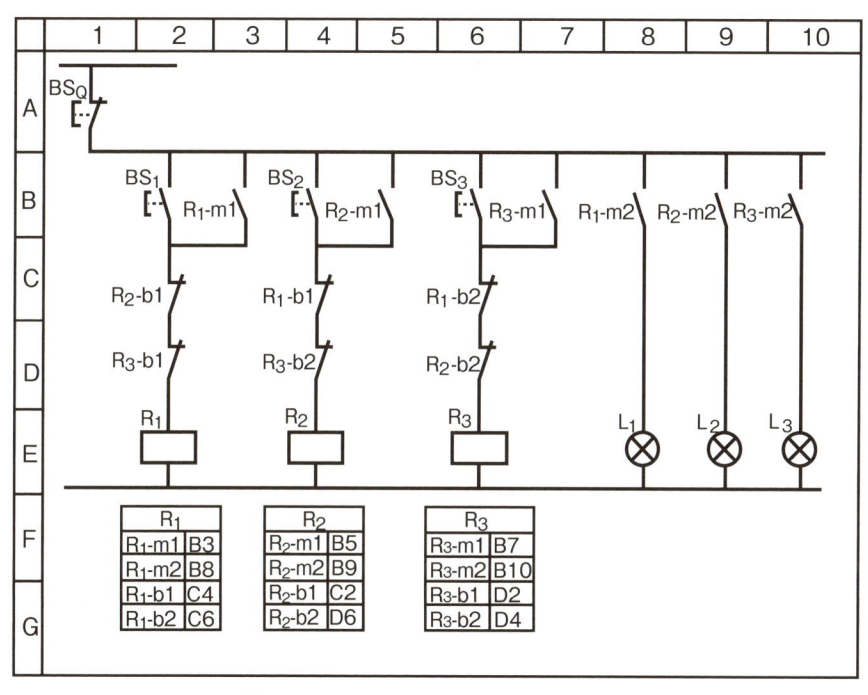

	1	2	3	4	5	6	7	8	9	10
A	BS₀									
B	BS₁	R₁-m1	BS₂	R₂-m1	BS₃	R₃-m1	R₁-m2	R₂-m2	R₃-m2	
C	R₂-b1		R₁-b1		R₁-b2					
D	R₃-b1		R₃-b2		R₂-b2					
E	R₁		R₂		R₃		L₁	L₂	L₃	
F	R₁: R₁-m1 B3, R₁-m2 B8		R₂: R₂-m1 B5, R₂-m2 B9		R₃: R₃-m1 B7, R₃-m2 B10					
G	R₁-b1 C4, R₁-b2 C6		R₂-b1 C2, R₂-b2 D6		R₃-b1 D2, R₃-b2 D4					

図4-6　スイッチの接点

TINAで回路を作る

TINA上で組んだ回路サンプル「4_3」をシミュレートします。

BS1、BS2、BS3をほぼ同時に押して、BS2が最も早く接点を閉じたとき、R2が励磁されてR2-m1がスイッチBS2の瞬間入力を保持します。同時にR2-b1がリレーR1への回路を開き、BS1の入力を無効にし、R2-b2がR3への回路を開きBS3の入力を無効にします。負荷側の接点はR2-m2だけが

閉じて L2 を点灯させます。

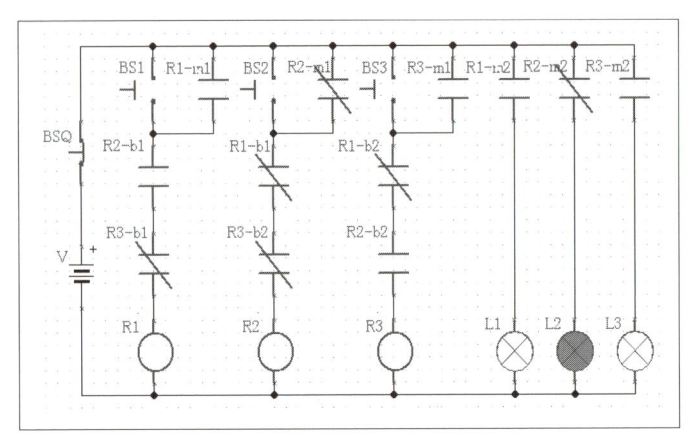

図 4-7　TINA の回路例（ファイル名「4_3」）

接点を共用した回路

　図 4-7 の回路は、インタロック回路の基本に従って、すべてのリレー接点を単独で使用するため 4 極接点を必要とします。入力スイッチの保持接点はほかの機能と併用しないことが望ましいのですが、どうしてもリレーの接点極数が足りないときには、図 4-8 の回路のように自己保持用接点と負荷用接点を共用することも可能です。

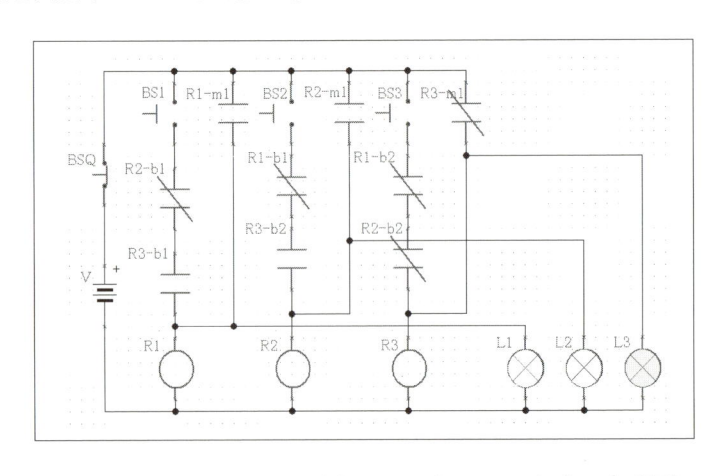

図 4-8　保持用接点と負荷用接点の共用（ファイル名「4_4」参照）

4-3 暗号キーの回路を知っておこう

制御対象の動作条件をあらかじめ隠しスイッチで設定しておき、入力したデータが一致したときだけ制御対象が動作する暗号のような機能をリレー回路で考えてみましょう。

回路の動き

　1つの隠しスイッチは「1」か、「0」の単純な2択です。しかしスイッチを2個つなぐだけで、1/4の確率。3個つなげれば1/8の確率で動作する立派な暗号キーとして機能します。暗号キーを正しく入力するとランプが点灯する回路の動作を考えてみましょう。

① 3つのトグルスッチで「1」か「0」の暗号を回路にセットします。
② 3つの復帰型ボタンスイッチで暗号を入力します。入力の訂正は、リセットスイッチで行います。
③ 決定スイッチを押して、セットした「1」、「0」と入力した値が等しいときだけランプが点灯します。
④ ランプの消灯はリセットスイッチで行います。

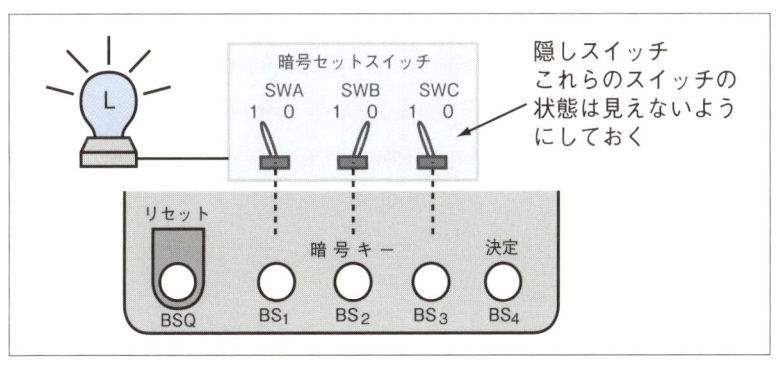

図 4-9　暗号キー回路の動作

回路の考え方

　隠しスイッチになるトグルスイッチの「1」、「0」の状態と、押しボタンスイッチが押されたかどうかの一致を判定する回路を考えましょう。
　トグルスイッチと押しボタンスイッチ、2種類の接点をそれぞれ「1」と「0」の状態で接続し、信号一致判定回路とします。

- 押しボタンスイッチの「0」、「1」：スイッチ入力を保持したリレー切り換え接点のブレーク接点を「0」、メーク接点を「1」とします。
- トグルスイッチの「0」、「1」：切り換え接点のブレーク接点を「0」、メーク接点を「1」とします。
- この2つの切り換え接点のブレーク端子同士、メーク端子同士を接続し、切り換え端子間で出力信号を取ります。

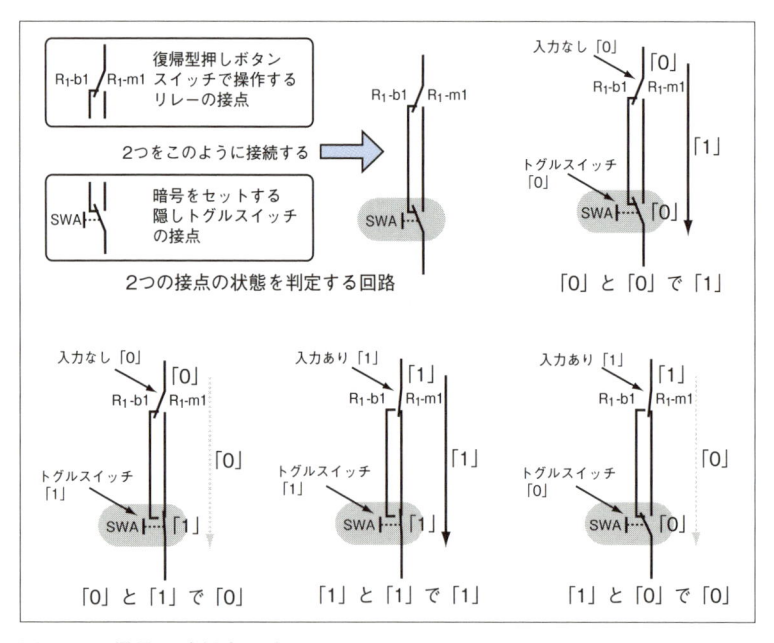

図 4-10　信号一致判定回路

シーケンス図をつくる

　図 4-10 の 1 組のスイッチの組み合わせを必要数だけ直列に接続すれば、

すべての暗号スイッチが一致したときだけ出力「1」を得る回路ができます。目標とする3つのスイッチ入力による暗号キー回路を図4-11に示します。

- 3つの切り換えスイッチ SWA、SWB、SWC とリレー R_1、R_2、R_3 の3つの切り換え接点を図4-11の8列のように接続します。
- SWA、SWB、SWC の開閉を適当に設定します。
- 3つのセットスイッチ BS_1、BS_2、BS_3 は初期状態で「0」、押して「1」とします。これらのスイッチは1回押すと保持を解除できません。
- BS_1、BS_2、BS_3 を決定した後に BS_4 を押すと暗号が一致していればランプが点灯します。

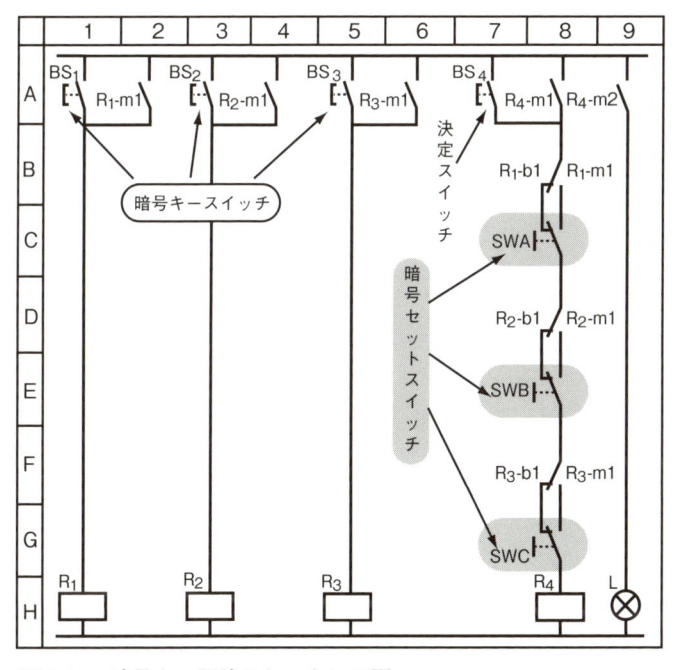

図4-11 暗号キー回路のシーケンス図

TINAの回路例

図4-12のTINAの回路例では、TINAのリレー切り換え接点が見難いので、単独のメーク接点とブレーク接点を使用しました。また、回路のリセットスイッチを BSQ としました。

回路図では見えてしまう暗号セットスイッチを外部から見えないようにして、BSQ、BS_1〜BS_4 のスイッチだけを操作盤表面に出せば、3ビットなので確率1/8の暗号キーの回路になります。SWA、SWB、SWC は手動保持型の切り換えスイッチなので、BSQ のリセットやインタラクティブのオン／オフ、TINA の終了でも接点の位置はプログラム終了時の状態を維持します。

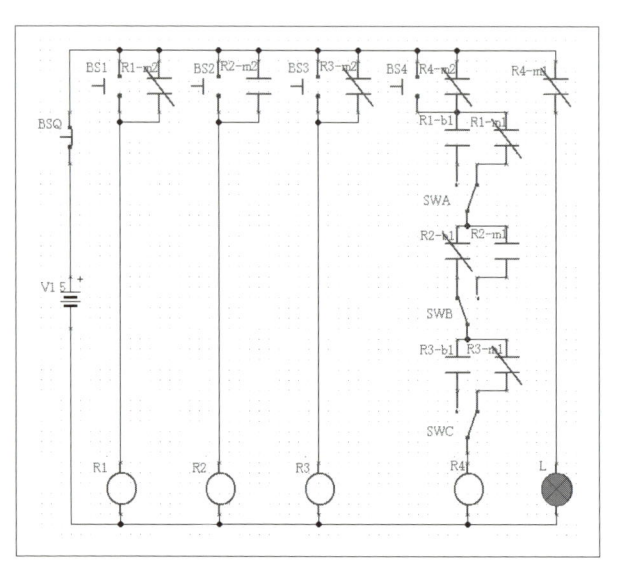

図 4-12　TINA の回路例（ファイル名「4_5」）

ビットはデジタル信号の最小単位

　ビット (bit) は、binary digit（2進数1桁）を略した言葉で、デジタル信号で表すことのできる最小単位を示します。デジタル信号は信号の状態を 0/1 や H（ハイ）/L（ロー）の2値で処理します。リレーコイルへの入力信号のオン／オフやリレー接点の開／閉は2値の信号なので、リレーはデジタル信号を処理しているといえます。このように考えるとリレー1つが1ビットと考えることができます。

第 4 章 組み合わせシーケンス制御の例

4-4 接点入力の組み合わせ回路

リレーの2値動作による入力条件の処理を利用して、複数の入力信号の組み合わせから、複数の出力に限定した動きを与える組み合せ回路を作る方法を考えます。

回路の動き

　スイッチ信号を組み合わせて、任意のランプの切り換えを可能にするリレー回路を考えてみましょう。

- 入力スイッチ　BS_1、BS_2、BS_3　(すべてメーク接点とする)
- 出力ランプ　L_1、L_2、L_3、L_4

回路の動作
① 初期状態　L_1、L_2 が点灯／L_3、L_4 が消灯
② BS_1、BS_2 のどちらか、または両方のスイッチを押す。
　→L_2、L_3 が点灯／L_1、L_4 が消灯
③ BS_3 と他のスイッチを押す。
　→L_3、L_4 が点灯／L_1、L_2 が消灯

スイッチの入力順にかかわらず、スイッチの組み合わせだけで、右のようにランプを操作する。
入出力の関連性を見つけ出すことがポイント。

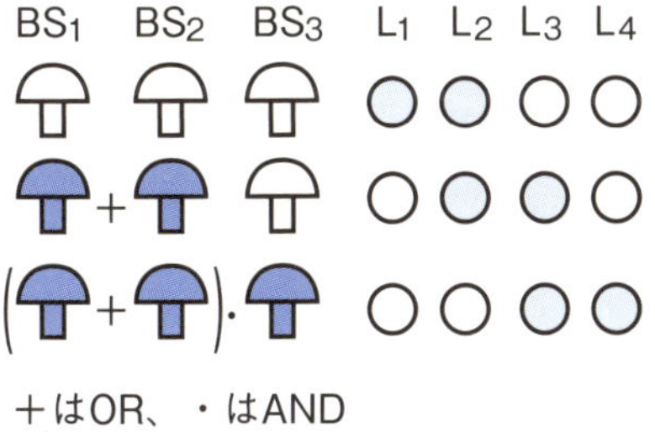

＋はOR、・はAND

図4-13　スイッチとランプの入出力

回路の考え方

前節の条件から、接点入力の組み合わせ回路のタイムチャートを作ります。3つのメーク接点スイッチ入力は、3ビットのデジタル入力の組み合わせとして考えられます。

3ビットデジタル信号は、$2^3 = 8$ 通りの組み合わせになるので、図4-14のタイムチャートが考えられます。

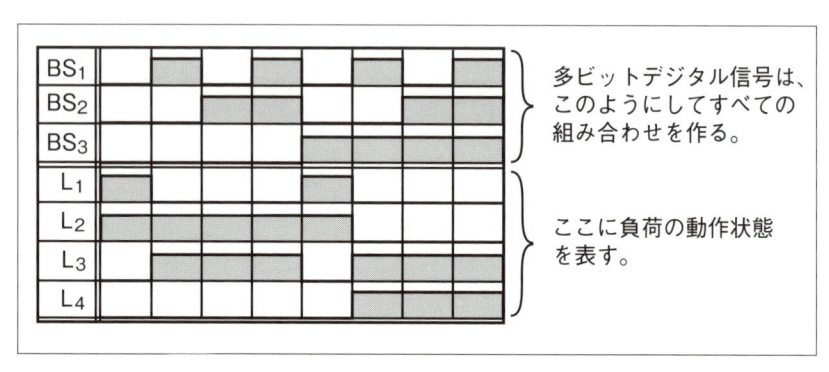

図4-14　3ビットデジタル信号のタイムチャート

シーケンス図を作る

動作条件とタイムチャートから次のことがわかります。
(a) L_1 と L_3 は出力状態が逆　→　L_1 ブレーク接点　L_3 メーク接点
(b) L_2 と L_4 は出力状態が逆　→　L_2 ブレーク接点　L_4 メーク接点
(c) L_3 は BS_1 と BS_2 との OR
(d) L_4 は（BS_1 と BS_2 の OR）と BS3　との AND

以上のことから図4-15のシーケンス図が考えられます。

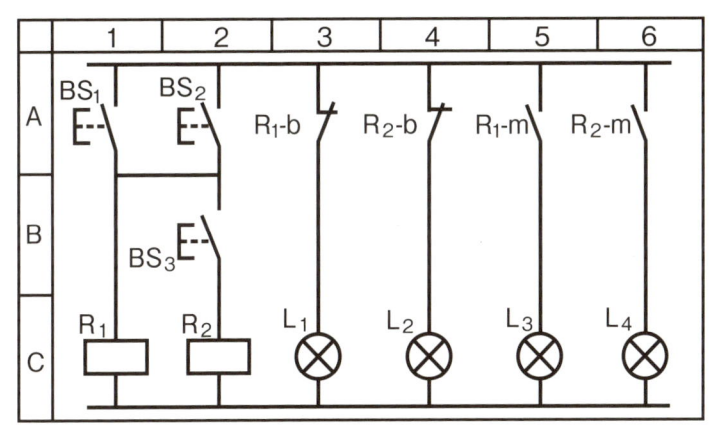

図 4-15 接点入力の組み合わせ回路のシーケンス図

TINA の回路例

　図 4-16 に TINA のサンプル回路を示します。図 4-14 のタイムチャートの組み合わせでスイッチを操作して動作を確認してください。TINA の回路で注意する点は、BS1 と BS2 を並列にしているので、図 4-17 に示すスイッチのプロパティで Ron に抵抗値を与えておくことです。スイッチのプロパティを編集するには、72 ページを参考にしてください。

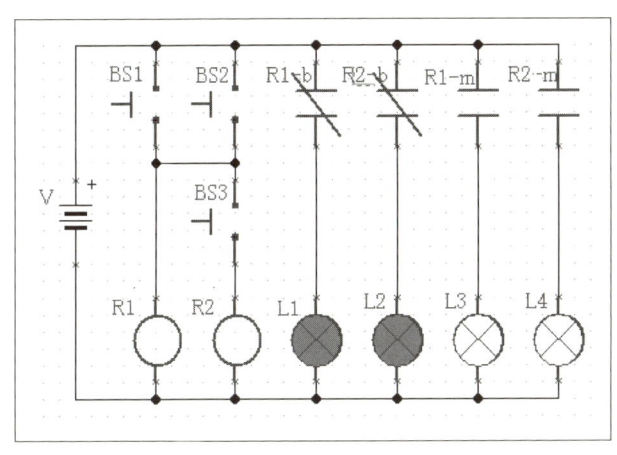

図 4-16　TINA 回路（ファイル名「4_6」）

4-4　接点入力の組み合わせ回路

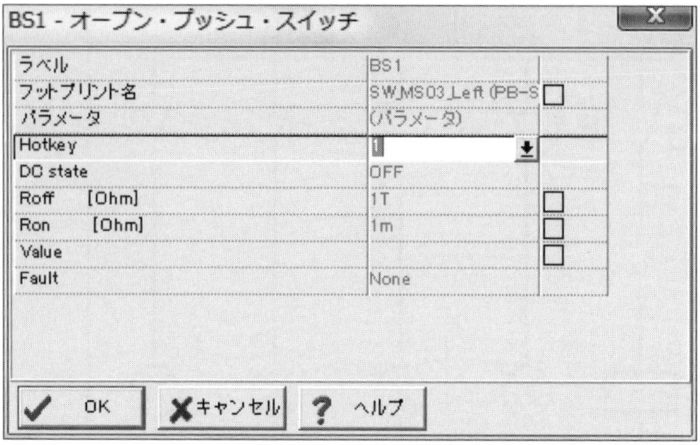

図 4-17　スイッチのプロパティ

第5章 順序シーケンス制御の例

入力信号の順番によって制御対象を制御したり、入力信号の条件を判断して、異なった制御結果を出力する回路を考えます。

5-1 上位入力のある制御

一般に普及している機械や装置には、制御対象が動く前に、別の制御対象が動作していることを条件とするものがあります。こうした上位入力を必要とする回路を考えます。

「温風送風機」などの回路例

一般的なヘアドライヤーは送風だけを行ったり、温風送風を行ったりできますが、温風用のヒーターだけを動作させると危険なので、送風を行わないときはヒーターはオンになりません。この操作は小型の機器であれば切り換えスイッチで行えます。

これをリレー回路の制御対象として、図5-1のような温風送風機のシーケンス制御回路を考えてみましょう。

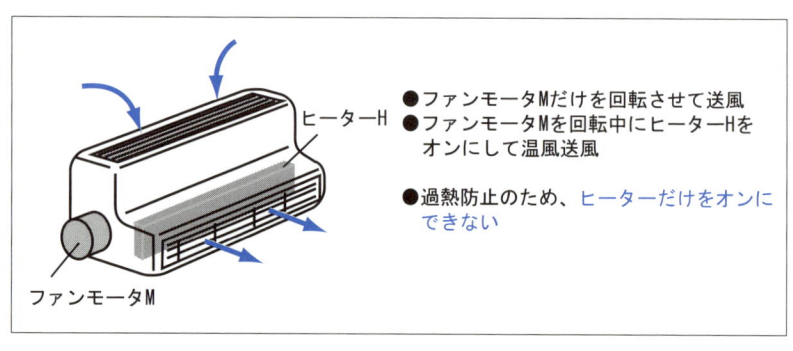

● ファンモータMだけを回転させて送風
● ファンモータMを回転中にヒーターHをオンにして温風送風

● 過熱防止のため、ヒーターだけをオンにできない

図5-1　温風送風機の条件

タイムチャートと制御信号の決定

モータとヒーターはそれぞれメーク接点スイッチで保持用リレーを励磁、ブレーク接点スイッチで消磁するものとします。モータを制御する機器の添字を1、ヒーターを制御する機器の添字を2とします（図5-2参照）。

モータ回路は単独でオンオフ可能ですが、ヒーター回路はモータ回路の下

位に置くため、モータ回路の動作中のみオンオフ可能となります。この流れをタイムチャートに示し、セット信号とリセット信号を決定します。

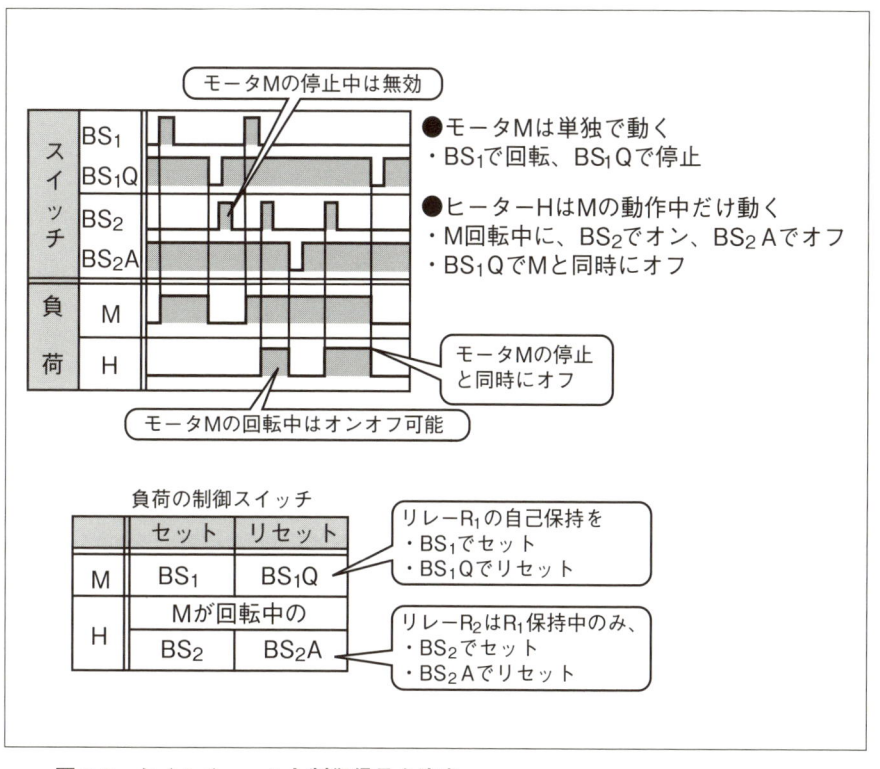

図5-2 タイムチャートと制御信号を決定

シーケンス図を作る

モータMをリレーR_1、ヒーターHをリレーR_2で制御します。TINAの回路で動作を確認するため、ヒーターの負荷をランプで代用します。

① BS_1、BS_1QでR_1のリセット入力優先型自己保持回路を作り、R1のメーク接点でモータを制御します。
② R_1が保持した回路の下で、BS_2、BS_2AでR_2のリセット入力優先型自己保持回路を作り、R_2のメーク接点でヒーターを制御します。

これにより、図5-3のシーケンス図が考えられます。

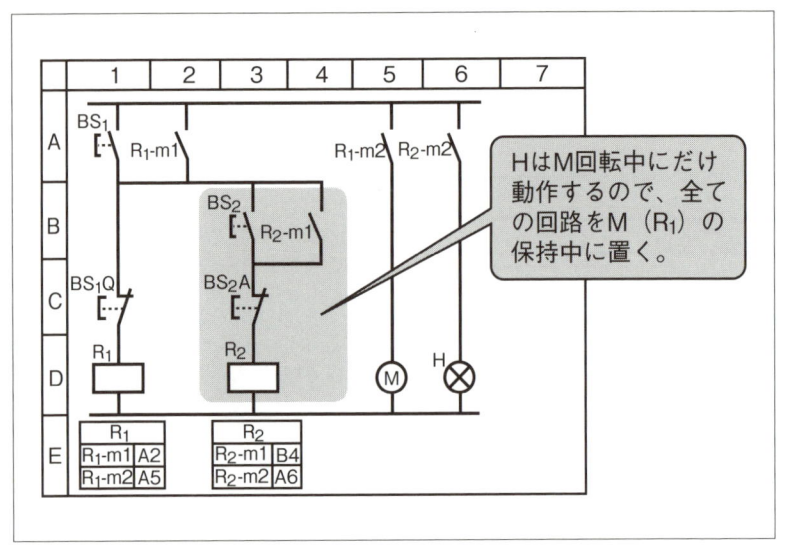

図 5-3 温風送風機のシーケンス図

(吹き出し) HはM回転中にだけ動作するので、全ての回路をM（R₁）の保持中に置く。

TINA でシミュレートする

　TINA で作った前述のシーケンス回路「5_1」で動作を確認してみましょう。モータは回転で、ヒーターはランプの点滅で動作を確認してください。

操作手順

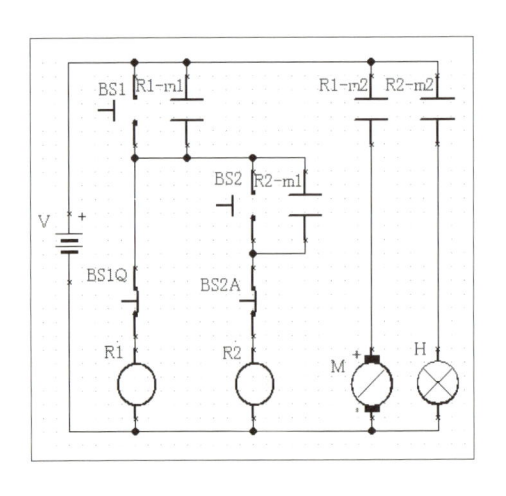

❶ 初期状態では BS1 と R1-m1 が開いている状態なので、R1-m2 と R2-m2 の負荷接点も開いています。

第 5 章 順序シーケンス制御の例

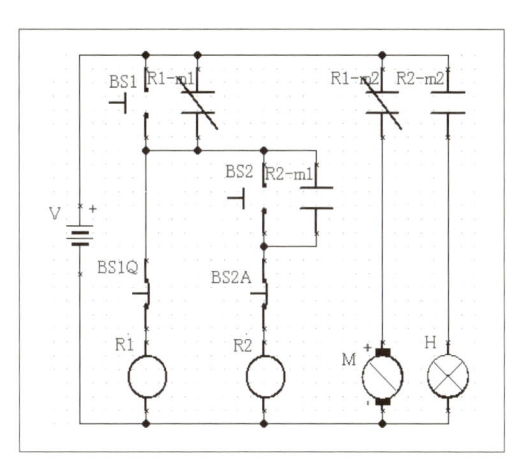

❷ BS1 をクリックして瞬間押すと、R1-m1 がリレー R1 の励磁を保持し、負荷接点 R1-m2 が閉じてモータが回転します。R1-m1 を通して BS2 が有効になります。

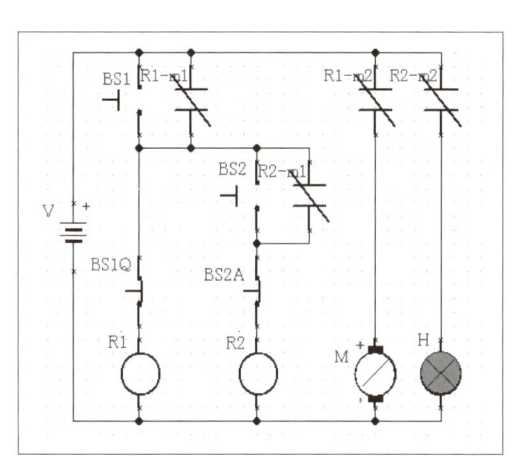

❸ BS2 をクリックして押すと、R2-m1 がリレー R2 の励磁を保持して、負荷接点 R2-m2 が閉じ、ランプ H が点灯します。

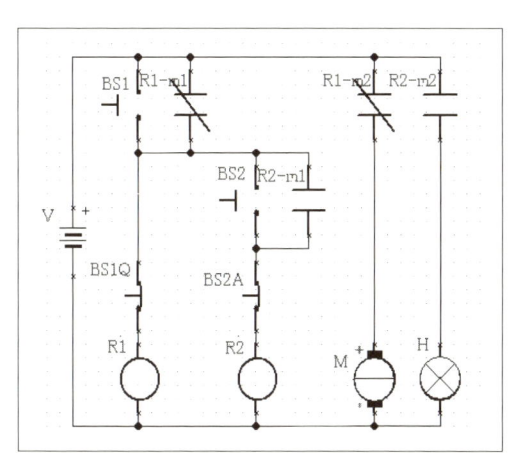

❹ BS2A をクリックして押すと、R2 が消磁されて R2-m2 が開き、ランプ H が消灯します。

5-1 上位入力のある制御

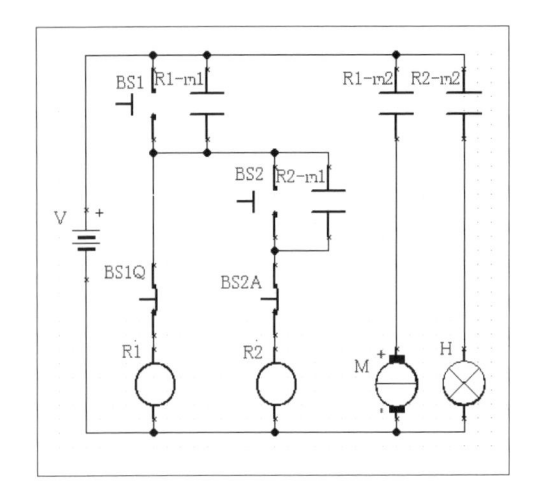

❺ BS1Qをクリックして押すと、R1が消磁され回路全体が初期状態へ戻ります。BS1はBS2の上位にあるので、回路全体をリセットする入力になっています。

　シミュレーションの手順を確認したら、タイムチャートを見ながらもう一度操作してみてください。制御の流れが理解しやすくなります。

5-2 ファーストイン・ファーストアウト（FIFO）回路

2つ以上の入力信号をオンにしたあと、先にオンにした信号から順番でオフにする制限を設けた、「先入れ先出し」の順序回路を考えます。

FIFO回路の考え方

オンになった順番にオフになる規則をもつ動作をFIFO（First-In First-Out）と呼びます。1kWと2kWの2つの電気ヒーターをもつ電気炉で、製品を1kW→3kW→2kWの順で加熱処理する手動回路を考えます。1kWのヒーターをランプL_1、2kWのヒーターをランプL_2として、この順序以外の動きをしないよう制限した回路のタイムチャートを、図5-4のように表します。

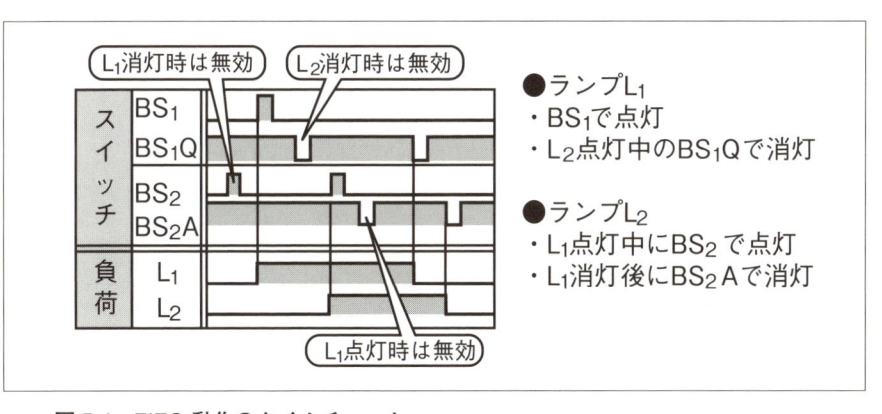

図5-4　FIFO動作のタイムチャート

制御信号を決定する

タイムチャートからL_1、L_2の制御入力を決定します。
① L_1のセットはBS_1です。リセットはL_2点灯中のBS_1Qです。
② L_2のセットはL_1点灯時のBS_2です。リセットはL_1消灯後のBS_2Aです。
これを図5-5の表にまとめます。

	制御入力を決定する	
	セット	リセット
L_1	BS_1	R_2保持中のBS_1Q
L_2	R_1保持中のBS_2	R_1解除後のBS_2A

図 5-5　制御入力の決定

シーケンス図を作る

決定したスイッチ入力の組み合わせからシーケンス回路図を作ります。

① R_1 は BS_1 と BS_1Q で作るリセット入力優先型自己保持回路ですが、L_2 が点灯中はリセットできないので、BS_1Q と R_2 のブレーク接点を並列に接続します。

② R_2 は R_1 の下位に置かれ、リセットは R_1 の消磁中に行うので、リセット用の BS_2A と R_1 のメーク接点を並列に接続します。

③ L_1、L_2 のオンオフは、R_1 と R_2 のメーク接点で行います。

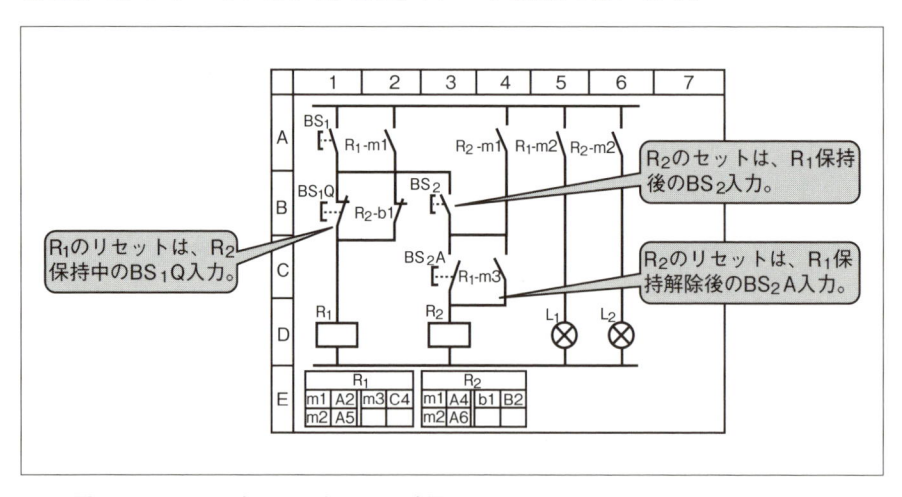

図 5-6　FIFO 回路のシーケンス回路図

TINA で動作を確認する

サンプル回路「5_2」で動作を見てみましょう。R1 と R2 のリセット入力スイッチ BS1Q と BS2A が有効になるのは並列に接続した R1 と R2 のブレーク接点が開いているときだけです。

操作手順

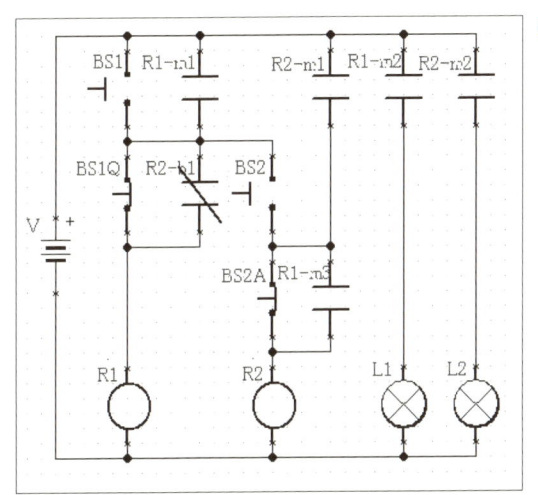

❶ 初期状態（シミュレーション開始時）

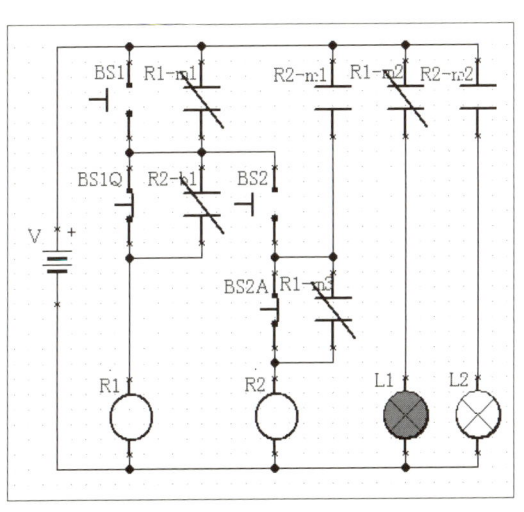

❷ BS1 をクリックして押すと、R1 が保持され BS2 が有効になります。R2 が励磁されていないので、BS1Q は並列に接続した R2 のブレーク接点によって無効にされています。

5-2 ファーストイン・ファーストアウト（FIFO）回路

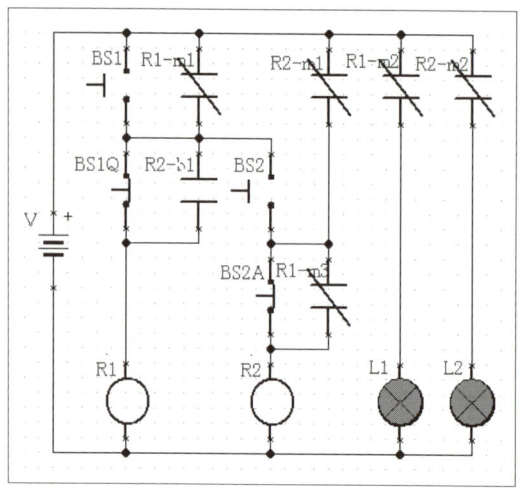

❸ BS2をクリックして押すと、R2が保持されR2-b1が開くので、BS1Qが有効になります。BS2Aは並列に接続したR1のメーク接点によって無効にされています。

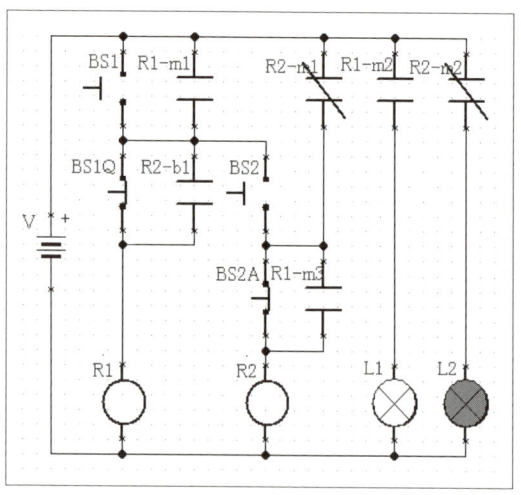

❹ BS1Qをクリックして押すと、R1が消磁され、R1-m3が開くので、R2のリセットスイッチBS2Aが有効になります。

5-3 順番を限定した2入力回路

それぞれ独立した、手動でオンオフできる2つの負荷があり、その順番が決められたサイクルを繰り返す回路を考えてみましょう。

回路の動き

図 5-7 に示す構成で、次の動作を行うシーケンス制御回路を考えます。
- L_1、L_2 の待機中はベルトコンベアが回転し、製品を搬送している。
- L_1 で1度だけスタンプを行う。
- L_2 で製品をベルトコンベア上に押し出す。コンベアは停止。
- L_1、L_2 は単独でセット／リセットのスイッチ操作を行う。
- L_2 のリセットスイッチはサイクルのリセットスイッチを兼用する。

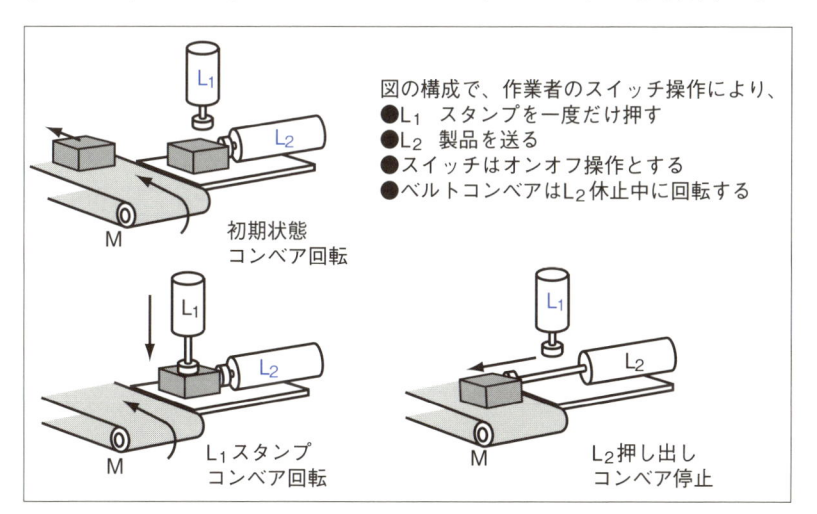

図の構成で、作業者のスイッチ操作により、
- L_1　スタンプを一度だけ押す
- L_2　製品を送る
- スイッチはオンオフ操作とする
- ベルトコンベアは L_2 休止中に回転する

初期状態
コンベア回転

L_1 スタンプ
コンベア回転

L_2 押し出し
コンベア停止

図 5-7　順番を限定した 2 入力回路の動作

回路の考え方

目標とする動作からタイムチャートを作ります。

セット入力をメーク接点、リセット入力をブレーク接点で考えます。図5-8に示すタイムチャートでは無効入力を＊で示してあります。

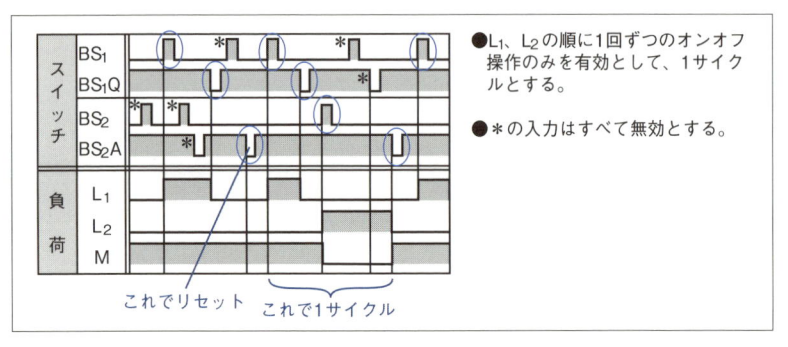

図5-8　目標動作のタイムチャート

- L_1、L_2の順に1回ずつのオンオフ操作のみを有効として、1サイクルとする。
- ＊の入力はすべて無効とする。

図5-9は、2つの負荷 L_1、L_2 を独立してオンオフする自己保持回路のタイムチャートです。図5-8と同じ入力に対して負荷の出力が異なります。

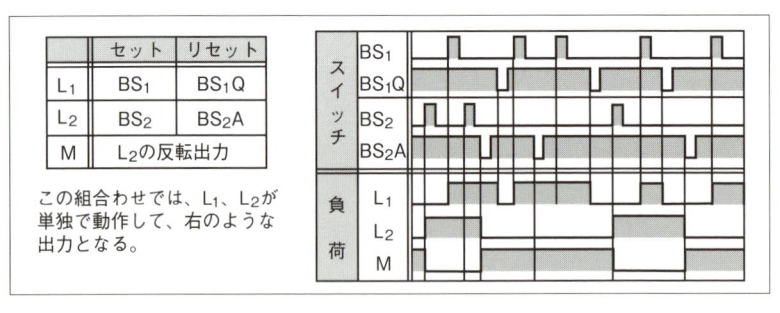

	セット	リセット
L_1	BS_1	BS_1Q
L_2	BS_2	BS_2A
M	L_2の反転出力	

この組合わせでは、L_1、L_2が単独で動作して、右のような出力となる。

図5-9　L_1、L_2単独の自己保持回路

自己保持だけの回路から目標とする出力を得るには、有効に作用するスイッチの組み合わせを次のように考えて制御入力を決定します。
- L_1は2つの連続する入力①でセット、②でリセット。
- L_2はL_1をリセット後、連続する2つの入力③でセット、④でリセット。
- L_1をリセット後のL_2のリセット入力はサイクルを初期化する。

これらから、L_2はL_1の動作後に作動するので、L_2はL_1がセットされてリセットされたことを記憶する回路の下で制御されます。

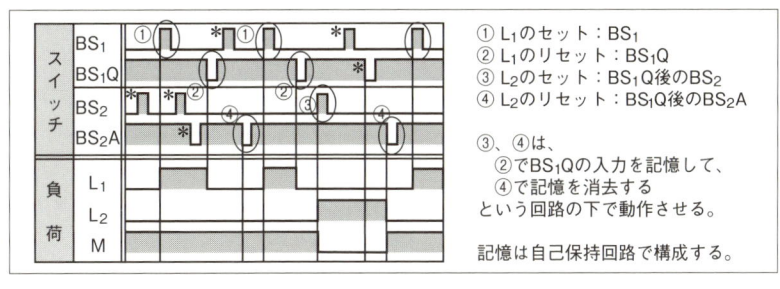

図 5-10　実際に有効な信号だけを抜き出す

① L_1 のセット：BS_1
② L_1 のリセット：BS_1Q
③ L_2 のセット：BS_1Q 後の BS_2
④ L_2 のリセット：BS_1Q 後の BS_2A

③、④は、
　②で BS_1Q の入力を記憶して、
　④で記憶を消去する
という回路の下で動作させる。

記憶は自己保持回路で構成する。

　L_1 をセットしてからリセットしたことを記憶するために、L_1 をリセットする BS_1Q 入力を記憶する保持リレー回路を作ります。そして、このリレーを保持した後に L_2 をセットして、保持をリセットする入力で L_2 と同時に BS_1Q 保持リレーを解除して初期状態へ復帰する。この動作を 1 サイクルとします。

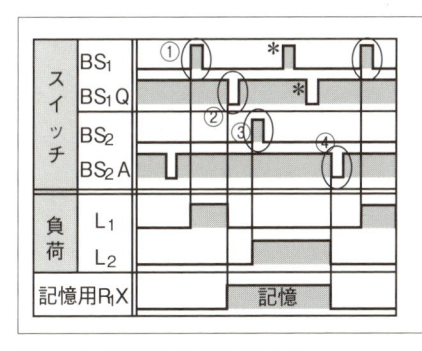

BS_1Q の入力を
● 記憶用リレー R_1X で保持し、
● BS_2A で解除する。
L_2 を R_1X-m の保持回路の下に置く。

	セット	リセット
L_1	BS_1	R_1X のb接点
L_2	R_1X 中の BS_2	BS_2A
R_1X	BS_1Q	BS_2A

図 5-11　制御入力を決定する

シーケンス図を作る

　図 5-12 のシーケンス回路図では、BS_1 接点の保持信号をリセットする制御信号として、メーク接点の BS_1Q 入力を記憶する保持リレー R_1X のブレーク接点を使用しています。そして、L_2 の制御回路を BS_1Q 入力記憶用保持リレー R_1X の下に接続します。この回路では、スタンプや押出しアクチュエータ負荷の動作はランプで確認します。

　TINA では、スタンプ用アクチェータ負荷 L_1、押し出し用アクチュエータ負荷 L_2 の動きが見えないので、この回路では L_1、L_2 の動作をランプの点灯で確認します。

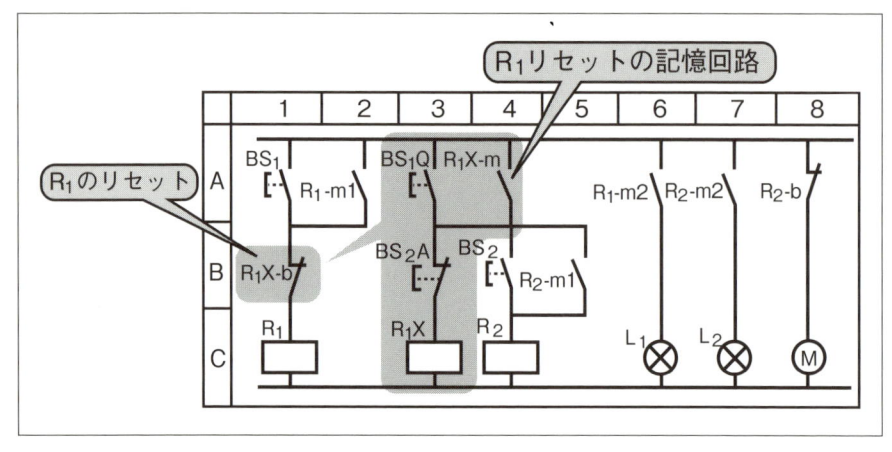

図5-12 シーケンス回路図

(R₁リセットの記憶回路)
(R₁のリセット)

TINAで回路を作る

サンプル回路「5_3」で動作を確認してみましょう。TINAの回路例には電源スイッチを設けていないので、インタラクティブでシミュレーションを開始するとすぐにモータが回転します。

操作手順

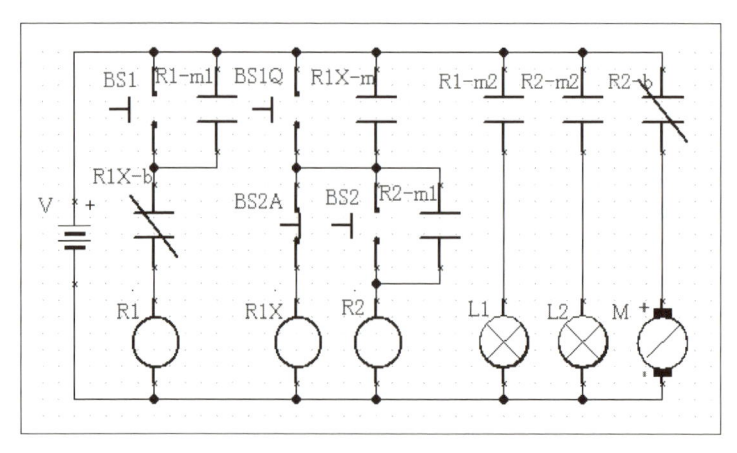

❶ 初期状態（シミュレーション開始時）では、2つのアクチュエータ（L1、L2）が待機状態で、モータだけが回転します。

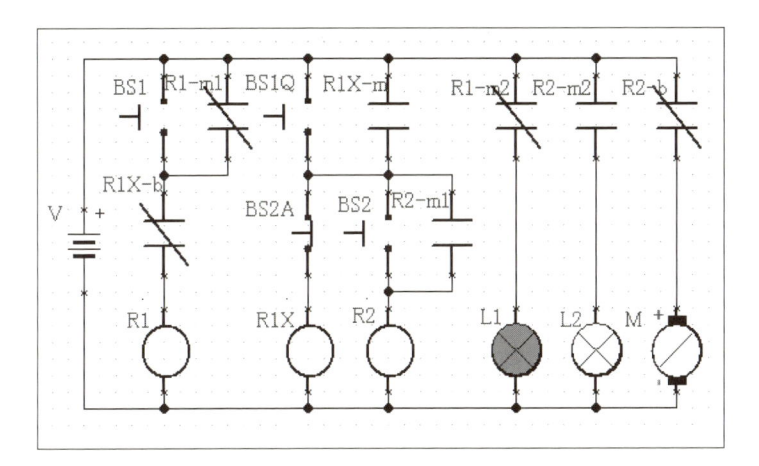

❷ BS1 をクリックして押して R1 を励磁すると、R1-m1 が R1 を保持し、R1-m2 が閉じて負荷 L1 が作動し、スタンプを押します（L1 のランプが点灯）。モータは回転しています。次に BS1Q を押すと R1X が励磁されて R1 が消磁されるので、L1 が消灯して、BS2 入力が有効になります。

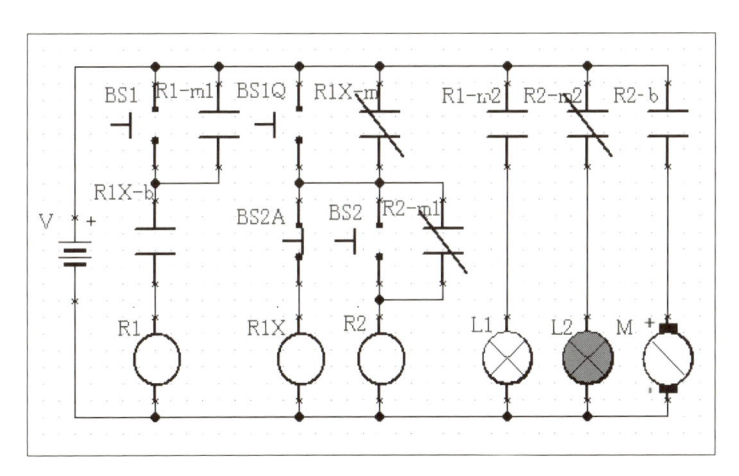

❸ BS2 をクリックして押して R2 を励磁すると R2-m1 が R2 を保持し、負荷 L2 が作動し（製品をベルトコンベアに押し出す）、モータが停止します。BS1Q 入力を記憶する R1X とリレー R2 は R1X-m、R2-m1 を通して励磁されています。このシーケンスでは BS1 は無効で、BS1Q は R1X-m、BS2 は R2-m1 でそれぞれ並列接点が閉じているので動作には影響せず、BS2A だけが回路を初期状態へ戻す有効な入力になります。

5-3 順番を限定した2入力回路

5-4 ファーストイン・ラストアウト（FILO）回路

入力信号を順番にオンにしていき、最後にオンにした信号から逆順でオフにするよう限定した順序回路を考えます。

FILO 回路の動き

3つの入力信号が①、②、③の順でオンになり③、②、①の順でオフになる規則をもつ動作を **FILO**（First-In Last-Out）、または **LIFO**（Last-In First-Out）と呼びます。デジタル信号では信号を一時的に記憶保管するスタックの動作です。この動作を行うリレーシーケンス回路を作ってみましょう。

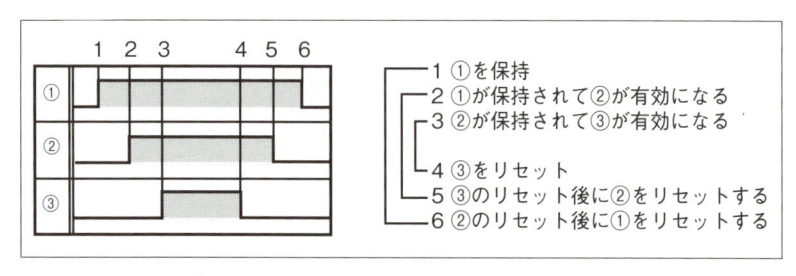

```
         1 2 3   4 5 6
    ┌───────────────────┐   ─ 1 ①を保持
  ① │   ▓▓▓▓▓▓▓▓▓▓▓▓    │   ─ 2 ①が保持されて②が有効になる
    │                   │   ─ 3 ②が保持されて③が有効になる
  ② │     ▓▓▓▓▓▓▓▓▓     │   
    │                   │   ─ 4 ③をリセット
  ③ │       ▓▓▓▓▓       │   ─ 5 ③のリセット後に②をリセットする
    └───────────────────┘   ─ 6 ②のリセット後に①をリセットする
```

図 5-13　FILO の動作

回路の考え方

スイッチ入力とリレーの状態を、図 5-14 のタイムチャートのように決定します。BS_1、BS_2、BS_3 の3つのメーク接点スイッチがリレー R_1、R_2、R_3 をそれぞれ単独でセットします。入力の順番は1、2、3以外では動作しないようにします。リレーのリセットは3、2、1と入力の新しい順に実行させます。この制御では、リセット時に各リレーがセットされた後にリセットされた履歴を記憶させることがポイントになります。

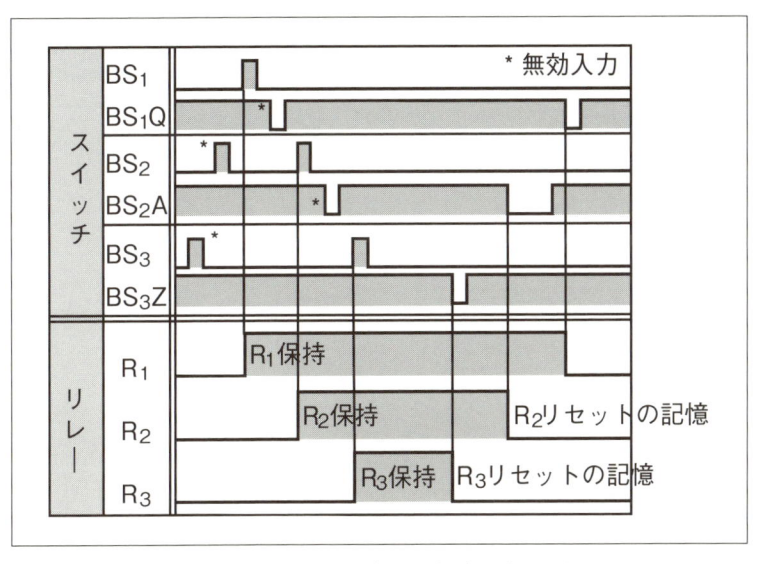

図 5-14　ファーストイン・ラストアウトのタイムチャート

制御機器を決定する

回路の動きとタイムチャートから制御機器を決定します。

●リレーの励磁
① スイッチ BS_1 がリレー R_1 をセット。
② R_1 セットの下で、スイッチ BS_2 がリレー R_2 をセット。
③ R_1 と R_2 セットの下で、スイッチ BS_3 がリレー R_3 をセット。

●リレーの消磁
① リレー R_3 は、BS_3Z 単独でリセット。
② リレー R_2 は、BS_3Z 入力後の BS_2A でリセット。
③ リレー R_1 は、BS_3Z 入力と BS_2A 入力後の BS_1Q でリセット。

リレー	セット	リセット（R_3セットメモリの下で）
R_1	BS_1	BS_3Z後のBS_1Q（→全体をリセット）
R_2	R_1セット後のBS_2	BS_3Z後のBS_2A
R_3	R_1セットとR_2セット後のBS_3	BS_3Z

図 5-15　制御機器を決定する

シーケンス図を作る

　3つのリレーをセットする入力信号は、先行入力によって保持された信号の下に接点を配置して順序を制限します。リセットするには、先にリセットしたリレーの入力信号が与えられたことを記憶する回路を必要とするので、リセット入力信号を保持するリレーを使用して次のリレーのリセット信号を有効にします。

　図5-16の R_1、R_2、R_3 は入力スイッチの保持と負荷接点用リレーです。R_3M は BS_3 入力（R_3）のメモリ用リレー、R_2X、R_1X はリレー R_2、R_1 のリセット接点用リレーです。

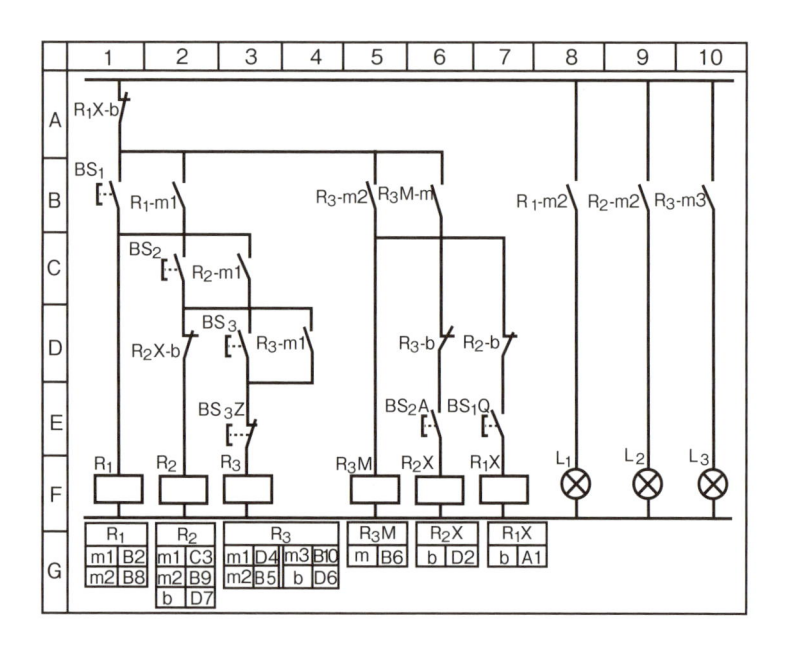

図5-16　FILO回路のシーケンス回路図

TINAで動作を確認する

　サンプル回路「5_4」で動きを確認してみましょう。
　負荷はランプ、セットスイッチはBS1、BS2、BS3、リセットスイッチはBS1Q、BS2A、BS3Zで、ホットキーはスイッチ名末尾の文字を割り当ててあります。

操作手順

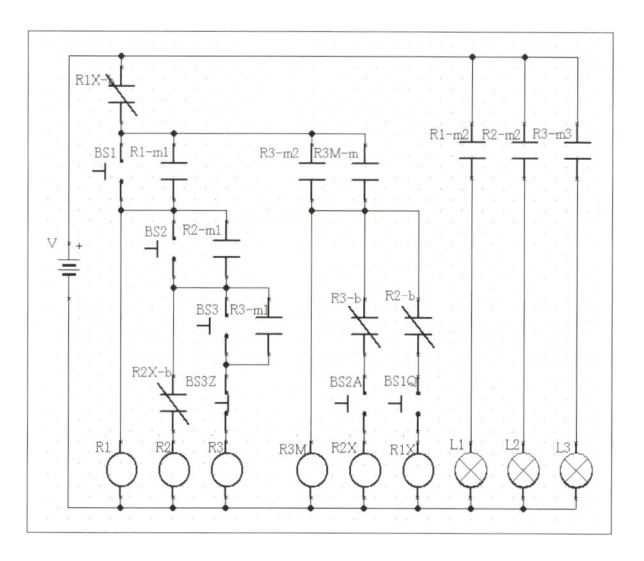

❶ 初期状態(シミュレーション開始時)。

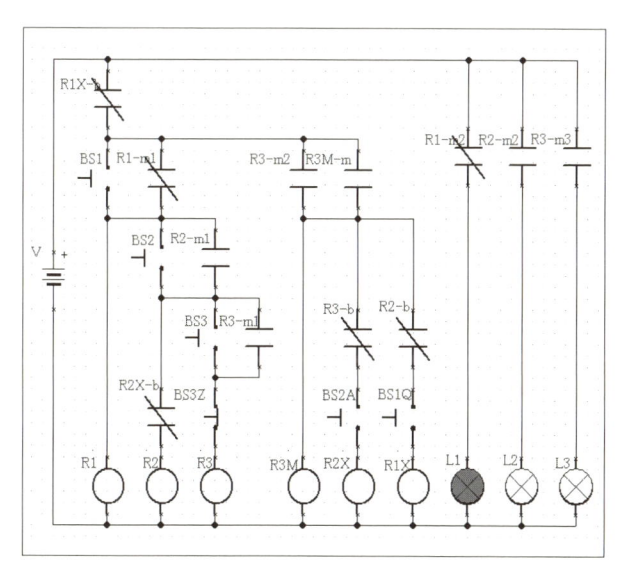

❷ BS1を押すとR1の接点が切り換わり、R1-m1がBS1を保持してBS2の入力を有効にします。負荷用接点R1-m2がL1を点灯させます。

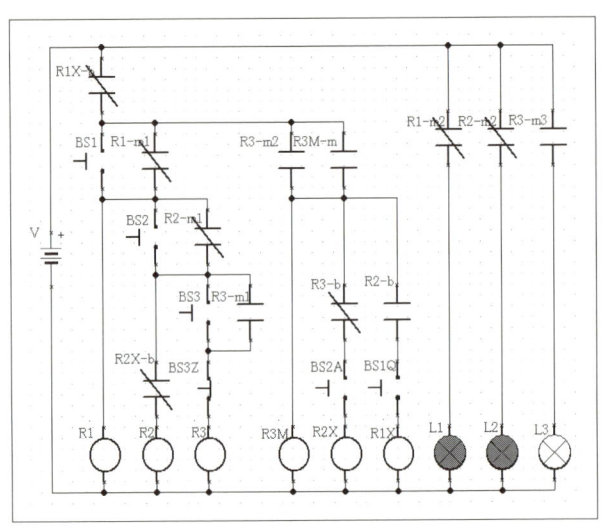

❸ BS2 を押すと R2 の接点が切り換わり、R2-m1 が BS2 を保持して BS3 の入力を有効にします。負荷用接点 R2-m2 が L2 を点灯させます。

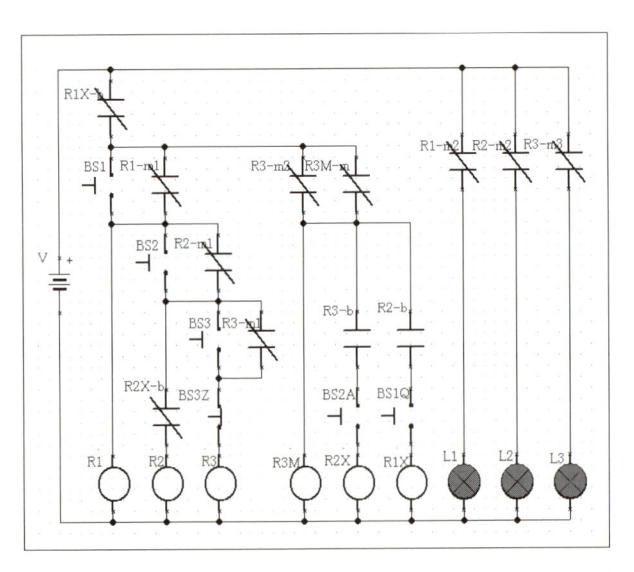

❹ BS3 を押すと R3 の接点が切り換わり、R3-m1 が BS3 を保持します。同時に R3-m2 が R3M を励磁して、R3M-m と並列にリレー R3M を保持します。負荷用接点 R3-m3 が L3 を点灯させます。

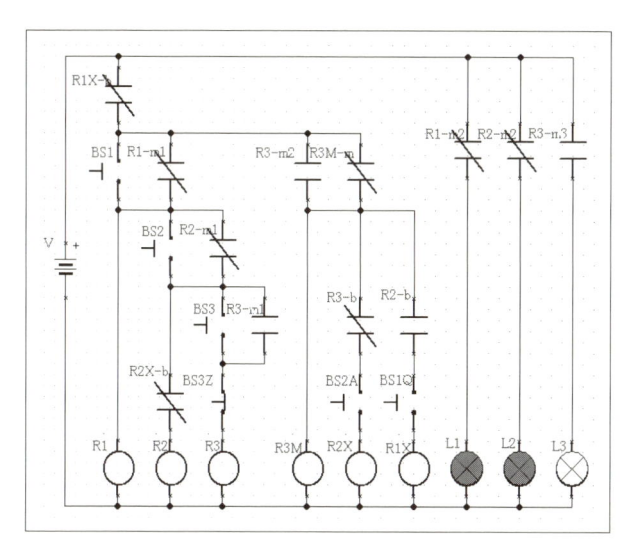

❺ BS3Z を押すと R3 がリセットされ、L3 が消灯します。R3M-m が閉じているので R3M の励磁は保持され、BS3 が押されたことは記憶しています。R3-b が閉じているので R2 をリセットさせるためのメーク接点 BS2A が有効ですが、R1 をリセットするための BS1Q は R2-b が開いているために無効になります。BS3Z の後には BS2A だけが有効になります。ここで BS3 を押すと R3 を励磁して L3 を点灯させることができます。

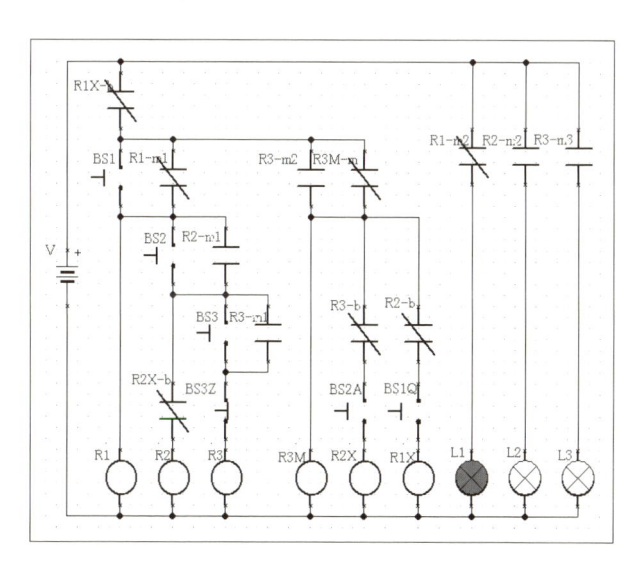

❻ BS2A を押すと R2X が一瞬励磁されて R2X-b が一瞬開くので R2 がリセットさ

れ、L2 が消灯します。R3-b、R2-b が閉じているので BS2A、BS1Q が有効ですが BS2A は R2X を励磁するだけで回路の出力には影響しません。

❼ R1 をリセットするための BS1Q を押すと R1X が励磁され、制御回路に電源を供給する R1X-b が一瞬開いて制御回路の全てがリセットされ、初期状態に戻ります。負荷用接点 R1-m2 も開くので L1 が消灯します。ここで BS1Q を押す前に BS2 を押すと前の状態（L2 が点灯）に戻すことができます。

FILO 回路の応用例

　3 段のベルトコンベア A、B、C で荷物を搬送するとき、送り出し側の A と中間の B が停止中に C を起動すると荷物が停滞することが考えられます。3 台を同時に起動するか出口側から順番に起動し、停止する場合は送り出し側を最後に停止させて荷物を残さないようにします。

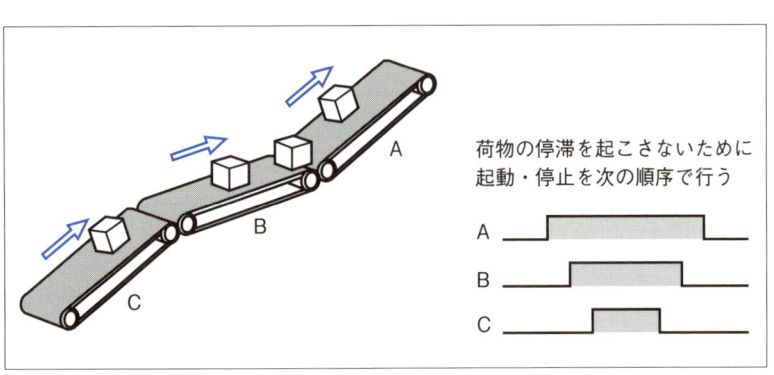

図 5-17　3 段のベルトコンベア

5-5 もうひとつの FILO 回路

3つの入力信号を順番にオンにして、任意の段階で最後にオンにした信号から逆順でオフにするように限定したFILO回路を考えます。

回路の動き

前節のサンプル回路は3つの負荷をすべて順番どおりにオンにしてから逆順にオフにしました。いっぽう図5-18のタイムチャートは、前節の回路と異なり、3つの負荷 L_1、L_2、L_3 に対して、負荷が2つでも3つでも任意の段数で順番に「先入れ・後出し」するFILO回路の出力を示します。

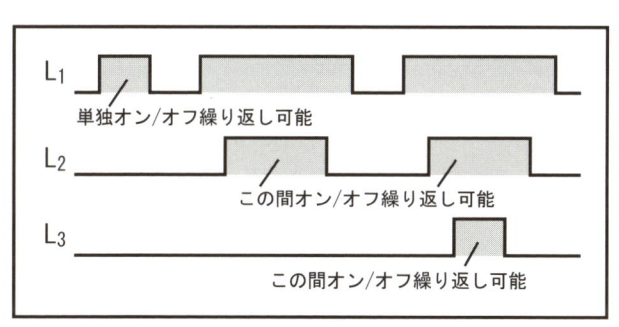

図5-18 任意の段数におけるFILO動作

考え方とシーケンス図

この回路の先行入力は、次段の入力信号の保持中には解除ができず、次段で入力された信号が解除されてから解除可能となります。

先行入力各段のそれぞれの解除用スイッチを次段の保持用リレーの接点で保持すると、図5-19のシーケンス図が書けます。

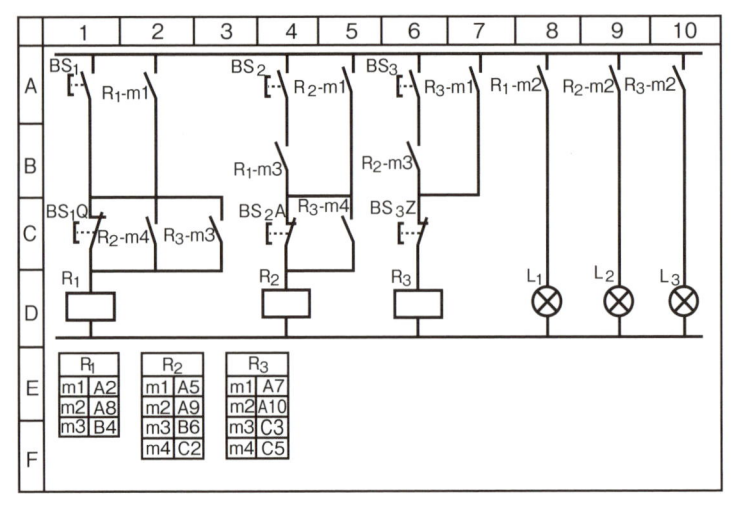

図 5-19　任意段数で FILO の動作を行うシーケンス回路図

TINA で回路を作る

サンプル回路「5_5」で動きを確認してみましょう。ランプ負荷のセットスイッチは BS1、BS2、BS3、リセットスイッチは BS1Q、BS2A、BS3Z です。ホットキーはスイッチ名末尾の文字を割り当ててあります。

操作手順

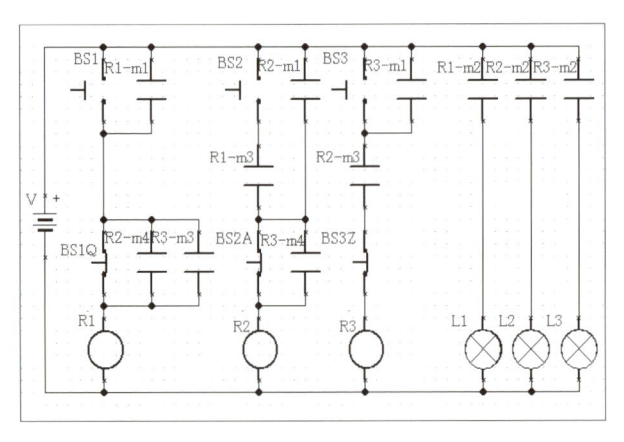

❶初期状態（シミュレーション開始時）。

第 5 章　順序シーケンス制御の例

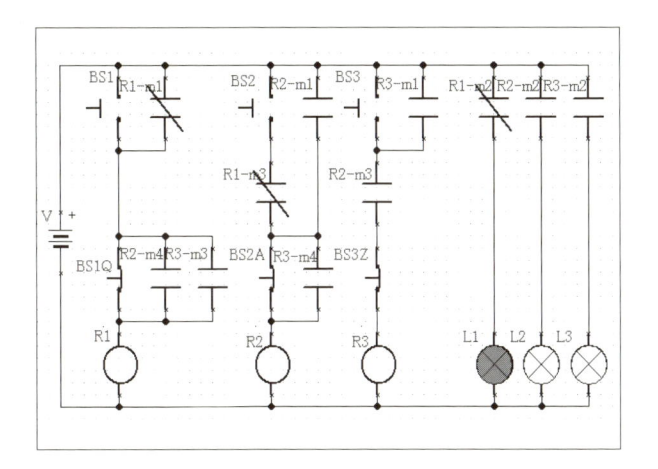

❷ BS1 を押して負荷 L1 を点灯させます。リレー R1 は R1-m1 で保持され、リセットスイッチと並列のリレー接点が開いているのでリセットスイッチ BS1Q でリレーはリセットできます。R2 の回路に設置してある R1-m3 が閉じるので、次の段のセットスイッチ BS2 が有効になりますが、R3 の回路は開いているので BS3 は無効です。

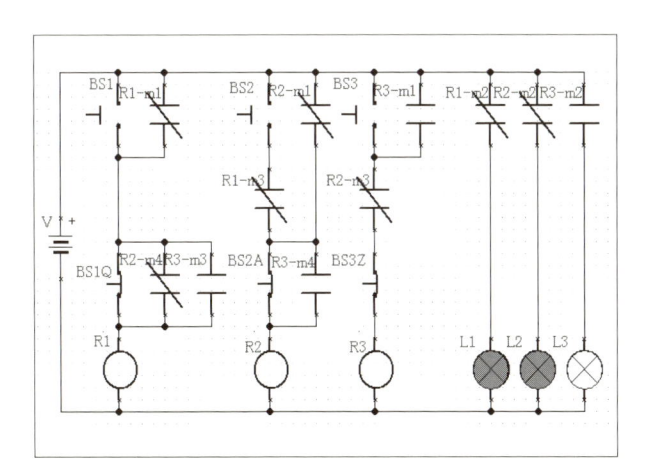

❸ BS2 を入力すると R1 のリセットスイッチ BS1Q と並列に接続した R2-m4 が閉じるので、BS1Q は無効になります。R2 は BS2A で励磁を解除できます。R3 の回路に設置した R2-m3 が閉じてセットスイッチ BS3 が有効になります。

5-5 もうひとつの FILO 回路   147

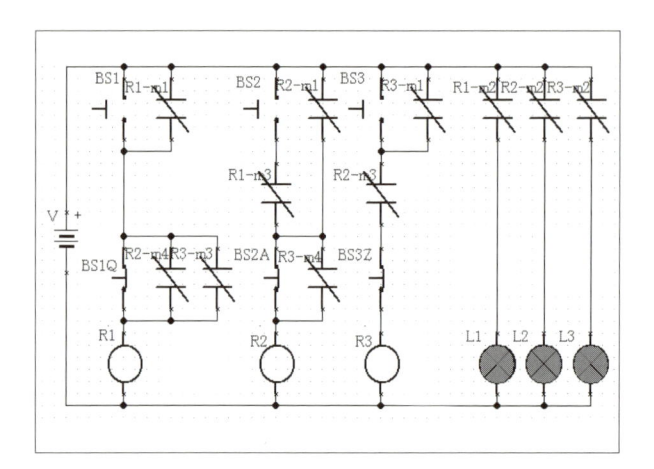

❹ BS3 を入力して全てのリレーが励磁されると R1、R2 のリセットスイッチと並列に接続されたリレー接点が閉じて R1、R2 のリセットはできなくなり、リレー R3 の保持回路だけがリセットスイッチ BS3Z でリセットすることができます。

❺ リセットスイッチ BS3Z、BS2A、BS1Q の順にリセット入力を与えるとランプ負荷が L3、L2、L1 の順で消灯します。

第6章 タイマー制御の例

命令信号や検出信号の入力を受けて、あらかじめ指定した時間経過後に制御を行う、タイマー制御回路を考えます。

6-1

遅延ワンショット回路の働き

2つの限時動作回路を組み合わせ、遅延ワンショット動作を作ります。あらかじめ、制御信号入力後の待機と動作の時間を設定することで、効果的なタイマー制御を実現します。

歩行者用信号機の回路例

　小さな横断歩道を想定して手動の歩行者用信号機の動きを作ってみましょう（図6-1参照）。押しボタンスイッチを1回押すとしばらく待ってから、赤信号から青信号に切り換わり、横断歩道を渡るのに十分な時間経過後に元の赤信号に戻ります。相手方の自動車用信号機は考えずに、この動きだけを**遅延ワンショットリレー回路**で考えてみましょう。

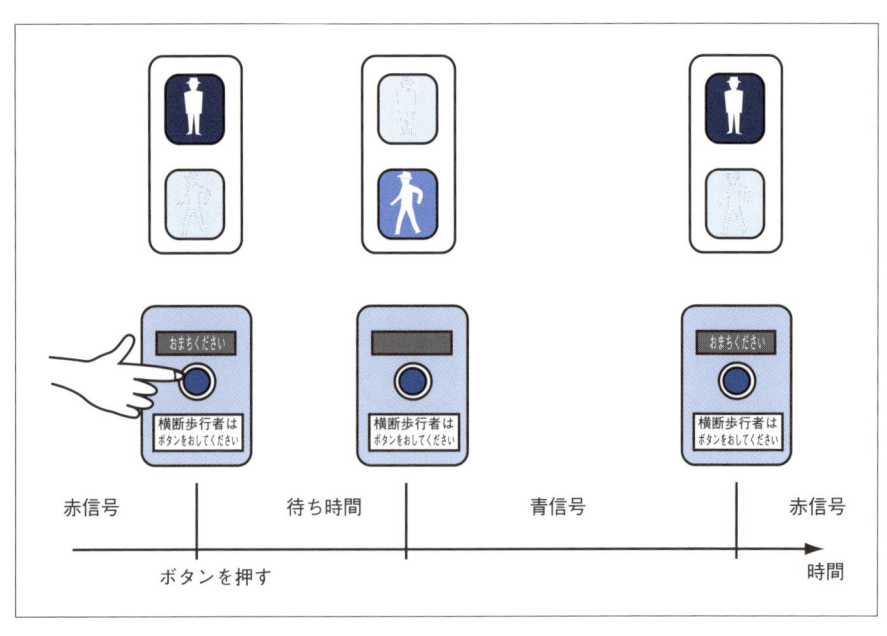

図6-1　押しボタン信号機の動作

シミュレーションの結果は？

赤信号を L_1、青信号を L_2 とし、押しボタンを BS とします。図6-2では、信号機の動作をタイムチャートの上部に示し、下部に制御機器と接点の状態を示しました。初期状態の赤信号で、押しボタンを押した後の待ち時間を1段目の R_1 と TLR_1 で作り、2段目の R_2 と TLR_2 で青信号に切り替わった後の横断時間を作ります。2段目の R_2 の接点で表示灯を制御します。

信号機の動作
- BS
- t_1 t_2
- L_1
- L_2

初期状態、L_1 点灯、L_2 消灯
押しボタンスイッチBSを押す
待ち時間 t_1 経過後、L_1 消灯、L_2 点灯
動作時間 t_2 経過後、L_1、L_2 初期状態に復帰
BSが入力待ちになる

制御機器と接点
- R_1
- TLR_1
- R_2
- TLR_2
- R_2-b
- R_2-m

BS入力をリレー R_1 で保持する
R_1 と同時にタイマーリレー TLR_1 が励磁される
TLR_1 が設定時間 t_1 を計測する
リレー R_2 とタイマーリレー TLR_2 が励磁される
R_2 のブレーク接点でランプ L_1 を制御する
R_2 のメーク接点でランプ L_2 を制御する
TLR_2 が設定時間 t_2 を計測する
TLR_2 のブレーク接点で R_1 と TLR_1 を消磁する
初期状態へ復帰する

制御信号を決定する

	セット	リセット
R_1 / TLR_1 (R_1とTLR_1は並列)	BS	TLR_2-b
R_2 / TLR_2 (R_2とTLR_2は並列)	TLR_1-mの下位	

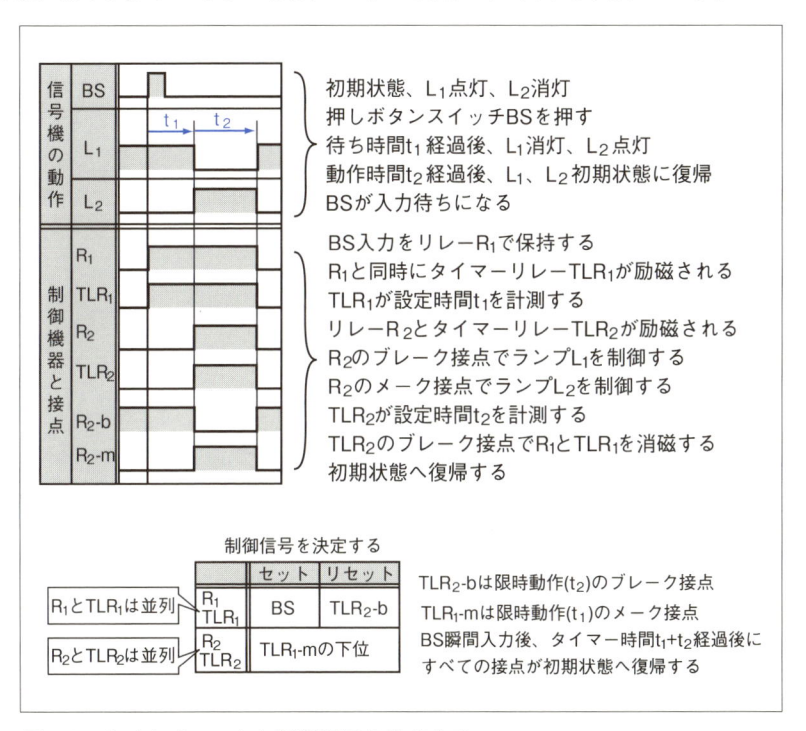

TLR_2-bは限時動作(t_2)のブレーク接点
TLR_1-mは限時動作(t_1)のメーク接点
BS瞬間入力後、タイマー時間 t_1+t_2 経過後にすべての接点が初期状態へ復帰する

図6-2 タイムチャートと制御信号を決定する

シーケンス図を作る

シーケンス図を作るときには、信号の切り換わりに注意しながら、2つの限時動作回路を順番に接続します。

BS入力をリレー R_1 で保持し、待ち時間を作るタイマーリレー TLR_1 を R_1 と並列に接続します。リセット接点となるタイマーリレー TLR_2 のブレーク接点が開くまで、BS入力が保持されます。

TLR_1 が待ち時間 t_1 を計測すると TLR_1-m 接点の限時動作で、リレー R_2

とタイマーリレー TLR_2 が励磁されます。R_2 のブレーク接点を L_1、R_2 のメーク接点を L_2 に接続して表示灯を切り換えます。タイマーリレー TLR_2 は青信号の点灯時間 t_2 を経過後に限時動作を行い、TLR_2 のブレーク接点が回路全体を初期状態へリセットさせます。

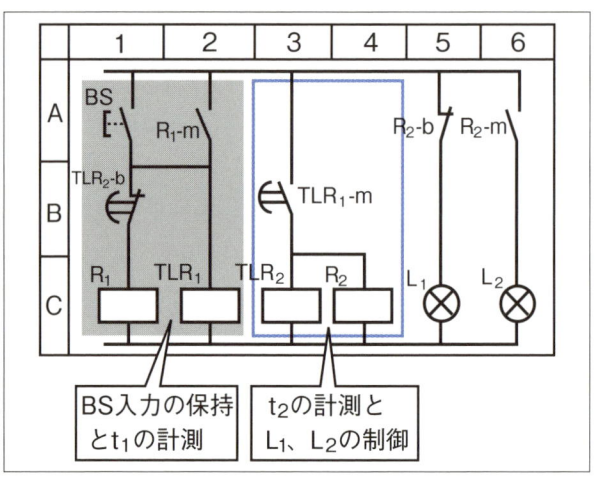

図 6-3 押しボタン信号機のシーケンス図

TINA で動作を確認する

サンプル回路「6_1」で動作を確認してみましょう。t_1=2 秒、t_2=6 秒に設定しています。BS のホットキー [S] でシーケンスが開始します。

操作手順

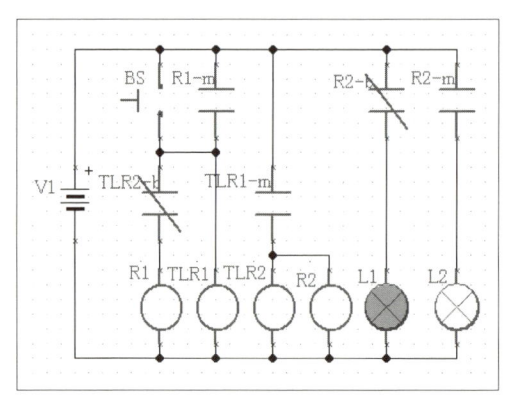

❶ 初期状態(シミュレーション開始時)では R2-b が L1 を点灯させています。

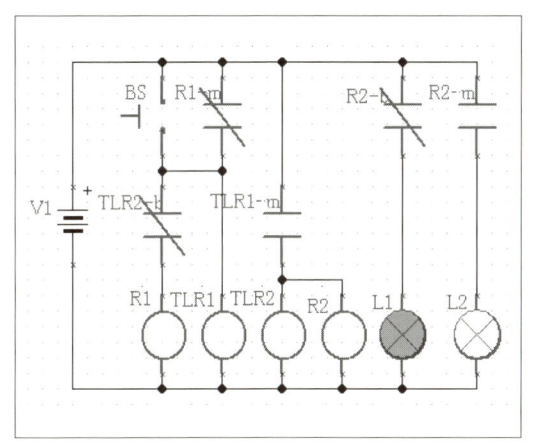

❷ BSをクリックして押すと、R1-mがリレーR1の励磁を保持し、タイマーリレーTLR1が待ち時間の計測を開始します。

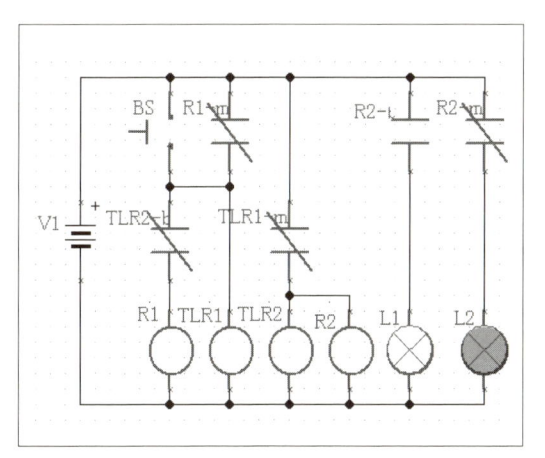

❸ 待ち時間t_1（2秒）経過後TLR1-mが閉じて、リレーR2とTLR2が励磁を開始しR2の接点が切り換わりL1とL2を制御します。TLR2の設定時間t_2（6秒）が経過すると、TLR2-bが一瞬開いて回路を初期状態にリセットします。

6-1 遅延ワンショット回路の働き

「過渡解析」でタイマー動作を観察する

押しボタンスイッチ BS を TINA のタイムコントロール・スイッチに変更し、メニューの [解析] → [過渡解析] を選んでタイマー動作を観察してみましょう（サンプル回路「6_2」参照）。

操作手順

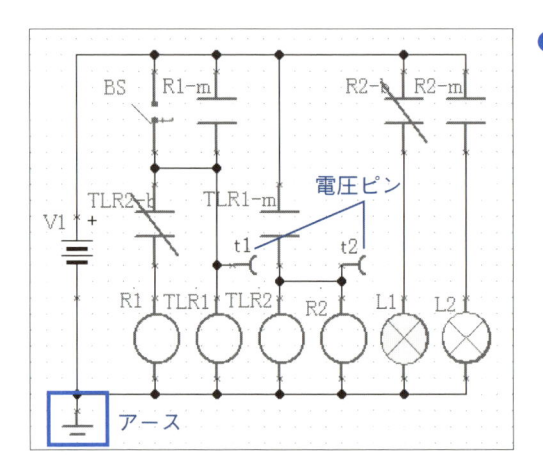

❶ BS をタイムコントロール・スイッチに変更し、[計器] の [電圧ピン] を TLR1、TLR2 に接続します。電圧を測定するため、回路に [アース] を付けます。タイムコントロール・スイッチは測定開始から 2 秒後に 1 度だけ瞬間入力を与えるように設定しておきます。

● 過渡解析の設定を行う

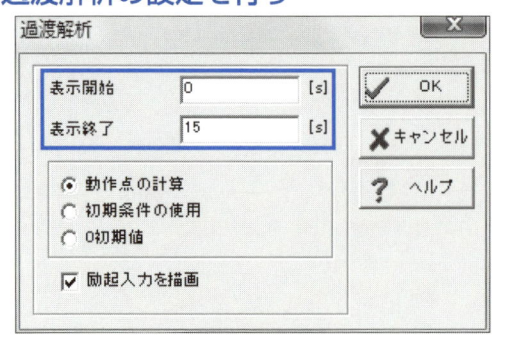

❷ [メニュー] バーの [解析] → [過渡解析] を選ぶと、サブウィンドウが開くので、[過渡解析] の条件を設定します。表示時間は測定開始から 15（秒間）としています。画面を閉じるには [OK] をクリックします。

第 6 章 タイマー制御の例

● 解析結果を見やすくする

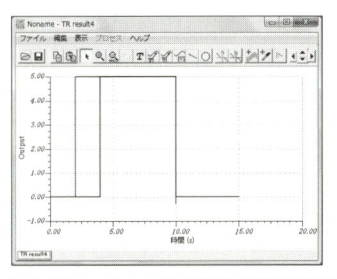

❸ 解析結果が同じ画面に重ねて表示されるので、メニューから[表示]→[曲線の分離]を選んでグラフを2枚に分けます。

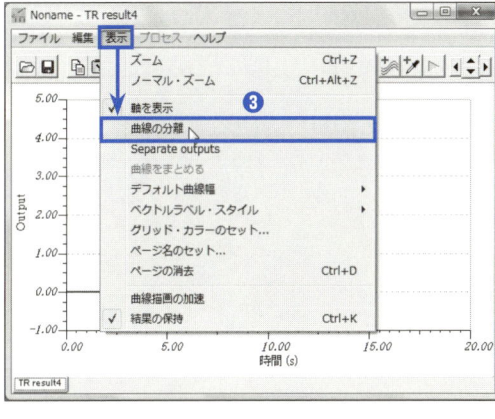

● 解析結果を読む

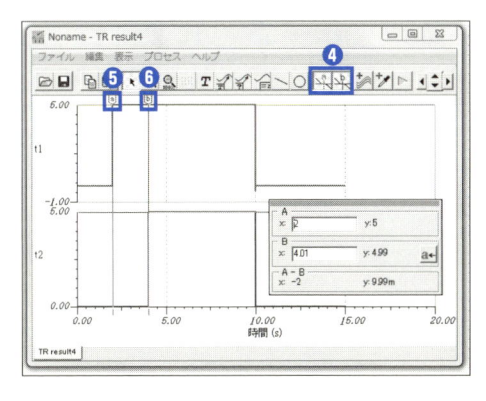

❹ カーソルで TLR1 と TLR2 の動作時間を読み取ります。[ツール]バーから「カーソル」を選択します。

❺❻ 編集画面上でa、bを左クリックしたまま移動して値を読み取ります。

　この回路では、測定開始から2秒後にタイムコントロール・スイッチが瞬間入力信号を発生して TLR1（R1）が励磁されます。t1（2秒）経過後に TLR2（R2）が励磁され、t2（6秒）経過後に回路がリセットされることが確認できるはずです。

6-1 遅延ワンショット回路の働き

限時動作限時復帰の回路

　ここで作った回路の動きは、限時動作限時復帰の制御動作です。このような制御回路を簡単に作るために、1つのパッケージに2つのタイマーを組み込んだソリッドステートタイマーリレーやモータタイマーリレーなどが市販されています。

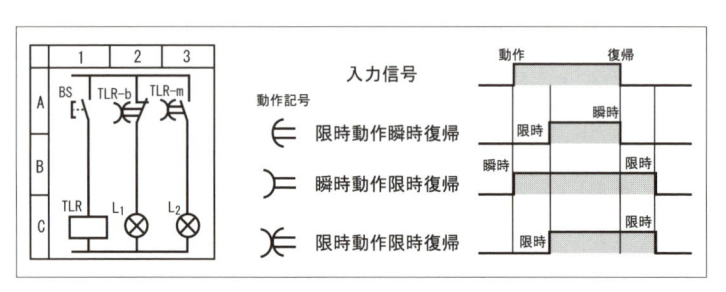

図 6-4　限時動作限時復帰の動作

操作手順

サンプル回路「6_3」を開いて動作を見てみましょう。

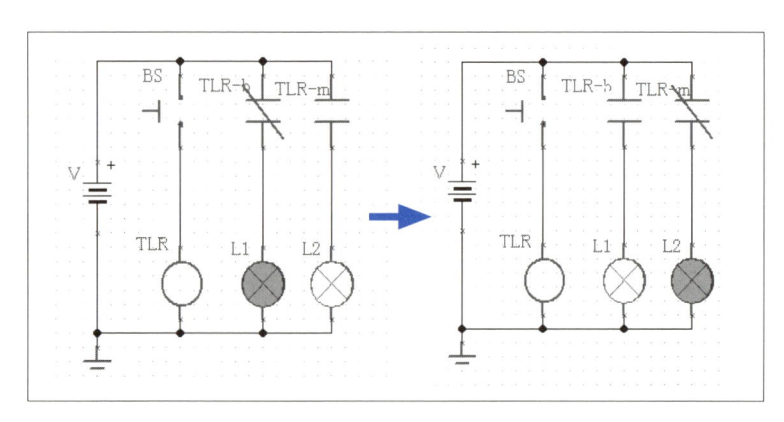

❶ サンプル回路「6_3」はリレーコイルの設定を調整して限時動作限時復帰のタイマーリレーとしたものです。BS を閉じるとタイマーリレー TLR が限時動作を行い、設定時間経過後に L1、L2 を切り換えます。BS を開くと設定時間経過後に限時復帰を行い、L1、L2 が初期状態に戻ります。

第 6 章 タイマー制御の例

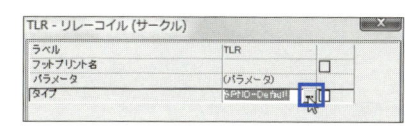

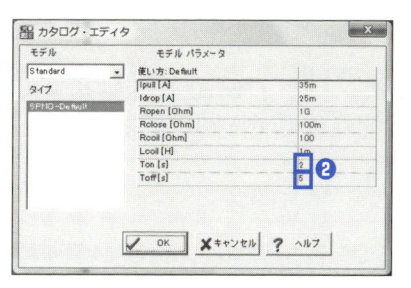

❷リレーコイルの設定は TLR をダブルクリックし、設定画面の[タイプ]右端のスピードボタン■をクリックして確認できます。[カタログエディタ]画面の[Ton]で限時動作時間2（秒）、[Toff]で限時復帰時間5(秒)としています。

次にサンプル回路「6_4」を開いて、入力スイッチBSをタイムコントロール・スイッチに変更し、タイマーリレーと電球負荷に電圧測定ピンを接続して過渡解析で測定した、限時動作限時復帰のタイムチャートを見てみましょう。

タイムコントロール・スイッチは測定開始後2秒でオン、8秒でオフとしたので、限時動作は4秒、限時復帰は13秒で行っています。

6-5a　サンプル回路「6_4」

6-5b　過渡解析の設定

6-5c　タイムチャート

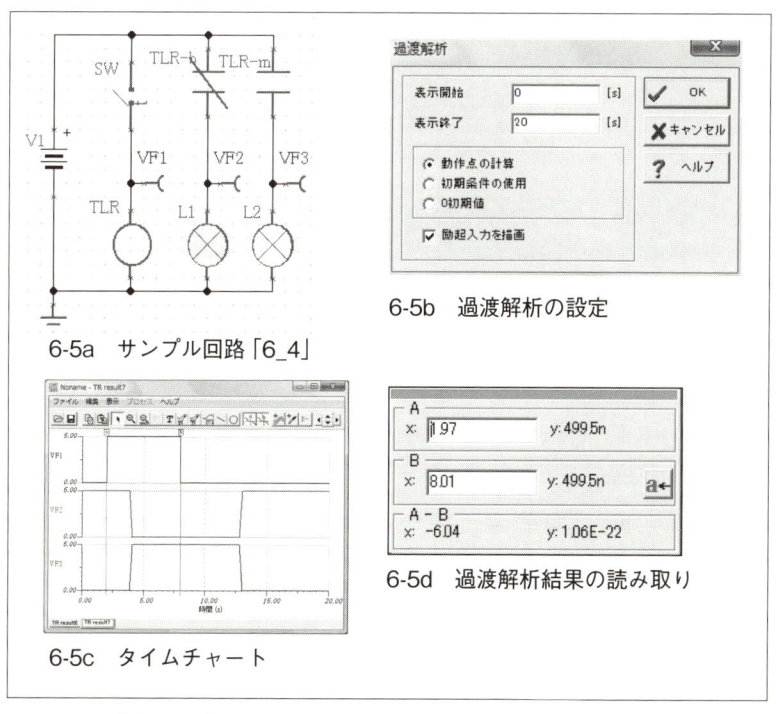

6-5d　過渡解析結果の読み取り

図 6-5　限時動作限時復帰の動作解析

6-1 遅延ワンショット回路の働き　157

6-2 フリッカ回路のしくみ

表示灯の点滅を繰り返す回路をフリッカ回路と呼びます。点滅の早さにより、危険に対する注意の喚起、順調な状態の表示、操作手順の案内などを行います。

フリッカ回路の考え方

　前節の遅延ワンショット動作を連続させると、点滅を繰り返すことができます。2つのタイマーリレーを使用し、遅延時間とワンショット時間を設定して、**フリッカ回路**の出力を作ります。

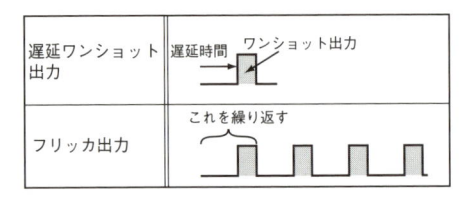

図 6-6　フリッカ出力のタイムチャート

シーケンス図を作る

　ランプを点滅させるフリッカ動作を行うシーケンス図を作ります。
　遅延時間用タイマー TLR_1 のメーク接点と、ワンショット用タイマー TLR_2 のブレーク接点を使用して、リセット優先型自己保持回路のリレー R を断続的に制御していきます。

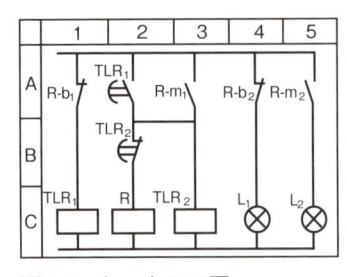

図 6-7　シーケンス図

回路の動作

①電源を投入した初期状態でリレーRのブレーク接点がタイマーリレーTLR$_1$を励磁して遅延時間を計測します。ランプL$_1$が点灯、L$_2$は消灯しています。

②遅延時間経過後、タイマーリレーTLR$_1$のメーク接点が閉じてリレーRをセットします。リレーRの接点が切り換わると、TLR$_1$が消磁され、TLR$_2$がワンショット時間を計測しはじめます。ランプL$_1$が消灯し、L$_2$が点灯します。

③ワンショット時間を経過するとTLR$_2$が作動し、ブレーク接点がリレーRをリセットして回路全体が初期状態①へ戻り、ランプの点滅を連続させます。

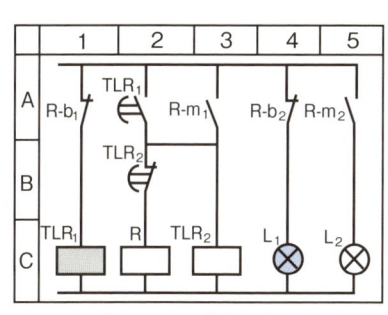

①TLRで遅延時間計測

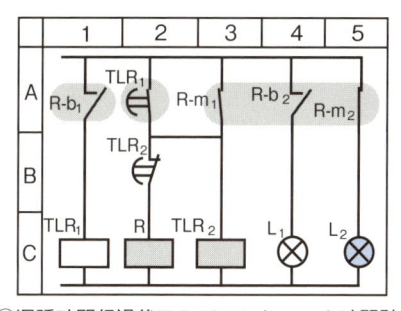

②遅延時間経過後TLR$_2$でワンショット時間計測

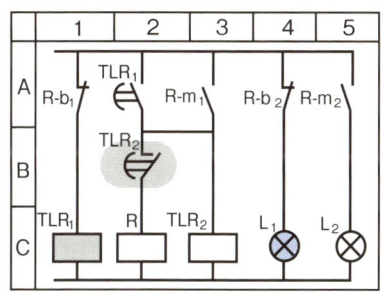

③ワンショット時間経過後TLR$_2$のブレーク接点が回路をリセットする

図6-8 フリッカ回路の動作

TINAで動作を確認する

　サンプル回路「6_5」で動作を見てみましょう。SWを閉じて電源を供給すると初期状態ではリレーRが励磁されていないので、ランプL1が点灯して、L2が消灯しています。TLR1とTLR2の設定時間でL1とL2が交互に点滅します。

① 初期状態（シミュレーション開始時）

② SWを閉じた状態

③ L1とL2が交互に点灯する

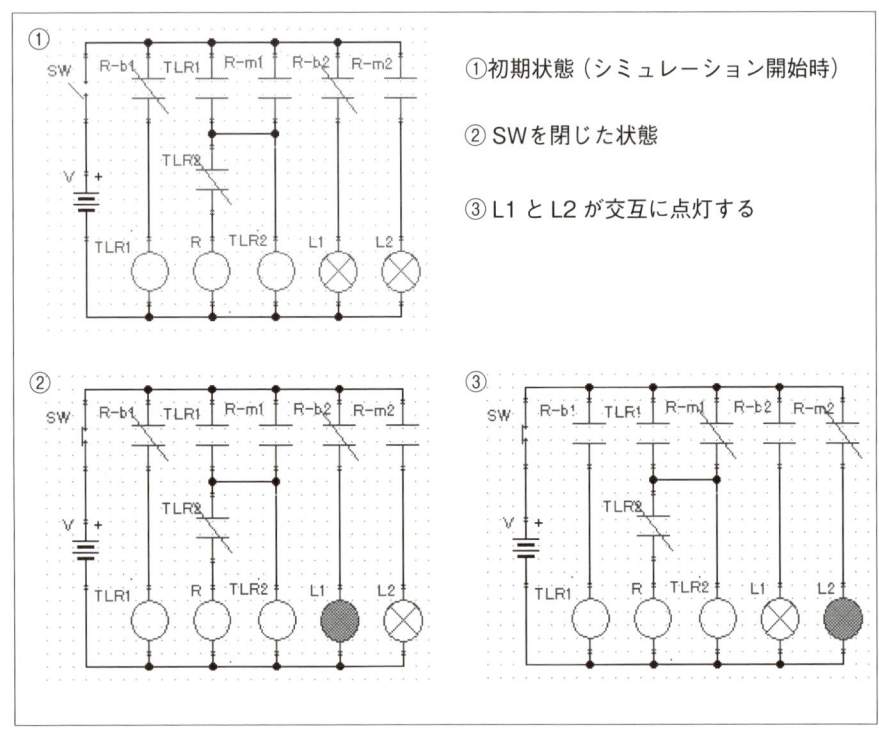

図 6-9　フリッカ回路のシミュレーション（ファイル名「6_5」）

フリッカ動作の確認

　サンプル回路「6_5」に電圧ピンを接続した、サンプル回路「6_6」で過渡解析して、タイムチャートを観察してみましょう。[過渡解析]での測定結果の表示順は、電圧測定ピンの名称で自動的に昇順に整列されます。TLR1:1、R:3のように：（コロン）の後に数字を付ければ測定結果の表示順を自由に設定できます。また、電圧測定ピンから測定信号を取り出すために、電源のマイナス側にアースを取り付けます。

6-10a

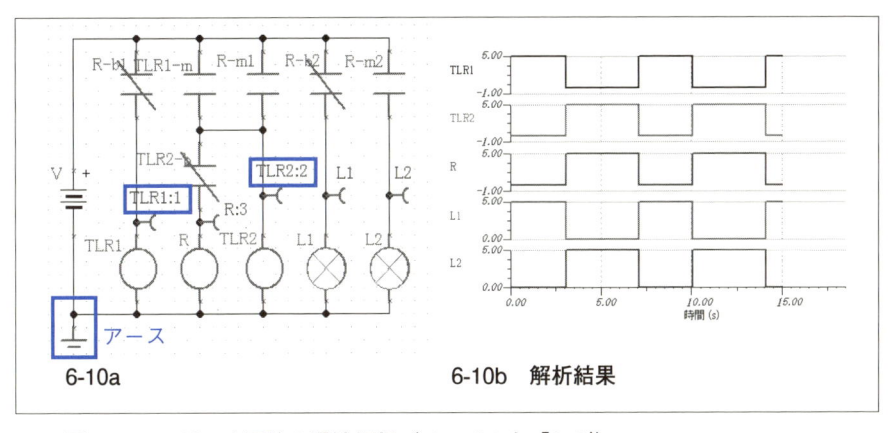

6-10b 解析結果

図6-10 フリッカ回路の過渡解析（ファイル名「6_6」）

さらに、リレーコイルの[カタログエディタ]でタイマーTLR1の $Ton = 3[s]$（図b）、TLR2（図c）の動作時間を設定してタイムチャートを観察してみましょう。

6-11a タイマー設定を変更した解析結果

6-11b TLR1のTonを設定する

6-11c TLR2の動作時間を設定する

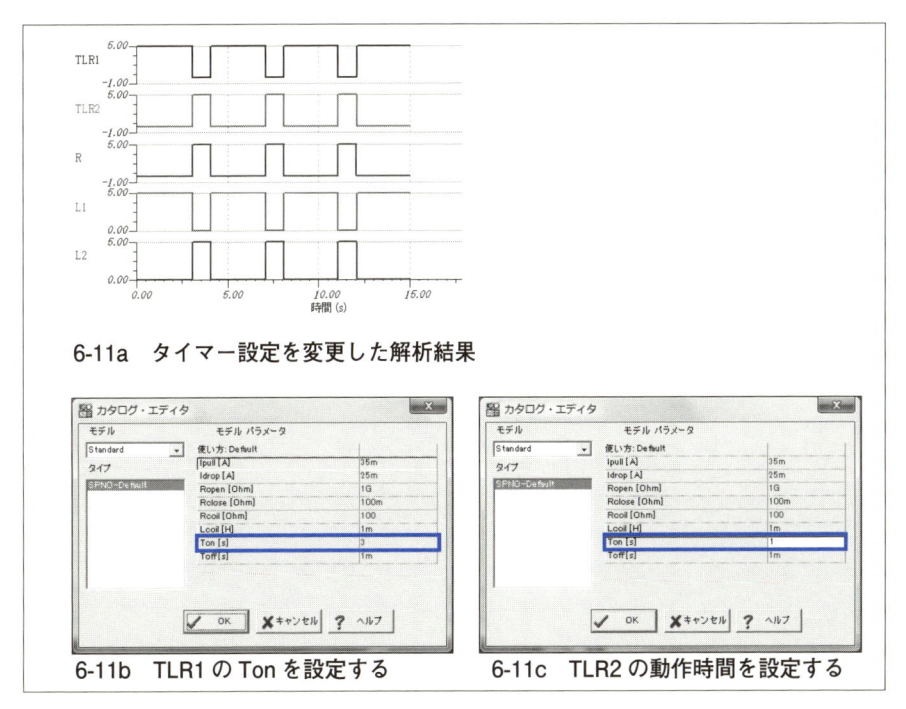

図6-11 タイマーの設定を変えてみる

フリッカ動作用タイマーリレー

　信号の連続点滅は秒単位周期であれば表示灯の点滅、分単位周期であれば片側交互通行工事の整理信号機、長時間周期であれば定期的な排気モータの運転など、必要に応じていろいろなところで使われるため、前述のようなフリッカ回路を1つのリレーで構成できるツインタイマーリレーが市販されています。リレーの内部回路はワンチップマイコンで構成し、2つのタイマーに個別の設定時間を与えて接点出力を切り換えます。

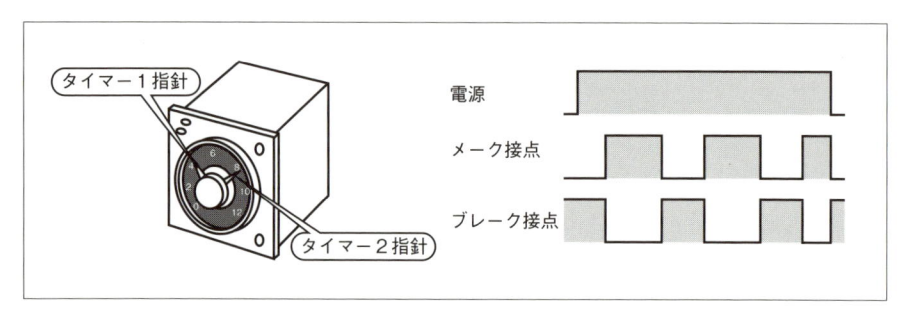

図6-12　ツインタイマーリレーの外観とタイムチャート

6-3 3段順次点滅回路のしくみ

交通信号機のように、3つのランプを順々に点滅させる回路を例として作ります。この回路は、任意の段数を次々と接続することで、柔軟性の高い制御が可能です。

回路の動き

3つのランプ負荷 L_1、L_2、L_3 は点灯時間を個別に設定できるものとします。この1段目の回路にスタート信号を与えるとランプが1つずつ順次点滅し、繰り返して動作する回路を作ります。

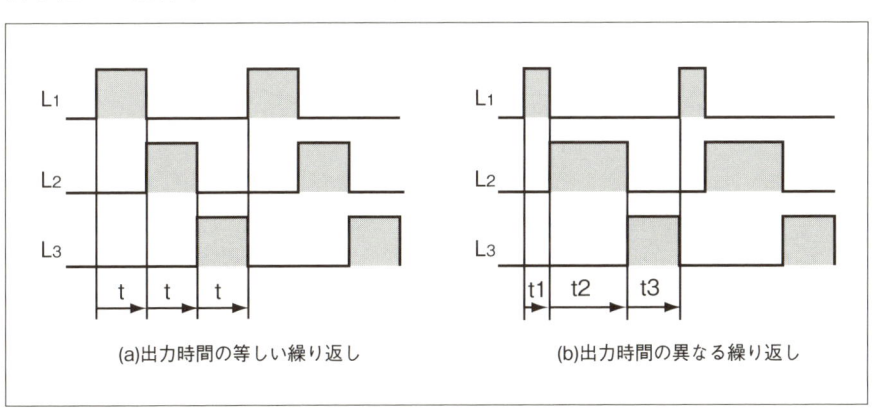

(a)出力時間の等しい繰り返し　　　(b)出力時間の異なる繰り返し

図 6-13　順次出力の繰り返し動作

回路の考え方

それぞれのランプは、瞬間入力を保持して任意の時間だけランプを点灯させるワンショット回路で駆動させます。この回路を次々と接続してランプを順次点滅させ、繰り返し動作させる回路を考えます。

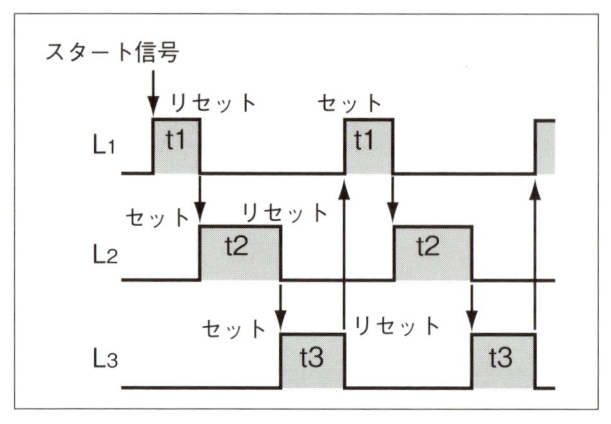

図6-14　ワンショット出力を連続させる

ワンショット回路

　BSの瞬間入力をリセット優先型の自己保持回路で保持し、限時動作瞬時復帰タイマーのブレーク接点でリセット入力を作ります。TINAのサンプル回路「6_7」はTLRをTon=2[秒]、Toff = 1m[秒]に設定してあるので、TLR-b接点は閉じ続けて見えますが、BSが瞬間押されて、Rが励磁された瞬間からTLRが時間計測を開始し、2秒後にTLR-bが1m秒だけ開いてRとTLRを消磁します。

　TLRのToffを1[秒]に設定して回路を動作させると、TLR-b接点のリセット動作を観察することができます。

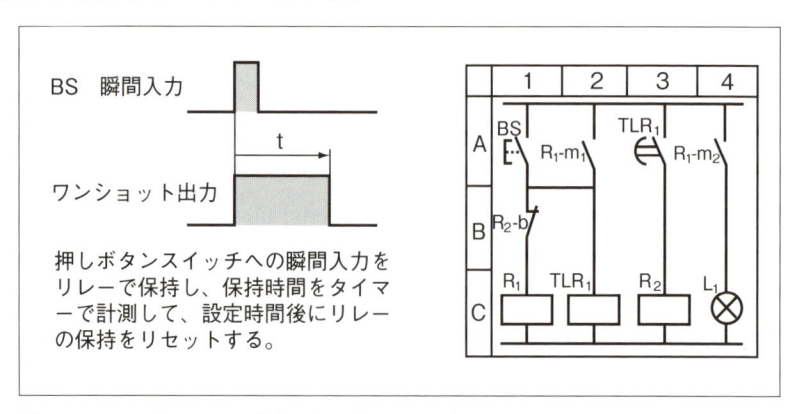

図6-15　ワンショット回路のシーケンス回路図

第6章 タイマー制御の例

●BSに瞬間入力を与える
・Rが保持される
・Rのメーク接点が閉じる
・TLRが時間計測を開始
●ワンショット出力が保持される

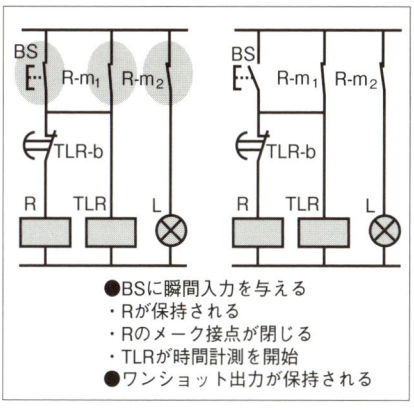

●TLRの設定時間が経過する
・TLR-bが開く
・Rが消磁される
・TLRが瞬時復帰する
●初期状態へ戻る

図 6-16　ワンショット回路の動作

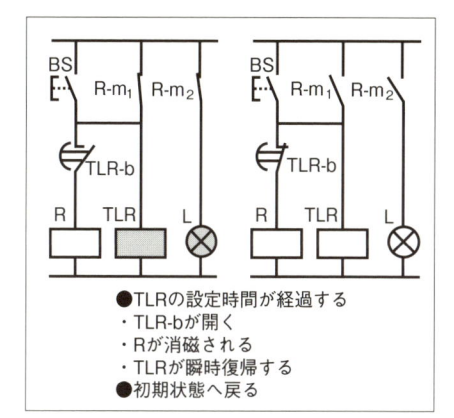

● タイマー TLR の Toff 時間を設定する手順

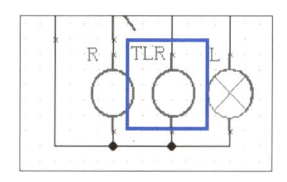

❶ TLR をダブルクリックし、「TLR-リレーコイル（サークル）」画面を開く

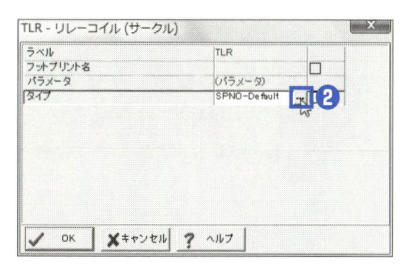

❷ ［タイプ］右端のスピードボタン […] をクリックして「カタログエディタ」を開く

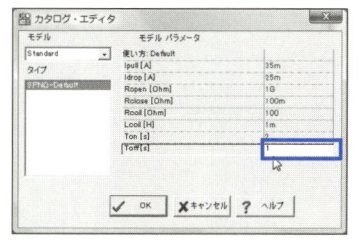

❸ Toff[s] で 1 を入力。[OK] をクリックして設定画面を閉じる

6-3 3段順次点滅回路のしくみ

サンプル回路「6_7」の回路の押しボタンスイッチBSをタイムコントロール・スイッチに変更し、メニューの[計器]から[電流矢印]を使用してタイムチャートを作ってみたのがサンプル回路「6_8」です。タイマーリレーTLRの限時動作出力を測定するためにメーク接点TLR-mの回路を加えました。タイムコントロール・スイッチとタイマーリレーは波形を見やすくするために出力時間を長めに設定しています。

6-17a　タイムコントロール・スイッチ SW1 と電流矢印 AM1・2・3 を接続する

6-17b　SW1 の動作時間設定

6-17c　TLR の Toff 設定

❶見やすいように縦軸をクリックし、[上限]を100.00mに設定する

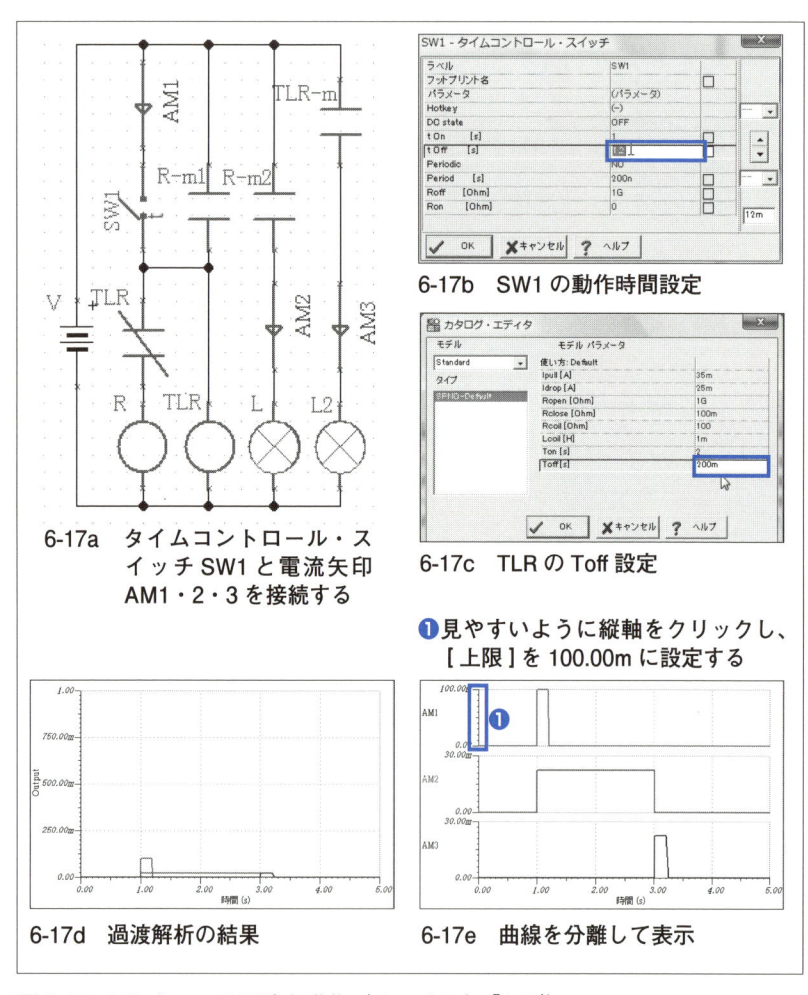

6-17d　過渡解析の結果

6-17e　曲線を分離して表示

図6-17　ワンショット回路と動作（ファイル名「6_8」）

　観察結果のタイムチャートは、[解析]-[過渡解析]で得られた結果を[曲線の分離]で分離してから縦軸を調整してあります。
　AM1が瞬間入力、AM2がワンショット出力、AM3がTLRの限時動作出

166　　　　　第6章 タイマー制御の例

順次点滅回路1

前述のワンショット回路を3段接続して、順次点滅回路を作ります。

図6-18の回路は、限時動作限時復帰のブレーク接点が自己保持用リレーを消磁し、限時動作限時復帰のメーク接点がワンショット回路の開始信号になります。ワンショット回路を順次動作させるには、タイマーのメーク接点を次の段のセット入力に使用します。

動作を繰り返すには、最終段のメーク接点を動作開始用の初段の手動BS接点と並列に接続します。

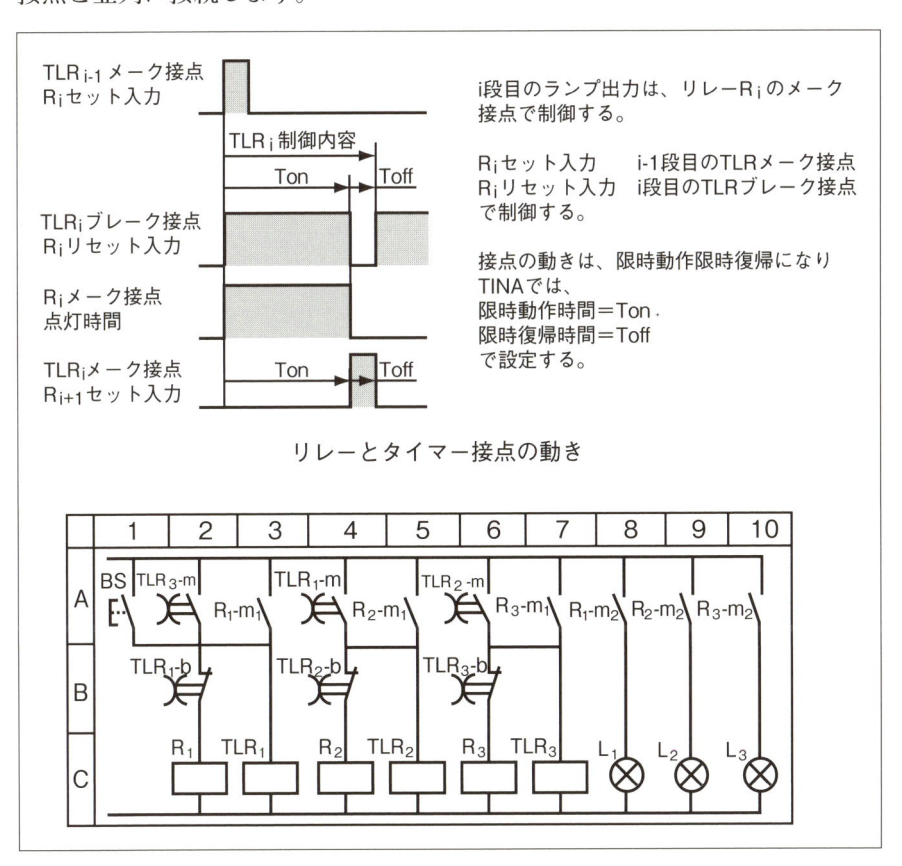

図6-18 順次点滅回路の動きとシーケンス図

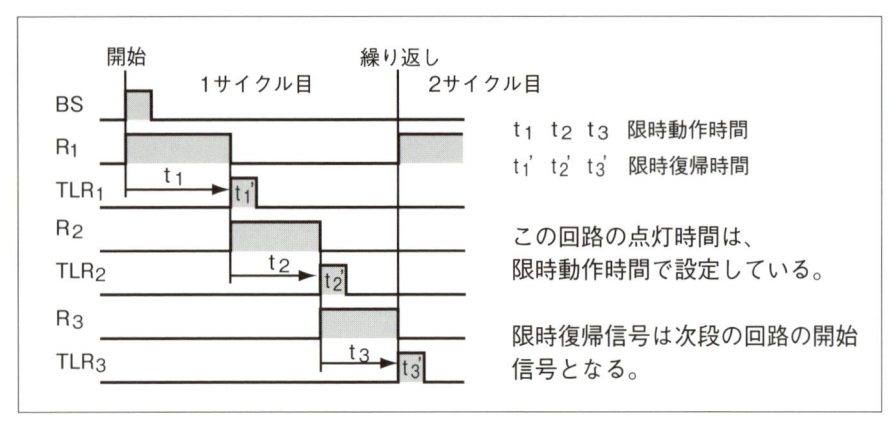

t_1 t_2 t_3 限時動作時間
t_1' t_2' t_3' 限時復帰時間

この回路の点灯時間は、限時動作時間で設定している。

限時復帰信号は次段の回路の開始信号となる。

図 6-19　順次点滅回路のタイムチャート

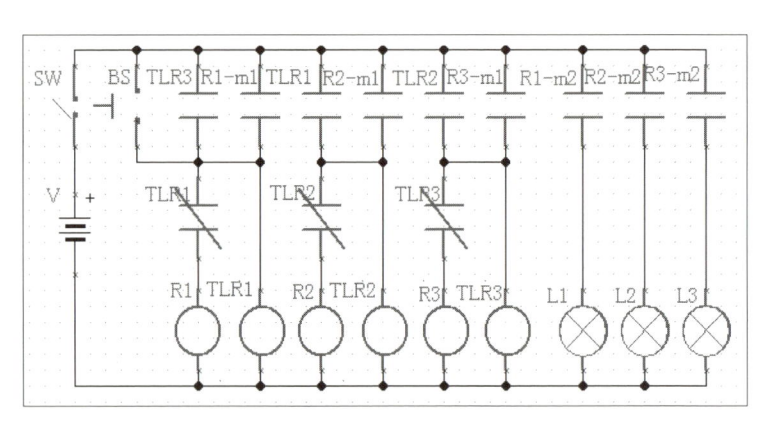

図 6-20　3 段順次点滅のシミュレーション回路（ファイル名「6_9」）

順次点滅回路 2

　順次点滅回路 1 では、タイマーリレー TLR に 2 つのタイマーを内蔵した限時動作限時復帰リレーが必要でした。

　図 6-21 の回路は、ワンショット回路のリセット用接点に次段の保持用リレーのブレーク接点を使用して、限時動作瞬時復帰のタイマーリレーで構成した順次点滅回路です。接点は瞬時復帰動作なので、信号が変化した瞬間に接点の状態が切り換わるため、図 6-21 の接点動作のタイムチャートでは、接点の切り換わる瞬間の時間軸を伸長して示しています。

第 6 章 タイマー制御の例

TLR$_{i-1}$メーク接点
R$_i$セット入力

TLR$_i$、R$_i$
コイル電流

R$_i$メーク接点
点灯時間

R$_i$ブレーク接点
R$_{i-1}$リセット入力

TLR$_i$メーク接点
R$_{i+1}$セット入力

TLR$_{i+1}$、R$_{i+1}$
コイル電流

R$_{i+1}$メーク接点
点灯時間

R$_{i+1}$ブレーク接点
R$_i$リセット入力

Ton

リレーとタイマー接点の動き

i段目のランプ出力は、リレーR$_i$のメーク接点で制御する。

R$_i$セット入力　　i-1段目のTLRメーク接点
R$_i$リセット入力　i+1段目のRブレーク接点
で制御する。

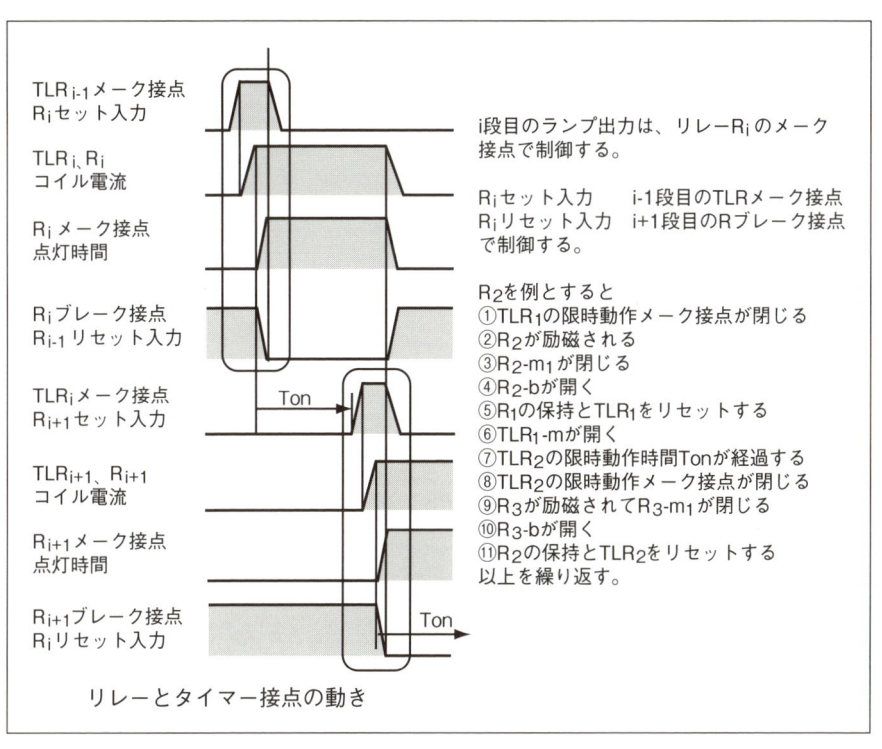

R$_2$を例とすると
①TLR$_1$の限時動作メーク接点が閉じる
②R$_2$が励磁される
③R$_2$-m$_1$が閉じる
④R$_2$-bが開く
⑤R$_1$の保持とTLR$_1$をリセットする
⑥TLR$_1$-mが開く
⑦TLR$_2$の限時動作時間Tonが経過する
⑧TLR$_2$の限時動作メーク接点が閉じる
⑨R$_3$が励磁されてR$_3$-m$_1$が閉じる
⑩R$_3$-bが開く
⑪R$_2$の保持とTLR$_2$をリセットする
以上を繰り返す。

図 6-21　順次点滅回路 2 のタイムチャート

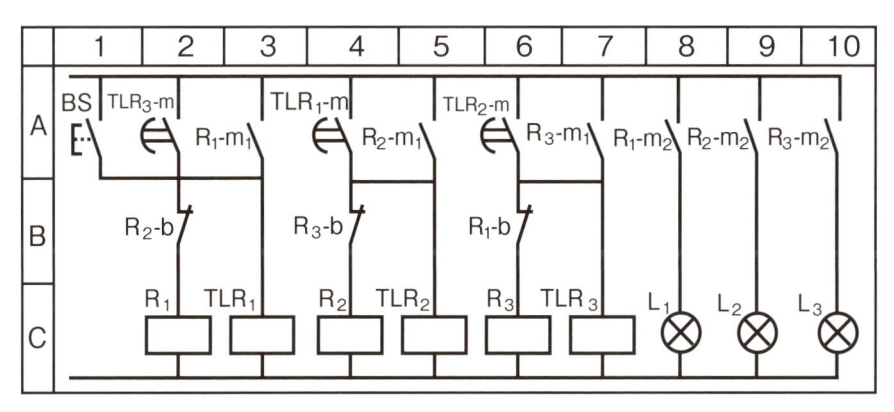

	1	2	3	4	5	6	7	8	9	10
A	BS	TLR$_3$-m	R$_1$-m$_1$	TLR$_1$-m	R$_2$-m$_1$	TLR$_2$-m	R$_3$-m$_1$	R$_1$-m$_2$	R$_2$-m$_2$	R$_3$-m$_2$
B		R$_2$-b		R$_3$-b		R$_1$-b				
C		R$_1$	TLR$_1$	R$_2$	TLR$_2$	R$_3$	TLR$_3$	L$_1$	L$_2$	L$_3$

図 6-22　順次点滅回路 2 のシーケンス図

図 6-23 の TINA の回路例では、タイマー TLRi のメーク接点を Toff=1m[秒] で限時動作瞬時復帰接点に設定してあるので、リレー Ri セット用の接点が閉じないように見えます。Toff を 1[秒] 程度に設定すると接点が閉じるのを観察することができます。

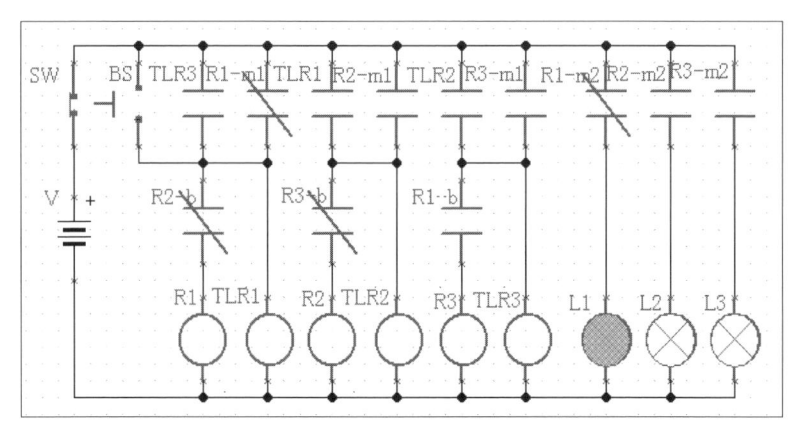

図6-23　3段順次点滅シミュレーション回路（ファイル名「6_10」）

6-4 交互通行信号機を考える

道路工事の対面通行を、交互に制御する信号機回路を考えます。通行量により適切な動作時間を設定できる回路とします。

回路の出力

　車線 1 の青の時間を T_1、車線 2 の青の時間を T_2 とします。車線 1 が赤になり、車線 2 が青になるまでの時間を t_1、車線 2 が赤になり、車線 1 が青になるまでの時間を t_2 とします。このようにすると、両方向の信号が同時に赤になり、信号が変わるときに反対方向の車両を残さないようにすることができます。

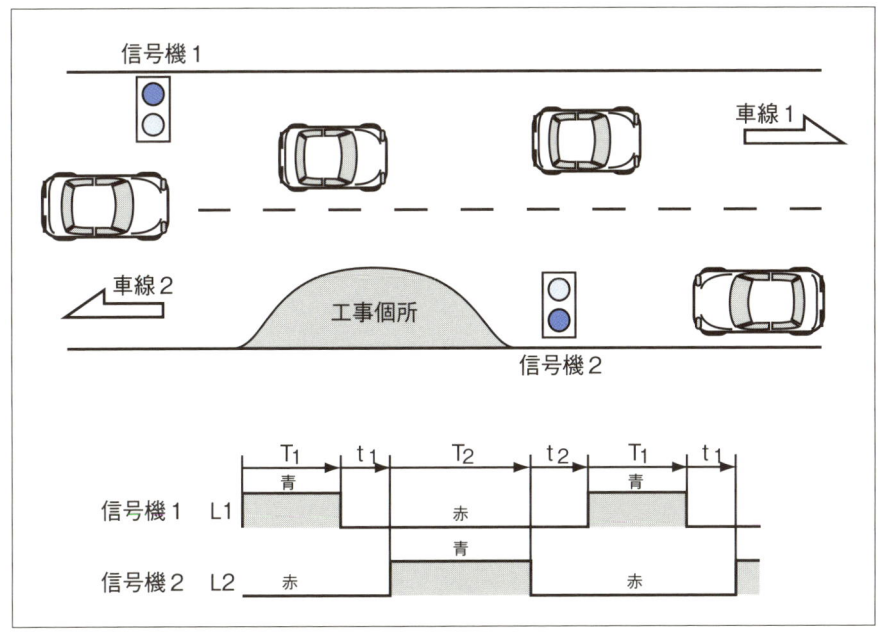

図 6-24　交互通行信号機回路の出力

回路の考え方

この制御には、T_1、t_1、T_2、t_2と4つの時間を順番に制御することが要求されます。そこで、前節のn段順次点滅回路を4段にして、図6-25のように回路を構成します。

T_1 ← 1段目のワンショット回路、t_1 ← 2段目のワンショット回路
T_2 ← 3段目のワンショット回路、t_2 ← 4段目のワンショット回路。
信号機1（L_1）の青← R_1のメーク接点
信号機1（L_1）の赤← R_1のブレーク接点
信号機2（L_2）の青← R_3のメーク接点
信号機2（L_2）の赤← R_3のブレーク接点

2段目と4段目は両方の信号が赤になる時間を作るための回路なので、リレー接点に負荷は接続しません。この回路では、それぞれの時間を個別に設定することが可能です。

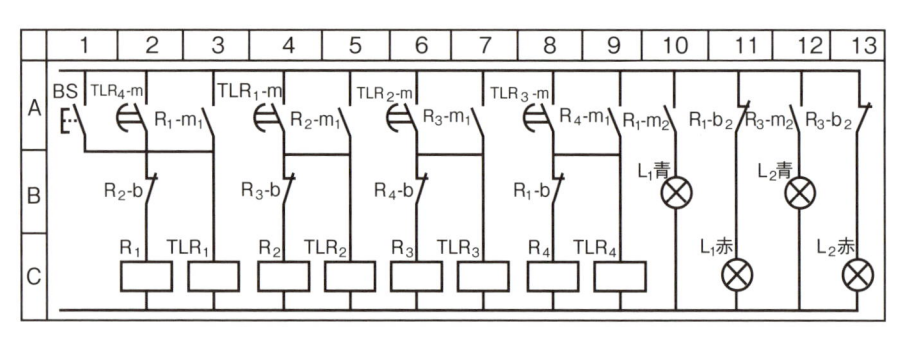

図6-25　4段の順次点滅回路のシーケンス図

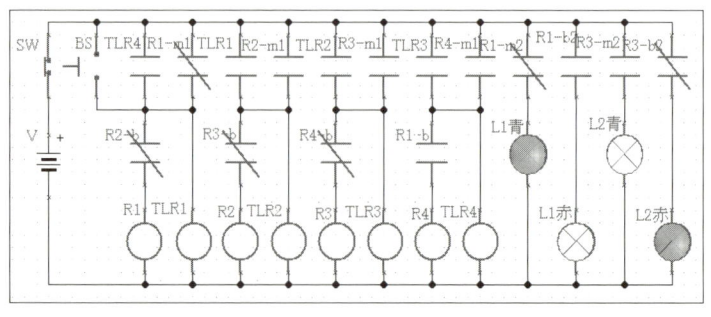

図6-26　4段の順次点滅のシミュレーション回路（ファイル名「6_11」）

L1 と L2 に電圧測定ピンを接続して測定したランプ負荷のタイムチャートを図 6-29 に示します。タイムコントロール・スイッチの設定は、tOn=1[秒]、tOff=1.5[秒]としてあります。

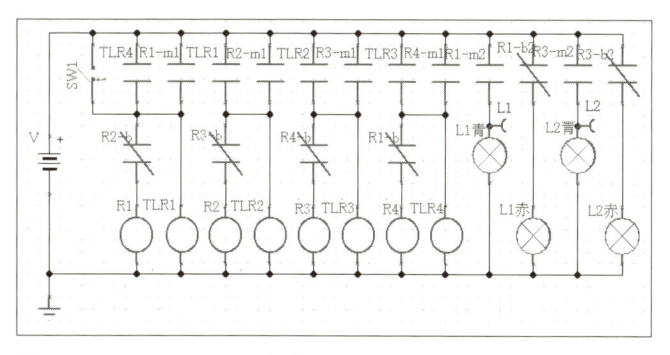

図 6-27　タイムチャートを書かせるための変更回路（ファイル名「6_12」）

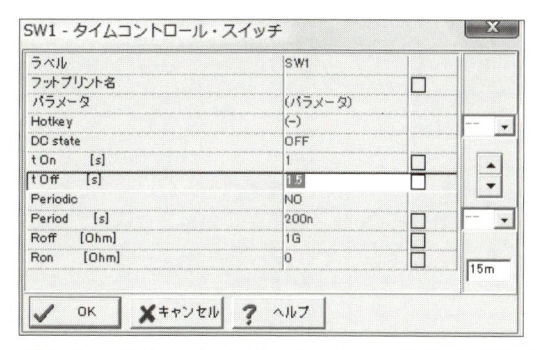

図 6-28　タイムコントロール・スイッチ SW1 の設定

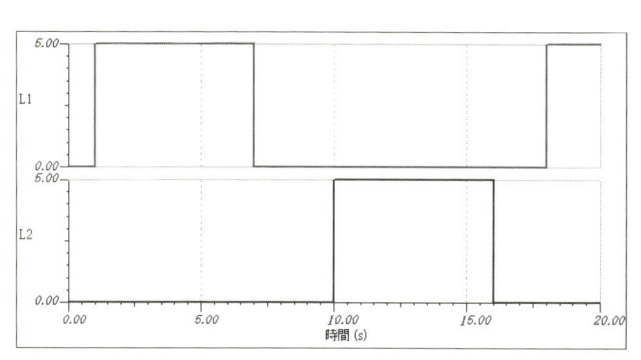

図 6-29　信号機のタイムチャート（曲線を分離して表示）

6-4 交互通行信号機を考える

6-5 ネスト制御をタイマーで作る

1オン・2オン・3オン・・3オフ・2オフ・1オフのように、制御の順番が「入れ子」になったネスト状の制御をタイマー回路で作ります。

FILO をタイマーで制御する

5章の順序制御で考えた FILO 制御をタイマー回路で作ってみましょう。2段のベルトコンベアで製品を搬送するとき、運転のスイッチを押すとモータ M_1 が初めに回転してしばらくしてからモータ M_2 が始動し、停止のスイッチ入力で M_2 が初めに停止し、しばらくしてから M_1 が停止するというネストの順序をタイマー制御で行います。

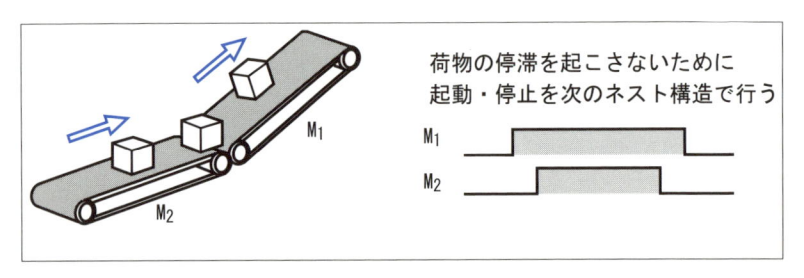

図 6-30 モータのネスト制御

シーケンス図を作る

始動スイッチ BS_1 を入力してから限時動作タイマー TLR_1 で t_1 を計測し、停止スイッチ BS_2 を押してから限時動作タイマー TLR_2 で t_2 を計測するものとします。M_1 をリレー R_1 のメーク接点、M_2 をリレー R_2 のメーク接点で制御するものとして、タイムチャートと制御信号を図 6-31 のように決定します。次の回路で使用するタイマーリレーは、限時動作瞬時復帰とします。

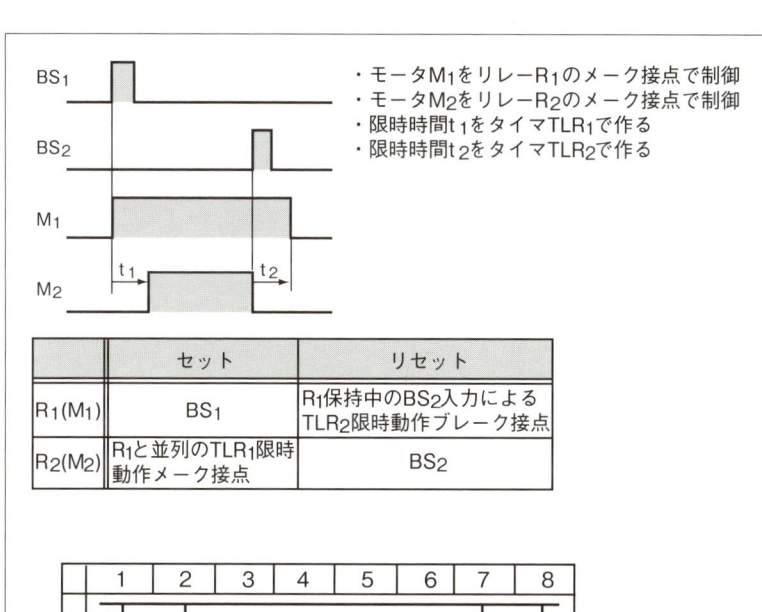

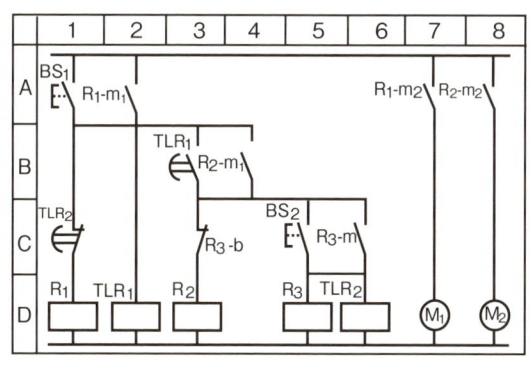

図6-31 タイマーでネスト制御回路を作る

- モータM1をリレーR1のメーク接点で制御
- モータM2をリレーR2のメーク接点で制御
- 限時時間t_1をタイマTLR1で作る
- 限時時間t_2をタイマTLR2で作る

	セット	リセット
R1(M1)	BS1	R1保持中のBS2入力によるTLR2限時動作ブレーク接点
R2(M2)	R1と並列のTLR1限時動作メーク接点	BS2

TINAで回路を作る

　図6-32のサンプル回路で動きを確認してみましょう。BS1を入力するとR1の回路が自己保持され、モータM1が回転します。TLR1の設定時間2秒が経過するとR2の自己保持回路が作動してモータM2が回転します。

　BS2を入力するとR3の自己保持回路が作動し、R2を消磁させるためM2が停止します。R3と同時にTLR2が作動し設定時間2秒が経過するとR1の自己保持を解除してM1が停止し、回路は初期状態に戻ります。

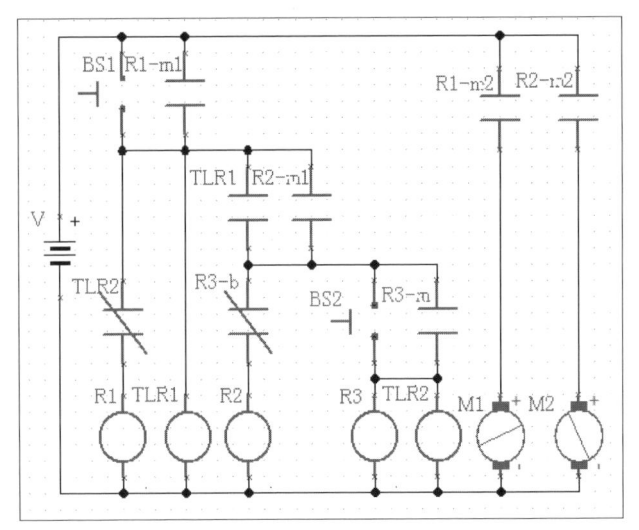

図 6-32　ネスト制御のシミュレーション（ファイル名「6_13」）

第7章 シリンダ制御の例

流体を利用して物体を移動させたり、変形させたりする代表的なアクチュエータにシリンダがあります。シリンダ制御の多くはシリンダの前端、後端でシリンダの状態を検出する端点制御で、シーケンス制御が適しています。

7-1 シリンダの運動と制御

シリンダは容積可変の密閉容器に、空気やオイルなどの流体を出し入れして、容器の容積変化を物体の移動量に変換させたり、流体の圧力変化から力を発生させる作動装置です。

シリンダと制御弁

　円筒型のシリンダとピストンを組み合わせた**シリンダ装置**に、圧力を加えた空気やオイルなどの流体を供給・排出すると、シリンダとピストンに相対的な運動を与えることができます。通常はシリンダを固定し、ピストンの前後進を利用して製品を移動させたり、押しつけたりして使用します。

　また、流体の流れる向きを切り換えて、ピストンを前後進させるシリンダを**複動シリンダ**と呼びます。電磁石に電流を流し、磁力で弁を開閉してシリンダに与える流体の向きを切り換える方向制御弁をソレノイドバルブと呼び、ソレノイドが1つのものをとくに**単動ソレノイドバルブ**と呼びます。

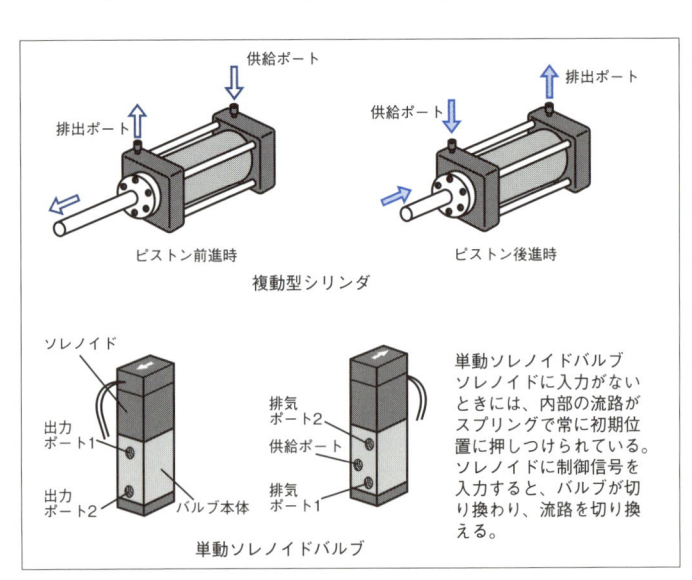

図7-1　複動型シリンダと単動ソレノイドバルブ

シリンダ制御の図記号と動き

　この章では、複動シリンダを単動ソレノイドバルブで制御するシーケンス回路を考えます。

　単動ソレノイドバルブは、ソレノイドを消磁しているときにはスプリングで弁を押しつけていて、ソレノイドを励磁しているときだけ流路を切り換える方向切換弁です。また、複動シリンダはシリンダの両端に設けたポートから流体を出し入れしてピストンを両方向に駆動させる運動機器です。

　図 7-2 は、単動ソレノイドバルブと複動シリンダを組み合わせてシリンダの前後進を行うようすです。

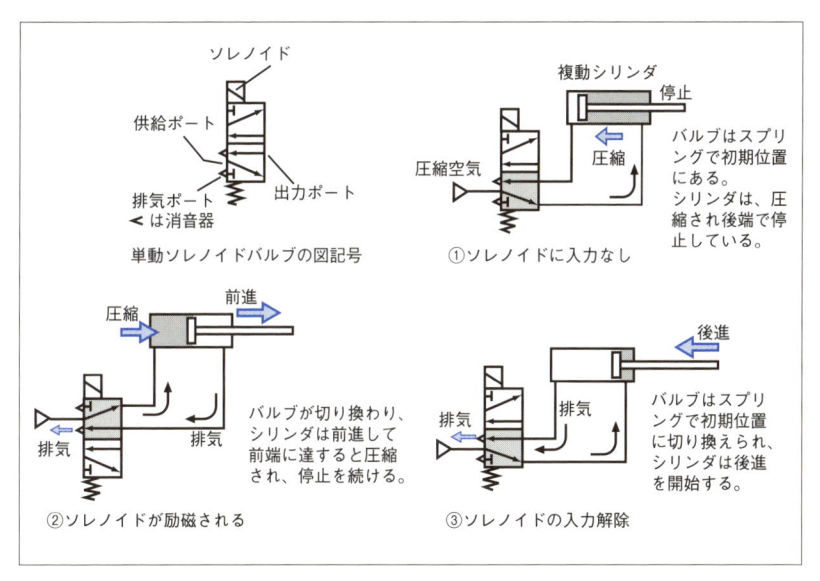

図 7-2　シリンダ制御の図記号と動き

電空制御シリンダの基本構成

　空気圧シリンダを電気回路で制御する方式を**電空制御**と呼びます。
　ピストンが両端のリミットスイッチを押すための突起部を**ドグ**と呼びます。
　ソレノイドバルブは流体の向きを切り換えてピストンの移動方向を変えるだけで、流量は**スピードコントローラ**で調整します。スピードコントローラは逆止弁と絞り弁を組み合わせたもので、シリンダへ流れ込む向きには自由

に流れ、シリンダから排出する向きに絞られるので、排出する流体の流量を絞ってピストンの速度を調節します。このような速度調整方法を**メータアウト**と呼びます。図7-3は、1本のシリンダを制御する際の基本的な構成です。

● シリンダ1本に使用される機器
　複動シリンダ×1、単動ソレノイドバルブ×1、リミットスイッチ×2

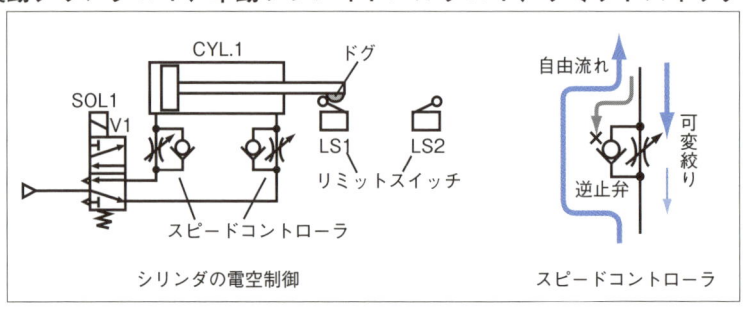

図7-3　電空制御シリンダの基本構成

自動復帰制御のタイムチャート

　ピストンの前進、自動復帰制御のタイムチャートを考えます。ピストンの動作速度は遅いので、時間経過に対するピストンの動作は斜めの線で図示します。

● ピストンの前進移動　→　右上がりの直線
● ピストンの後進移動　→　右下がりの直線
● ピストンの停止状態　→　水平線

　スタートスイッチやリミットスイッチは、スイッチの押されている時間を矢印で示します。

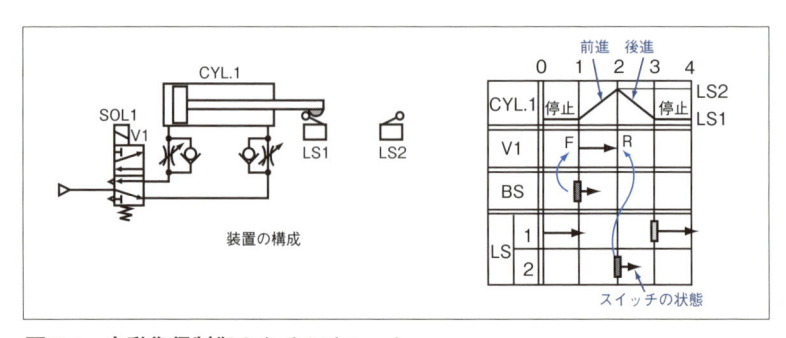

図7-4　自動復帰制御のタイムチャート

第7章 シリンダ制御の例

制御信号を決定して回路を作る

　タイムチャートから制御信号を決定します。単動ソレノイドバルブは瞬間入力を保持して励磁を持続し、リミットスイッチのブレーク接点でリセットするリセット優先型自己保持回路を基本とすると組みやすくなります。
- ピストンを前進させる信号　→　スタートスイッチ BS の瞬間入力を保持
- ピストンを後進させる信号　→　リミットスイッチ LS2 のブレーク接点

　この章では、リミットスイッチの設置位置に合わせて横書きシーケンス図で回路を表します。

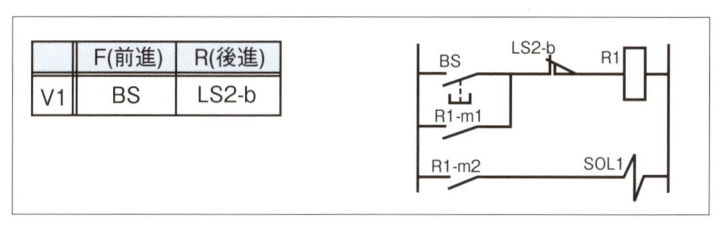

図 7-5　制御接点とシーケンス図

TINA の回路と動作

　TINA で作った前述のシーケンス回路を示します。ソレノイドの動作は TINA 上で確認できないので、状態を目視できるようにランプを負荷としています。リミットスイッチはボタンスイッチを使用しています。
　タイムチャートに合わせて回路動作を確認してみましょう。

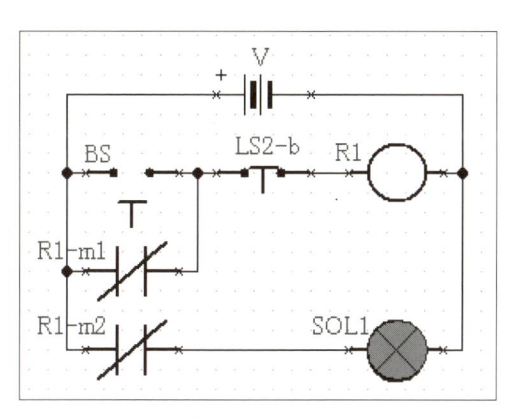

図 7-6　TINA の回路例（ファイル名「7_1」）

①**シーケンス開始**　(TINA 操作：キーボードの [S] キーを瞬間押す)
・開始スイッチ BS で瞬間入力を与える。
・R1 が保持される。
・SOL1 が切り換わり、ピストンが前進を開始する（TINA の回路ではランプが点灯している状態）。
・ドグが LS1 を離れる。
・ピストン移動中は、LS1、LS2 ともに押されていない状態が続く。

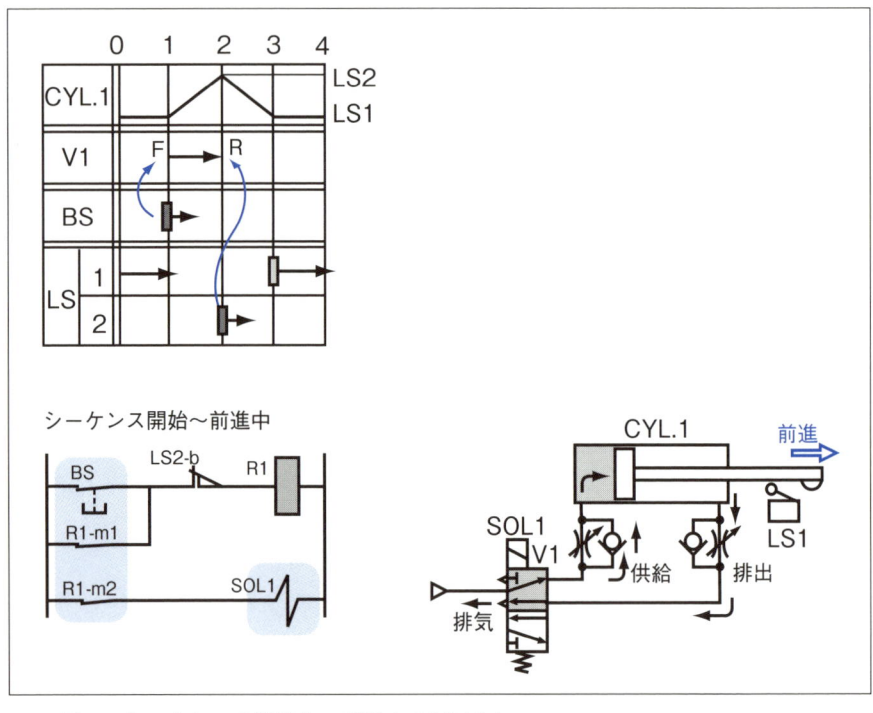

図 7-7 シーケンスの開始と、前進中のピストン

②**ピストンの前進完了**　(TINA 操作：キーボードの [2] キーを瞬間押す)
・ドグが LS2 を押す（ピストンが LS2 を押した状態：LS2-b を押す）。
・すぐに LS2-b が開いて R1 が消磁する（TINA の回路ではランプが消灯）。
・ピストンが後進を開始する。
・ドグが LS2 を離れる。
・ピストン移動中は、LS1、LS2 ともに押されていない状態が続く。

第 7 章 シリンダ制御の例

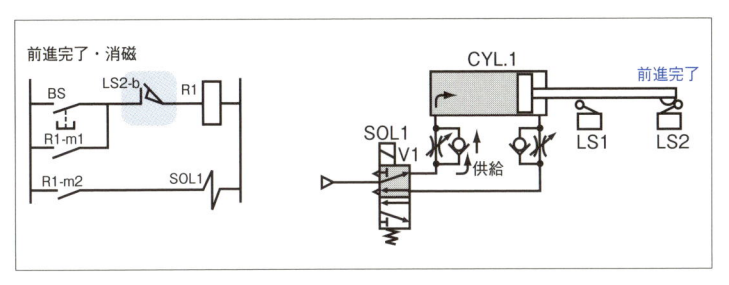

図7-8 ピストンの前進が完了して消磁

③シーケンス終了
・ピストンの後進が完了する。
・ピストンの位置、リミットスイッチの状態が初期状態へ戻る。

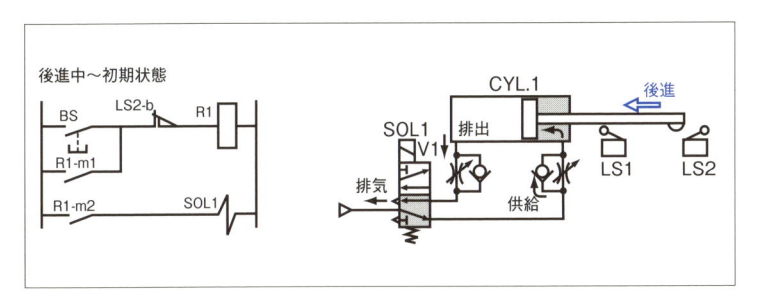

図7-9 ピストンが後進し、初期状態へ戻る

7-2 2本シリンダの制御（1）

2つのシリンダの交互自動往復を考えます。シリンダ1は前進が完了するとすぐに後進を開始し、同時にシリンダ2が単独で自動往復を開始します。

シリンダと制御弁の基本構成

2本のシリンダを電空制御で駆動する場合の基本構成を図7-10のように決定します。以降の回路でもこの構成を使用します。リミットスイッチの接点の数は回路に必要な数を使用できるものとします。

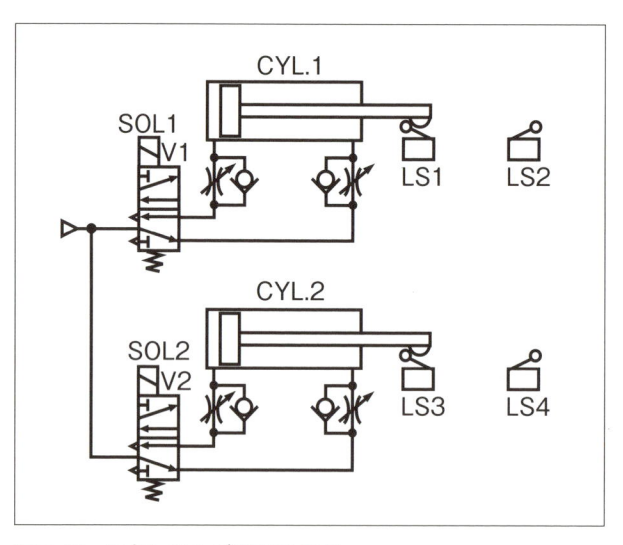

図7-10　2本シリンダ制御の構成

交互自動往復の動作とタイムチャート

次の順序で、製品を送り出す装置の交互自動往復制御回路を考えてみましょう。
①シリンダ1は前進して製品の送り出しが完了するとすぐに後進を開始す

る。
② シリンダ 2 はシリンダ 1 が後進を開始すると同時に前進を開始する。
③ シリンダ 2 は前進して製品の送り出しが完了するとすぐに後進を開始する。
この動作をタイムチャートで示します。

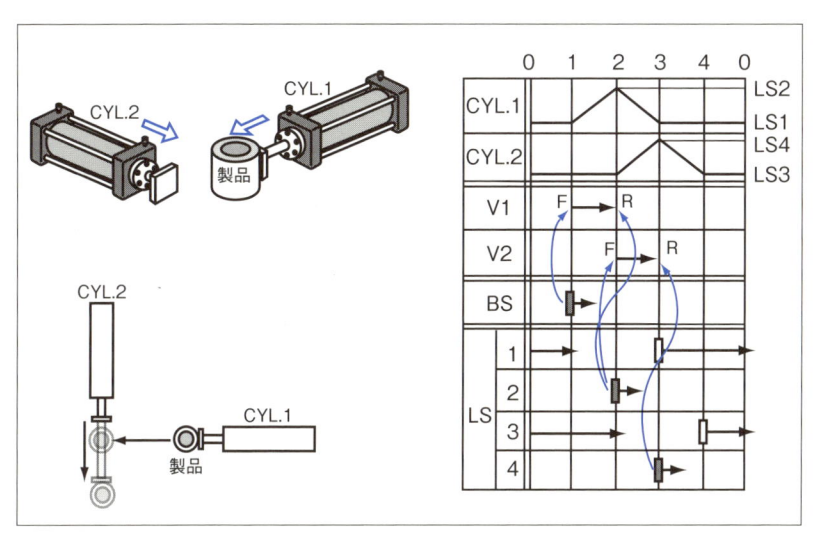

図 7-11　2 本シリンダによる製品の押し出し

制御信号を決定して回路を作る

基本回路としてメーク接点でシリンダを前進させ、ブレーク接点でシリンダを後進させるものとします。タイムチャートの時間軸を追って信号を決定します。
① V1 の自己保持セットは、BS の瞬間入力
② V1 のリセットは LS2-b
　V2 の自己保持セットは、LS2-m
③ V2 のリセットは LS4-b
・時間軸 3 の LS-1 と LS-4 の同期は必要としません。
・LS1 と LS3 は使用しません。
以上から、図 7-12 の使用接点表とシーケンス図を作ります。

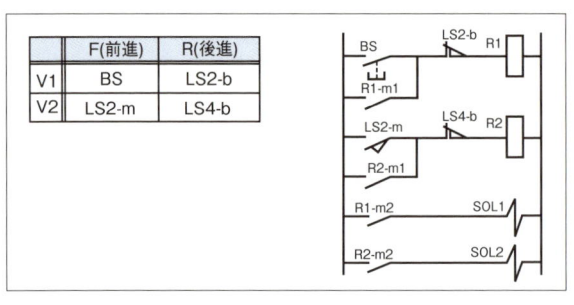

	F(前進)	R(後進)
V1	BS	LS2-b
V2	LS2-m	LS4-b

図 7-12　制御信号の決定とシーケンス図

TINA の回路と動作

　TINA で作った図 7-13 のシーケンス回路を操作して動作を確認してみましょう。

① **CYL.1 前進**（TINA 操作：キーボードの [S] キーを短時間押す）
　BS を短時間押し、R1 の自己保持をセットして SOL1 を励磁すると CYL1 が前進する（ランプ SOL1 が点灯）。

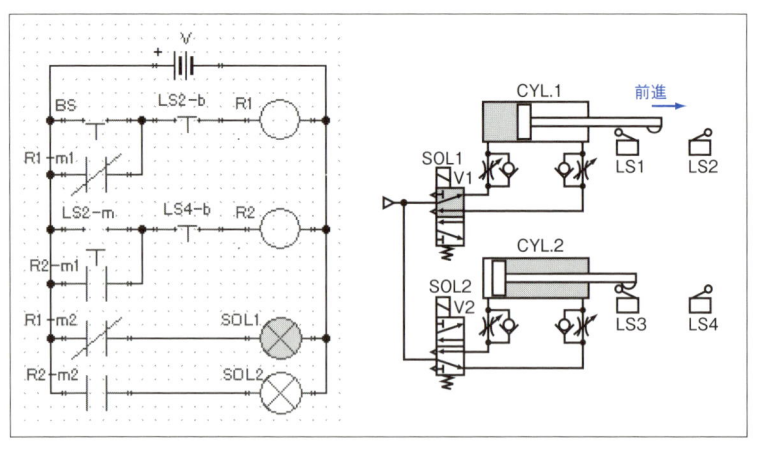

図 7-13　TINA のサンプル回路とシリンダ 1 前進動作イメージ（ファイル名「7_2」）

② **CYL.1 後進と CYL.2 前進**（TINA 操作：キーボードの [2] キーを押す）
　CYL.1 の前進が完了するとドグが LS2 を押す（LS2 を押した状態：LS2-b を押す）。LS2-b が SOL1 を消磁し、CYL1 がすぐに後進する（ランプ SOL1 が消灯）。LS2-m が SOL2 を励磁し、CYL2 が前進を開始する（ランプ SOL2 が点灯）。

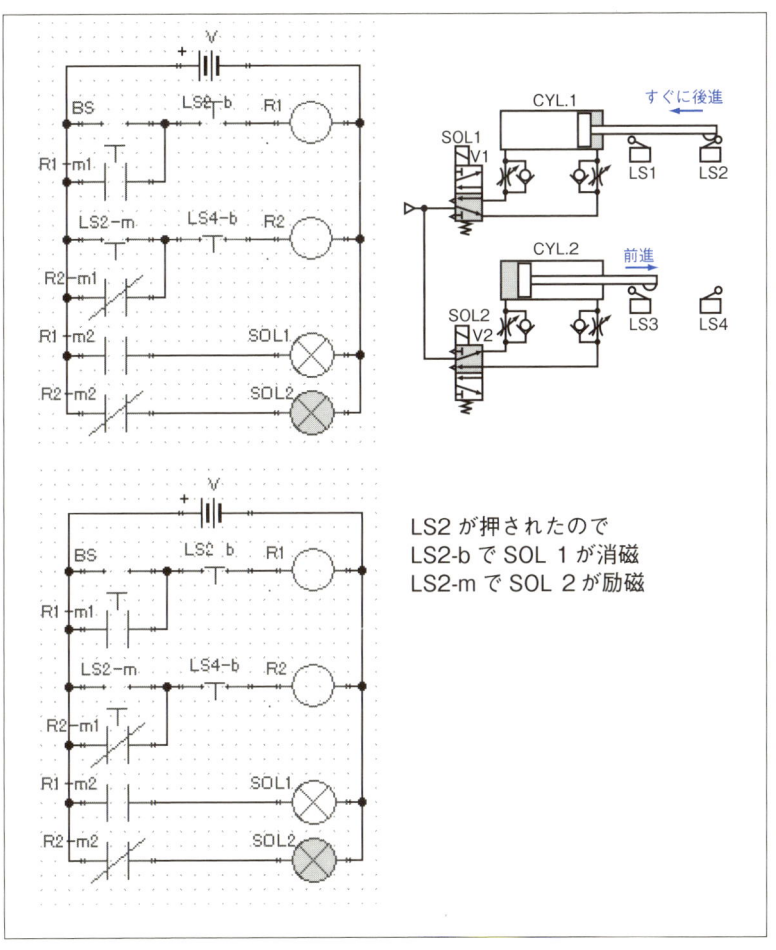

図7-14 サンプル回路のシリンダ1後進とシリンダ2前進動作イメージ

③ **CYL.2の後進**（TINA操作：キーボードの[4]キーを押す）
CYL2の前進が完了するとドグがLS4を押す（LS4を押した状態：LS-4bを押す）。LS4-bがSOL2を消磁し、CYL2がすぐに後進する（ランプSOL2が消灯）。
CYL1の後進完了とCYL2の前進完了は同調を必要としません。

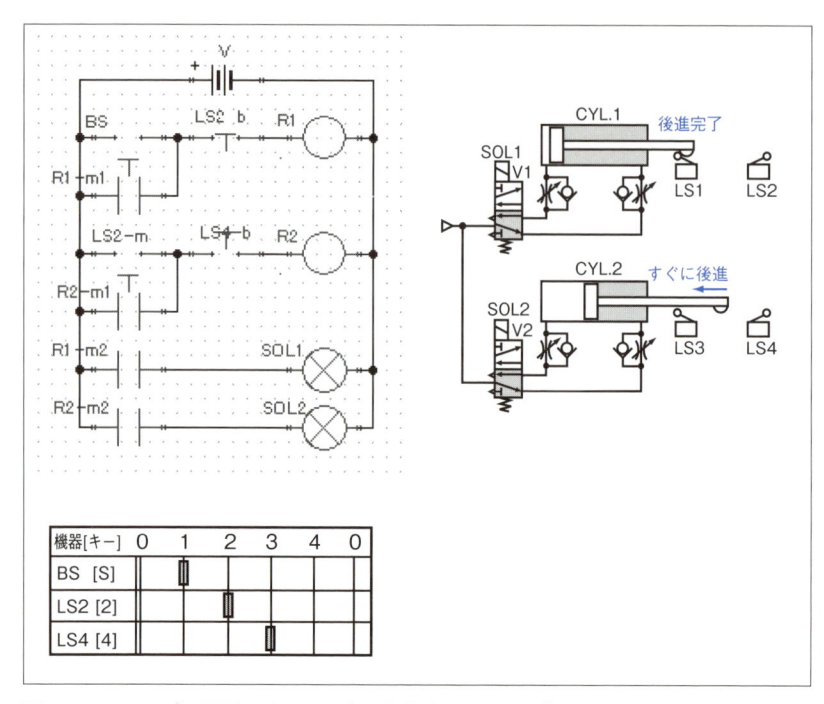

図7-15 サンプル回路のシリンダ2後進動作イメージ

7-3 2本シリンダの制御（2）

シリンダ1とシリンダ2が同時に前進を開始し、シリンダ1は前進を完了するとすぐに後進を開始し、シリンダ1の後進が完了するとシリンダ2が後進を開始します。

同時前進順次後進の動作とタイムチャート

　シリンダ1に一定範囲を往復回転（揺動）する流体圧揺動モータを用いて、製品を1つずつ連続供給する装置の制御回路を考えてみましょう。シリンダ1で蓋の開閉、シリンダ2で製品の押し出しを行います。
① 揺動モータが蓋を開きながら、シリンダ2が製品の押し出しを開始する。次の製品は押し出し用ピストンのストッパ面で止められている。
② 揺動モータは、蓋を完全に開いて、製品が押し出されるとすぐに蓋を閉じはじめる。
③ 揺動モータが蓋を閉じると、シリンダ2が後進を開始する。
④ シリンダ2の後進が完了すると次の製品が充填される。

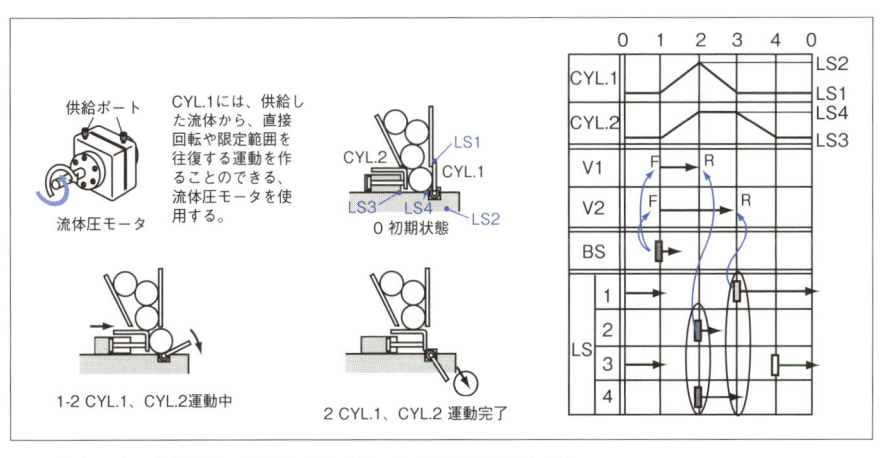

図7-16　揺動モータとシリンダによる製品の押し出し

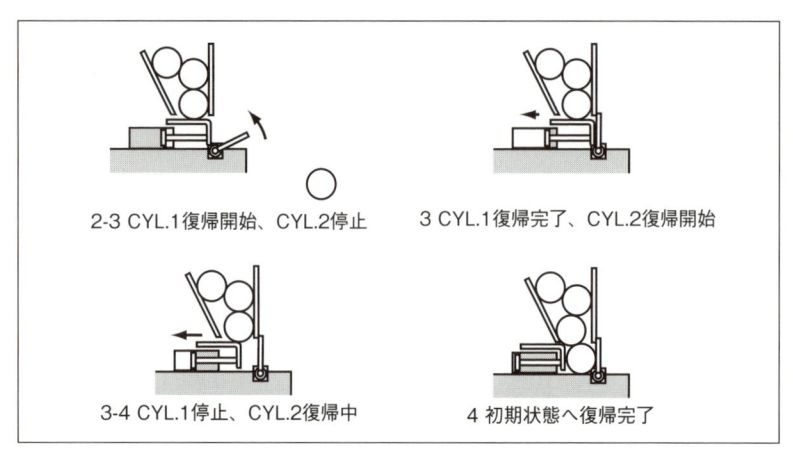

図 7-17 揺動モータとシリンダによる製品の押し出し

(2-3 CYL.1復帰開始、CYL.2停止)
(3 CYL.1復帰完了、CYL.2復帰開始)
(3-4 CYL.1停止、CYL.2復帰中)
(4 初期状態へ復帰完了)

制御信号を決定する

タイムチャートの時間軸を追って制御信号を決定します。
① V1 と V2 の自己保持セットは、BS の瞬間入力。
② V1 は LS2 と LS4 の両方が押されたときにリセット。
③ V2 は、LS4 が押されたままの状態で LS1 が押されたときにリセット。

【1】バルブを切り換える信号を探す
時間軸 2 と 3 では、2 つのアクチュエータの動作の組み合わせ条件を判定するため、リミットスイッチの接点を AND 接続とする

	F:前進	R:後進
V1	BS	$\overline{LS2 \cdot LS4}$
V2	BS	$\overline{LS1 \cdot LS4}$

図 7-18 制御信号の決定とタイムチャート

図 7-18 で決定した V1、V2 のリセット（R：後進）信号は、メーク接点による AND 接続の NOT 回路なので **NAND 接続** と呼びます。ここで、リセット優先型自己保持回路を使用するために、V1 と V2 のリセット信号を「ド・モルガンの定理」を使用して、リミットスイッチのブレーク接点の組み合わせに変換します。

【2】制御信号を決定する
V1,V2の後進用信号は、ブレーク接点を使用するため、ド・モルガンの定理を使って次のように変形する。

$\overline{LS2 \cdot LS4} = \overline{LS2} + \overline{LS4} = (LS2\text{-}b) + (LS4\text{-}b)$
$\overline{LS1 \cdot LS4} = \overline{LS1} + \overline{LS4} = (LS1\text{-}b) + (LS4\text{-}b)$

	F:前進	R:後進
V1	BS	LS2-b+LS4-b*
V2	BS	LS1-b+LS4-b*

*2つのブレーク接点リミットスイッチを並列に接続する

図 7-19　制御信号の決定とタイムチャート

シーケンス図を作る

　図7-19で決定した制御信号からシーケンス図を作ります。接点のAND接続は直列、OR接続は並列なので、図7-20の*と**のようにリミットスイッチのブレーク接点を並列に接続します。

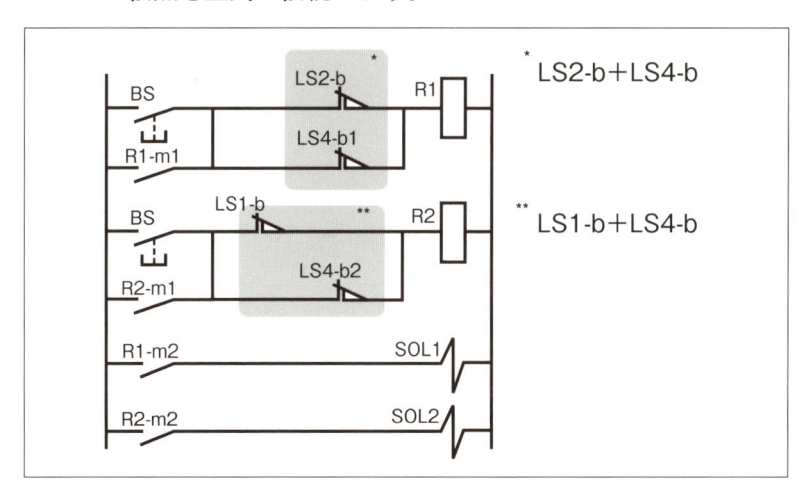

図 7-20　シーケンス図

TINA の回路と動作

　TINAで作った前述のシーケンス回路を操作して動作を確認しましょう（ファイル名「7_3」）。
　まず①のようにリミットスイッチ初期状態は、LS1-bが押されて開いていて、LS2-bとLS4-bは接触せず閉じている状態にします。
①**シーケンス開始**（TINA操作：キーボードの[1]キーを押したまま、[S]キーを短時間押した後[1]キーを離す）

初期状態でLS1が押され、LS1-bが開いている。BSを短時間押すとSOL1、SOL2が励磁され、蓋が開き始め、シリンダが前進し始める。SOL1でモータが回転するとLS1が離れ、LS1-bが閉じる。SOL1、SOL2の励磁は保持される。

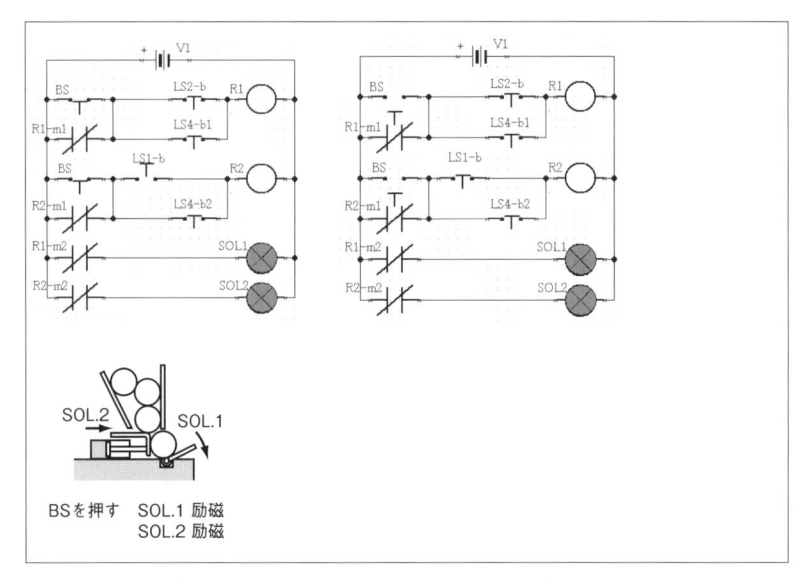

図7-21　サンプル回路のシーケンス開始動作イメージ

② **CYL.1 後進**（TINA操作：キーボードの[2]キーと[4]キーを押したままで、[2]キーを短時間で離す）

LS2とLS4が押され、製品が取り出されるとLS2-bとLS4-bが開いてSOL.1が消磁され、揺動モータはすぐに戻りLS2-bが閉じる。SOL.2の励磁は保持されているので、CYL.2は製品を止め続ける。

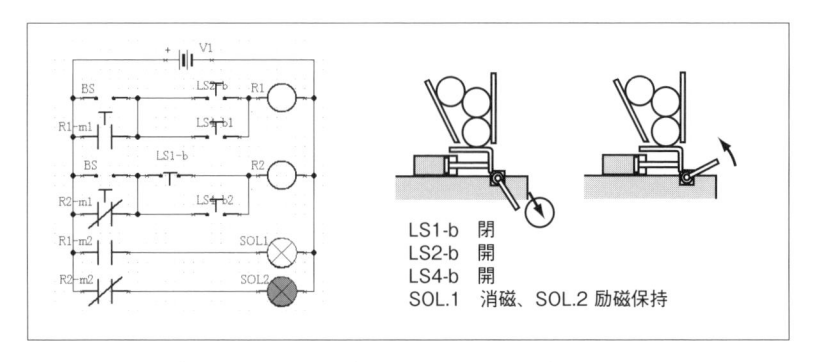

図7-22　サンプル回路のシリンダ1前進動作イメージ

③ **CYL.2 を戻す**（TINA 操作：キーボードの [4] キーを押したまま [1] キーを押してから [4] キーを離す）

揺動モータが初期状態へ戻り LS1 を押すと LS1-b が開き、SOL.2 を消磁して押出し用ピストンを初期位置へ戻す。

装置全体が初期状態へ戻ったときには、揺動モータが LS1 を押しているので、LS1-b は初期状態で開いています。LS3 も CYL.2 で押されていますが、回路の制御には使用しません。

図 7-23 の表にスイッチを押すタイミングをまとめました。

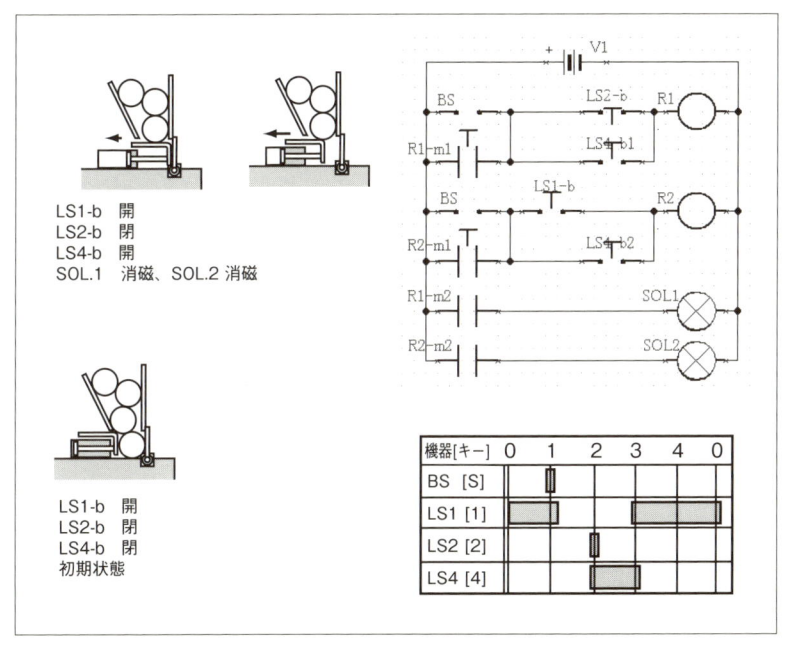

図 7-23　サンプル回路のシリンダ 2 戻し動作イメージ

7-4 2本シリンダの制御（3）

シリンダ1の前進が完了すると、シリンダ2が前進を開始し、シリンダ2が前進を完了したとき、2つのシリンダが初期状態へ復帰を開始します。

順次前進同時後進の動作とタイムチャート

製品を固定して製品の一面にスタンプを行う順次前進同時後進の制御回路を考えてみましょう。
①シリンダ1が前進して製品をストッパへ押しつける。
②シリンダ1が製品を確実に固定すると、シリンダ2が前進を開始する。
③シリンダ2が製品にスタンプを完了すると2本のシリンダが後進を開始する。

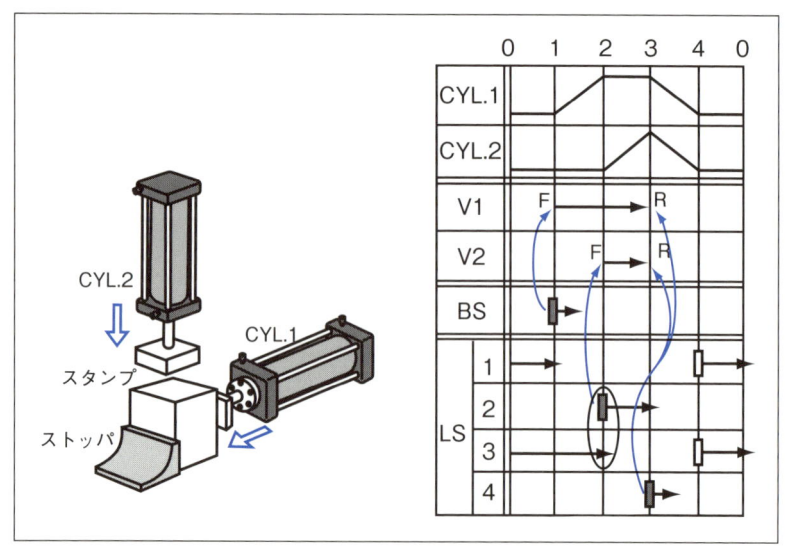

図7-24　2本シリンダによるスタンプ作業

制御信号を決定して回路を作る

　この回路では、前述のタイムチャートから CYL.2 のスタート信号として、リミットスイッチ 2 と 3 の重なり（AND）が考えられます。しかし、装置の構成を考えると LS2 が押されているときに LS4 で信号をリセットすれば、CYL.2 の励磁を解除することができます。これを利用して次のように考えます。
① BS の瞬間入力で、V1 の自己保持セット。
② LS2-m が閉じて、R2 を励磁。
③ LS4-b が開いて、V1 と V2 を同時にリセット。
　以上から、図 7-24 の使用接点表とシーケンス図を作ります。

	F(前進)	R(後進)
V1	BS	LS4-b
V2	LS2-m	LS4-b

図 7-25　制御信号の決定とシーケンス図

TINA の回路と動作

　サンプル回路「7_4」を操作して、前述のシーケンス回路の動作を確認してみましょう。
① **CYL.1 の前進**（TINA 操作：キーボードの [S] キーを短時間押す）
　BS で瞬間入力を与える。R1 の自己保持がセットされて SOL1 を励磁し、CYL1 が前進し製品を固定する（ランプ SOL1 が点灯）。

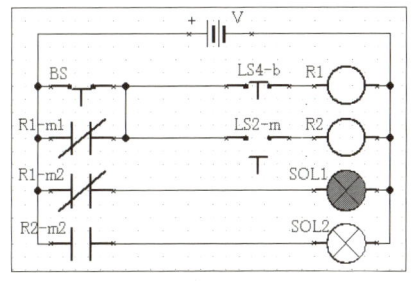

図 7-26　サンプル回路のシリンダ 1 前進動作

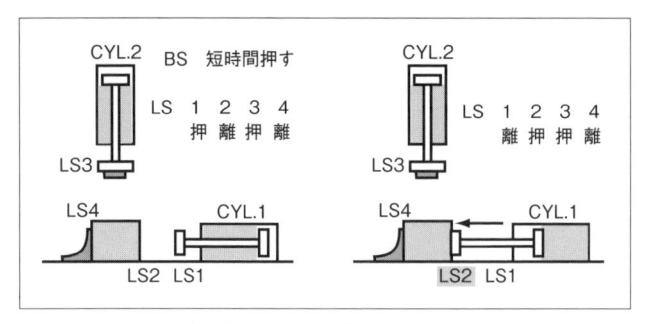

図 7-27　シリンダ 1 前進イメージ

② **CYL.2 の前進**（TINA 操作：キーボードの [2] キーをしばらくの間押す）
CYL1 が製品を固定して LS2 が押されると LS2-m が閉じて R2 が励磁され、CYL2 が前進する（ランプ SOL2 が点灯：シリンダ 2 が製品にスタンプ）。LS2 はピストンが製品を固定している間、押され続けている。

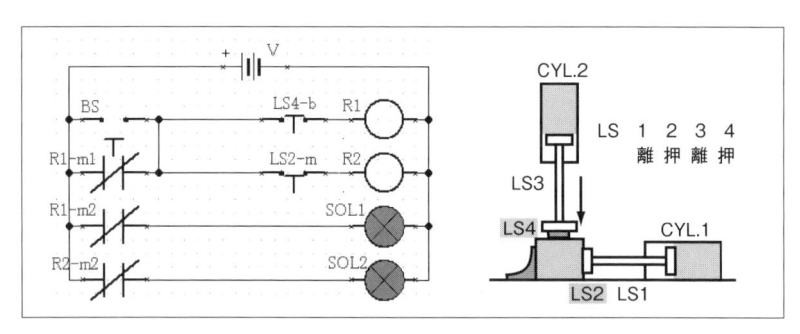

図 7-28　サンプル回路のシリンダ 2 前進動作イメージ

③ **CYL.1 と CYL.2 の後進**（TINA 操作：キーボードの [2] キーを押した状態で [4] キーを押す）
CYL2 のピストンが前進して、製品にスタンプを押して LS4 に触れると R1、R2 が消磁され、CYL1 と 2 のピストンが同時に後進を開始して初期状態へ戻る。

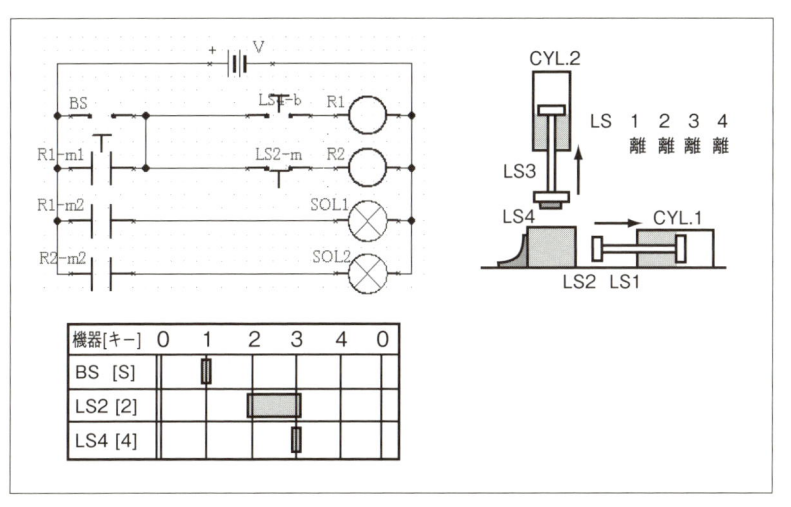

図 7-29 サンプル回路のシリンダ 1 と 2 後進動作イメージ

空気圧シリンダの速度制御

　空気は圧縮されやすい流体で、空気圧シリンダの速度制御は、供給側に圧力空気を流し込んで、排出側の空気量を絞るメータアウトを基本とします。供給側に空気を少量ずつ供給するメータインでは、ピストンを押し出した瞬間に供給側のシリンダ容積が拡大して圧力が低下し、再度圧力が上がるまでの時間遅れができて、ピストンの動きが脈動的になるスティックスリップと呼ばれるびびり現象が発生します。

　これを避けるため、空気圧シリンダでは排出側で空気量を絞るメータアウト制御を基本とします。

7-5 2本シリンダの制御（4）

2つのシリンダにLIFO動作を与え、シリンダ1で材料を固定して、シリンダ2がドリルで穴開け加工をして復帰した後にシリンダ1の固定を解除し、復帰させます。

LIFOの動作とタイムチャート

2本のシリンダにLIFO（Last In First Out）動作を与えて、次の順序で穴開け加工を行う制御回路を考えます。
①シリンダ1が前進して材料を固定する。
②シリンダ2の前進と同時に回転するドリルヘッドを取り付けたシリンダ2のピストンがドリルヘッドを押し出す。
③シリンダ2は、設定量の押し出しが完了するとすぐに後進を開始する。
④シリンダ2が完全に復帰すると同時にドリルモータが停止し、シリンダ1が固定を解除して後進を行う。

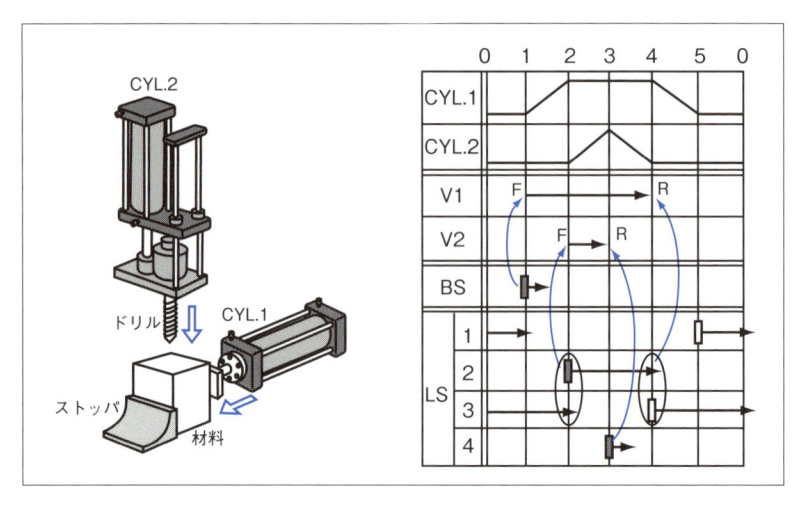

図7-30　2本シリンダによる穴あけ加工

制御信号を決定して回路を作る

　BS の瞬間入力で R1 を保持し、CYL1 が前進して材料を固定します。CYL1 が LS2 を押すと、CYL.2 が前進して穴あけを行います。CYL2 は前進終了して LS4 を押すとすぐに後進してドリルを戻します。LS3 が CYL.2 の復帰を検出すると R1 が消磁し、CYL1 が戻ります。
① V1 の自己保持セットは、BS の瞬間入力
② V2 のセットは LS3-m と LS2-m の AND 接続
③ V2 のリセットは LS4-b
④ V1 のリセットは LS4 が押された後の LS3-b

　ここで、「LS4 が押された後の・・・」という条件は、LS4 を瞬間入力と考えて、LS4 の入力を記憶用リレー R3 で保持したブレーク接点と考えます。
　以上の結果から制御接点を決定し、シーケンス回路を作ります。

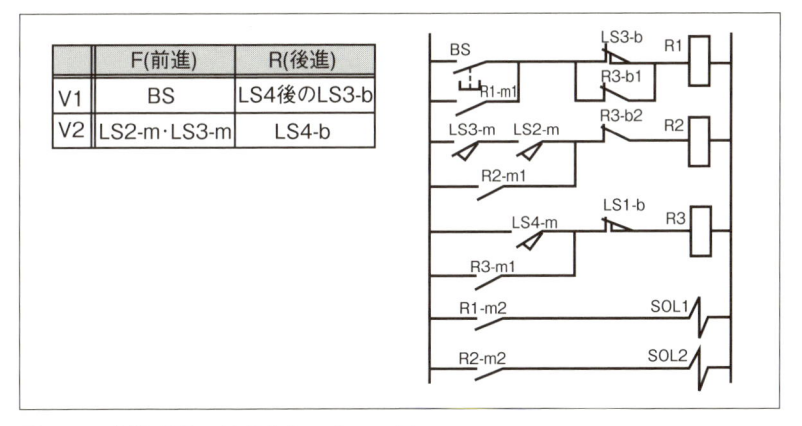

	F(前進)	R(後進)
V1	BS	LS4後のLS3-b
V2	LS2-m・LS3-m	LS4-b

図 7-31　制御信号の決定とシーケンス図

TINA の回路と動作

サンプル回路「7_5」を操作して動作を確認してみましょう。
① **シーケンス開始**（TINA 操作：キーボードの [1] キーと [3] キーを押しておき、[S] キーを短時間押す）
　初期状態で LS1、LS3 が押されている。BS を短時間押し、R1 の自己保持をセットして SOL1 を励磁すると CYL.1 が前進して材料を固定する。

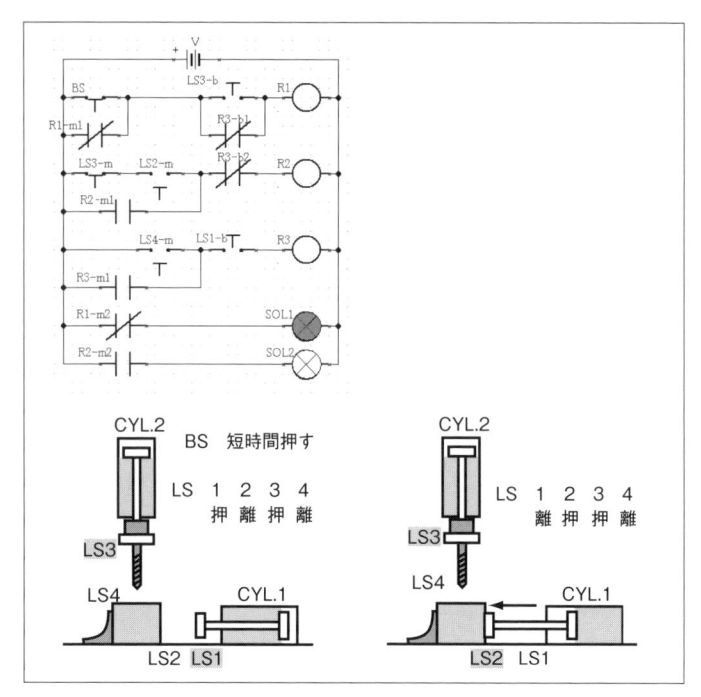

図 7-32 サンプル回路のシーケンス開始イメージ

② **ドリル前進**(TINA 操作:キーボードの[1]キーを離す[2]キーを押す[3]キーを離す)

　CYL.1 の前進を LS2 が検出すると LS2-m・LS3-m で R2 を励磁して CYL.2 を前進させる。CYL.2 が前進すると LS3 は解除される。

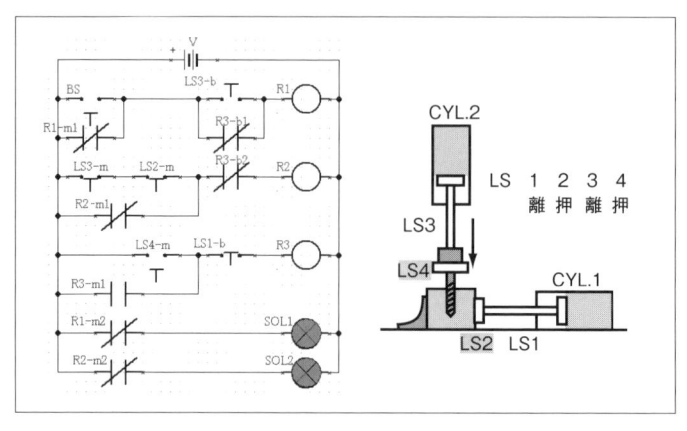

図 7-33 サンプル回路のドリル前進動作イメージ

第 7 章 シリンダ制御の例

③ドリルの戻し（TINA 操作：キーボードの [2] キーを押したまま [4] キーを短時間押す）

CYL.2 が前進して穴のあけ終わりを LS4 を検出すると、CYL.2 が後進を開始する。LS4 は CYL.2 の後進と同時に解除される。LS4 が押されたことをリレー R3 で保持して記憶させる。

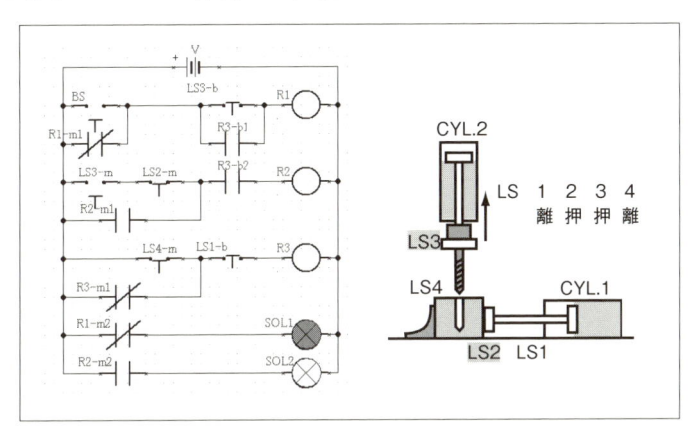

図 7-34　サンプル回路のドリル戻し動作イメージ

④ CYL.1 の後進開始（TINA 操作：キーボードの [2] キーを押したまま [3] キーを押す [2] キーを離す）

CYL.2 の後進完了を LS3 が検出すると CYL.1 が後進を開始する。CYL.1 の後進と同時に LS2 が解除される。

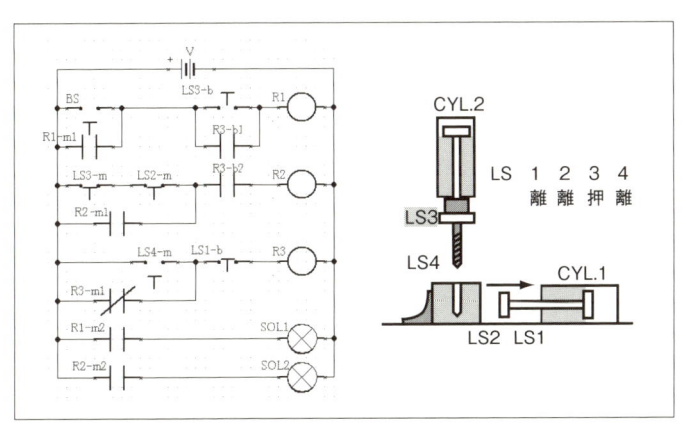

図 7-35　サンプル回路のシリンダ 1 の後進動作イメージ

7-5 2本シリンダの制御（4）

⑤**シーケンス終了**（TINA 操作：キーボードの [3] キーを押したまま [1] キーを押す）

CYL.2 は初期位置で LS3 を押している。CYL.1 が初期状態へ復帰すると LS1 を押す。LS1 のブレーク接点が開き記憶用リレー R3 を消磁して初期状態へ復帰する。

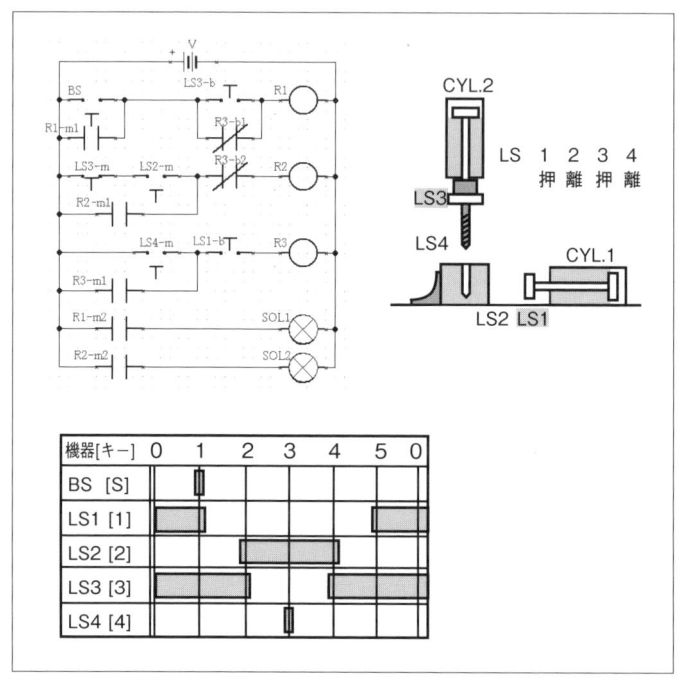

図 7-36　サンプル回路のシーケンス終了動作イメージ

第8章

8 モータ制御の例

モータは電気エネルギーから回転などの運動を作り出すアクチュエータで、直流モータ、AC100Vモータ、AC200Vモータなどいろいろな種類があります。基本的なリレーシーケンス制御回路を考えます。

8-1 DC モータの2電源正逆転制御

電磁石に通電する電流の向きを変えると磁石の極性が反転します。DC（直流）モータはこの現象を利用してモータの回転方向を制御することができます。

DC モータのしくみ

基本的な DC モータは、**ロータ**（回転子）、**永久磁石**（固定子）、**コミュテータ**（整流子）、ブラシなどの構成部品をケースの中に格納しています。モータはロータの電磁石と固定子の永久磁石の磁極との間に起こる反発と吸引を連続させて回転します。ロータに巻かれたコイルは連続した1本の導線で、鉄心の磁極の中間にブラシから電流の供給を受けるコミュテータと呼ばれる接点が設けられています。磁極に生ずる磁力線の向きは、右ねじを右に回して進む向きを N 極とする「右ねじの法則」から知ることができます。

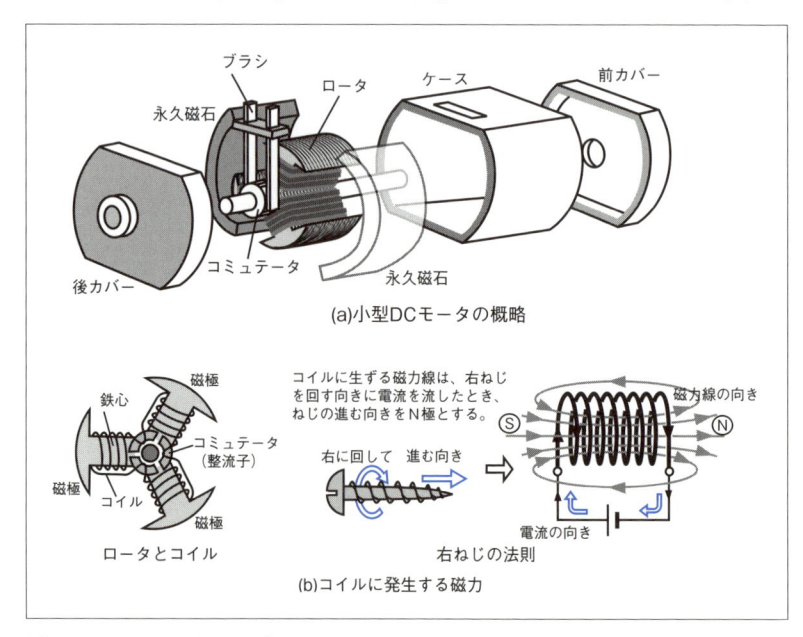

図 8-1　DC モータのしくみ

DCモータを回転させるには

　ケースに固定した永久磁石の2つの磁極に対して、ロータの3つの磁極はいつでもずれて正対しないように組み合わされます。ロータの隣り合う磁極に巻かれたコイルの中間に接続されたコミュテータは、平行に向き合わせた電源ブラシに挟まれ接触しています。

　電源の極性を図8-2のようにすると、ブラシとコミュテータの接触点を結ぶ水平線を基準として、上部になったロータの磁極は右ねじの法則からN極となり、下部磁極はS極となります。水平になった磁極のコイル両端のコミュテータは電源の＋か―だけと接するので電磁石にはなりません。図の状態で電流を流し続けるとロータは右回転を続け、電源の極性を交換すれば逆回転を行います。

右回転（ロータの上部磁極はN極、下部磁極はS極になり、水平な磁極は電磁石にならない）

ロータ	固定子	動作
1	N	反発
1	S	吸引
2	N	吸引
3	S	反発

ロータ	固定子	動作
1	N	反発
1	S	吸引
3	S	吸引
3	N	吸引

ロータ	固定子	動作
1	S	吸引
2	N	反発
3	N	吸引
3	S	反発

ロータ	固定子	動作
2	N	反発
2	S	吸引
3	N	吸引
3	S	反発

左回転（ロータの上部磁極はS極、下部磁極はN極になり、水平な磁極は電磁石にならない）

ロータ	固定子	動作
1	N	吸引
1	S	反発
2	N	反発
3	S	吸引

ロータ	固定子	動作
1	N	吸引
1	S	反発
2	N	反発
2	S	吸引

ロータ	固定子	動作
1	N	吸引
2	N	反発
2	S	吸引
3	S	吸引

ロータ	固定子	動作
2	S	吸引
2	N	反発
3	S	反発
3	N	吸引

図8-2　DCモータの正転と逆転

DC モータの正逆転制御

　DC モータはモータのブラシ端子に接続する電源の極性を切り換えて正逆転の制御を行います。図 8-3 (a) でモータの＋端子に電源のプラス側を接続したときの回転の向きを正転とすれば、図 8-3 (b) で電源の極性を反転してモータの＋端子と電源のマイナス側を接続するとモータは逆転します。

　実際には、正逆転を行うたびに電源の向きを入れ換えるのは現実的ではないので、2 つの電源を直列につないで、その中間をモータ端子の一方へ接続して、他方のモータ端子を電源の両端の極と切り換え接点で接続すると図 8-3(c) のスイッチ接点による正逆転回路が考えられます。

(a)正転接続　　　　　　　　(b)逆転接続
電源の極性を逆に接続すれば、モータの回転方向を逆にすることができる。

(c)正転回路　　　　　　　　(d)逆転回路
2 つの電源の中間を共通として、それぞれの電源のどちらかの一端を接続するとモータを正逆転させることができる。

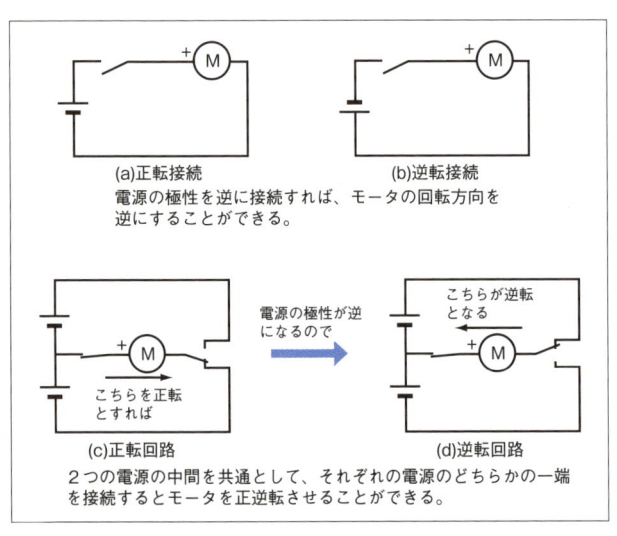

図 8-3　スイッチによるモータの正逆転制御

TINA のスイッチ回路例

　図 8-4 は、前述の 2 電源スイッチ回路によるモータ正逆転回路です。2 位置の切り換えスイッチ SW は共通端子をモータのマイナス端子に接続し、切り換え接点の一方を電源 V1 のプラス側と接続し、他方を V2 のマイナス側に接続して電源極性の切り換えを行います。保持型スイッチ S[S キー] を閉じて、切り換えスイッチ SW[W キー] を切り換えてモータ回転の向きの変化を確認してみましょう。

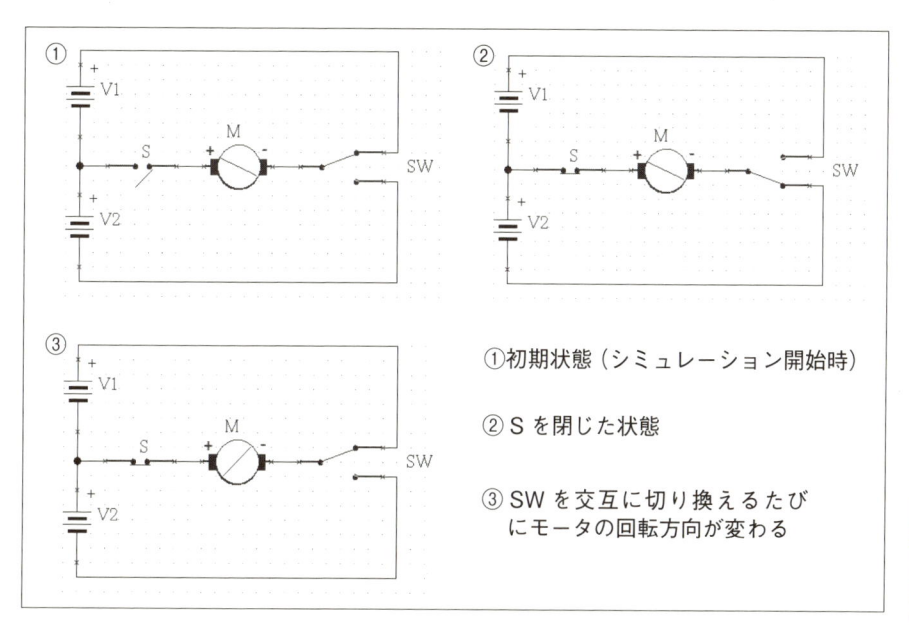

①初期状態（シミュレーション開始時）

②Sを閉じた状態

③SWを交互に切り換えるたびにモータの回転方向が変わる

図8-4　2電源スイッチ回路によるモータ正逆転回路（ファイル名「8_1」）

リレー制御回路

　前述の回路の手動スイッチを電磁リレーに置き換えた回路を考えましょう。2つの電源の一方からリレー回路の電源を供給し、手動切り換えスイッチをリレーの切り換え接点に交換します。押しボタンスイッチBSを押すとリレーの切り換え接点R-tが切り換わります。保持型スイッチSWを閉じてBSを操作するとモータが正逆転します。

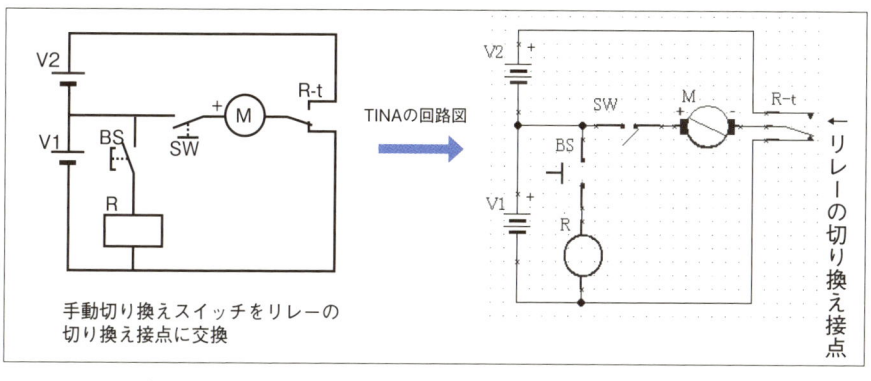

図8-5　手動切り替えスイッチをリレー接点に交換（ファイル名「8_2」）

8-1 DCモータの2電源正逆転制御

モータの回転と停止を制御する保持型スイッチ SW をリレーによる自己保持回路に置き換え、正逆転を制御する切り換え接点を、独立したメーク接点とブレーク接点に置き換えたリレー回路を示したのが図 8-6 です。

この回路で乾電池や蓄電池などを電源とした場合、正転と逆転の頻度により電源の消費状態が異なり、片方の電源だけが消耗する現象が発生することがあります。次節で、この問題を解消する 1 つの電源で DC モータの正逆転を行う回路を紹介します。

(a) 自己保持回路でモータを回転・停止

(b) 切り換え接点をメーク接点とブレーク接点に交換

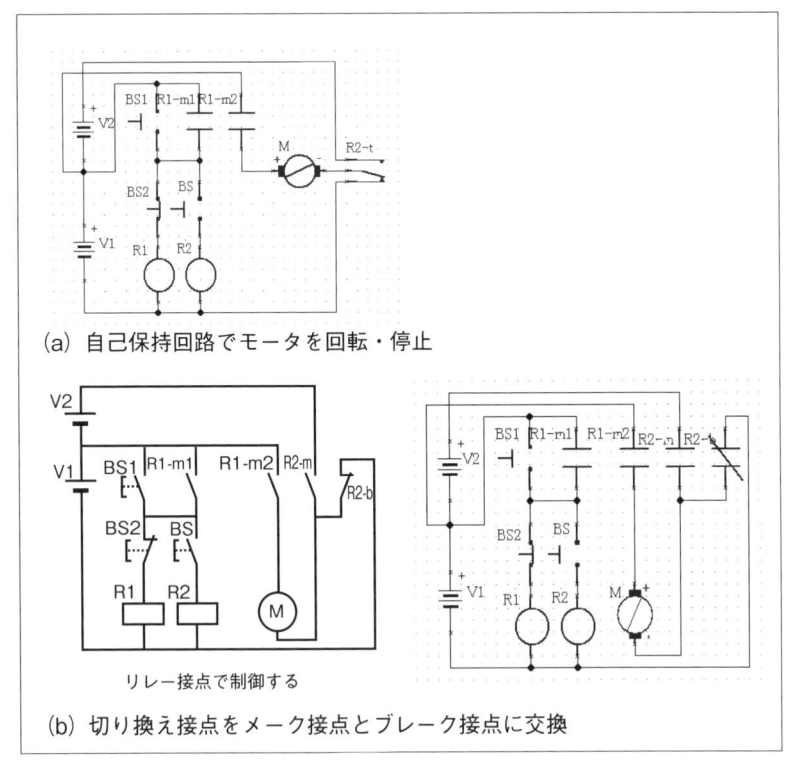

図 8-6　リレーによる DC モータの正逆転切り換え回路（ファイル名「8_3」、「8_4」）

8-2 DCモータの単電源正逆転制御

1つの電源でDCモータの正逆転を行う回路を考えます。ここで使用する接点の接続法は電磁リレーだけでなく、半導体を使った回路にも応用できる基本的な考え方です。

トグルスイッチで正逆転

　2つの極を連動させて動作する切り換えスイッチの接点で、モータのブラシ端子に接続する電源のプラス極とマイナス極を切り換えてDCモータを正逆転させます。図8-7の(a)のようにモータのブラシ端子を2極トグルスイッチの2つの共通端子に接続します。トグルスイッチのブレーク接点とメーク接点はプラス極とマイナス極が互いに反転しあうように接続します。(1)では、電源のプラス極がモータブラシのプラス側に接しているので、モータが正転します。(2)では電源のプラス極がモータブラシのマイナス側に接しているので、モータが逆転します。

　図8-7の(b)は接点の位置を変えて表記した例です。サンプル回路で動きを確認してみましょう。

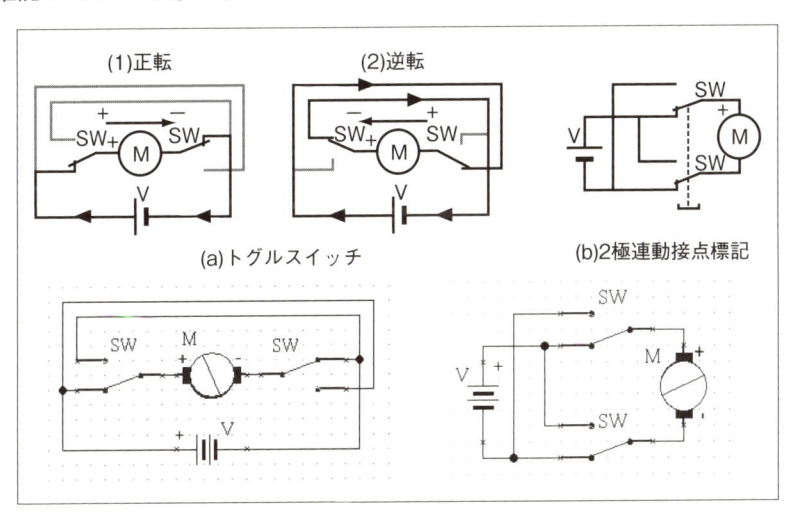

図8-7　単電源正逆転制御回路（ファイル名「8_5」、「8_6」）

スイッチをリレーに置き換えた回路

　図8-8は、前述の回路(b)のトグルスイッチをリレーに置き換えたものです。TINAのサンプル回路で、押しボタンスイッチBSを押すとリレー接点が切り換わりモータが逆転します。

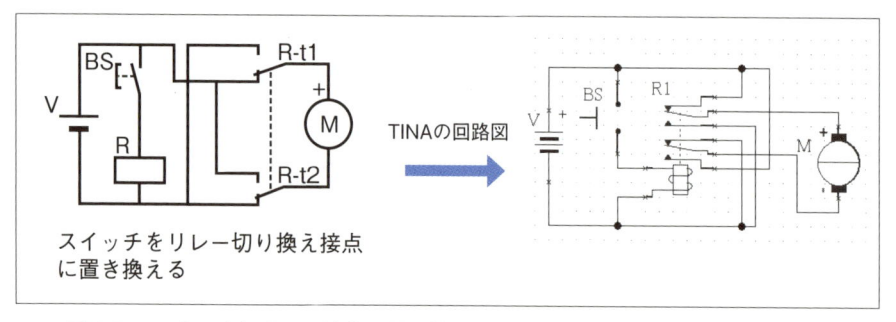

図8-8　スイッチをリレー接点に置き換える（ファイル名「8-7」）

H型ブリッジ接点回路

　図8-8の回路の切り換え接点を、ブレーク接点とメーク接点に置き換えたものが図8-9です。1つの経路から並列な2つの経路を作り、再び1つの経路に戻す回路を**ブリッジ回路**と呼びます。図のように、モータの両側に接点を配置するとローマ字の「H」型に見えるので、この回路を**H型ブリッジ回路**と呼びます。

　電源を投入すると2つのブレーク接点がモータへの回路を作り、モータのブラシ端子のプラス側に電源のプラス極、モータのブラシ端子のマイナス側に電源のマイナス極が接続されて、モータが正方向へ回転します。押しボタンスイッチBSを押すとリレーRが励磁されて接点が切り換わり、モータと接続する電源端子の極性が入れ替わり、モータが逆転します。

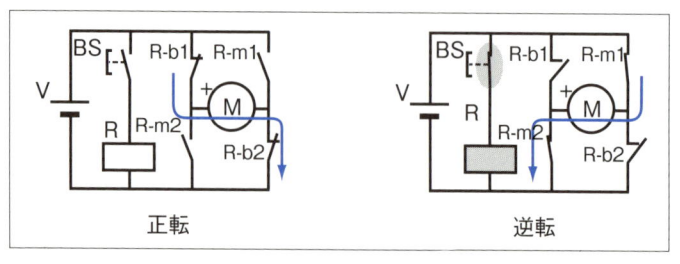

図8-9　H型ブリッジ回路

第8章 モータ制御の例

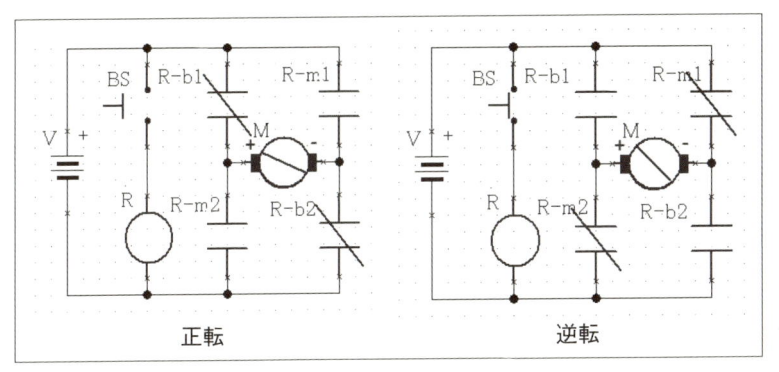

図 8-10　H 型ブリッジのシミュレーション回路（ファイル名「8_8」）

　図 8-11 の回路は、前述の回路に自己保持回路を利用して回転と停止を加えたものです。BSQ1 と BSQ2 は [Q] キーで同時に動作します。押しボタンスイッチ BSR を押すとリレー R1 のメーク接点が閉じ、R1-m2 と R1-m3 を経由してモータの正転方向に電流を流します。リセット入力 BSQ で R1 の自己保持を解除した後に BSL を押すと R2 が励磁され、モータを逆転させる電流が流れます。BSR を押した状態で、リセット BSQ をかけずに、BSL を押すと、すべてのメーク接点が閉じて、接点が直接電源のプラス側とマイナス側を接続してしまうので、ショートしてしまいます。

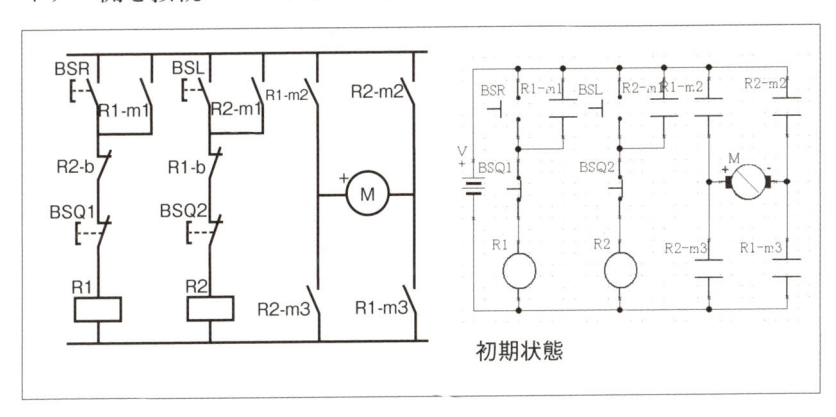

図 8-11　自己保持を利用した H 型ブリッジ回路（ファイル名「8_9」）

正転

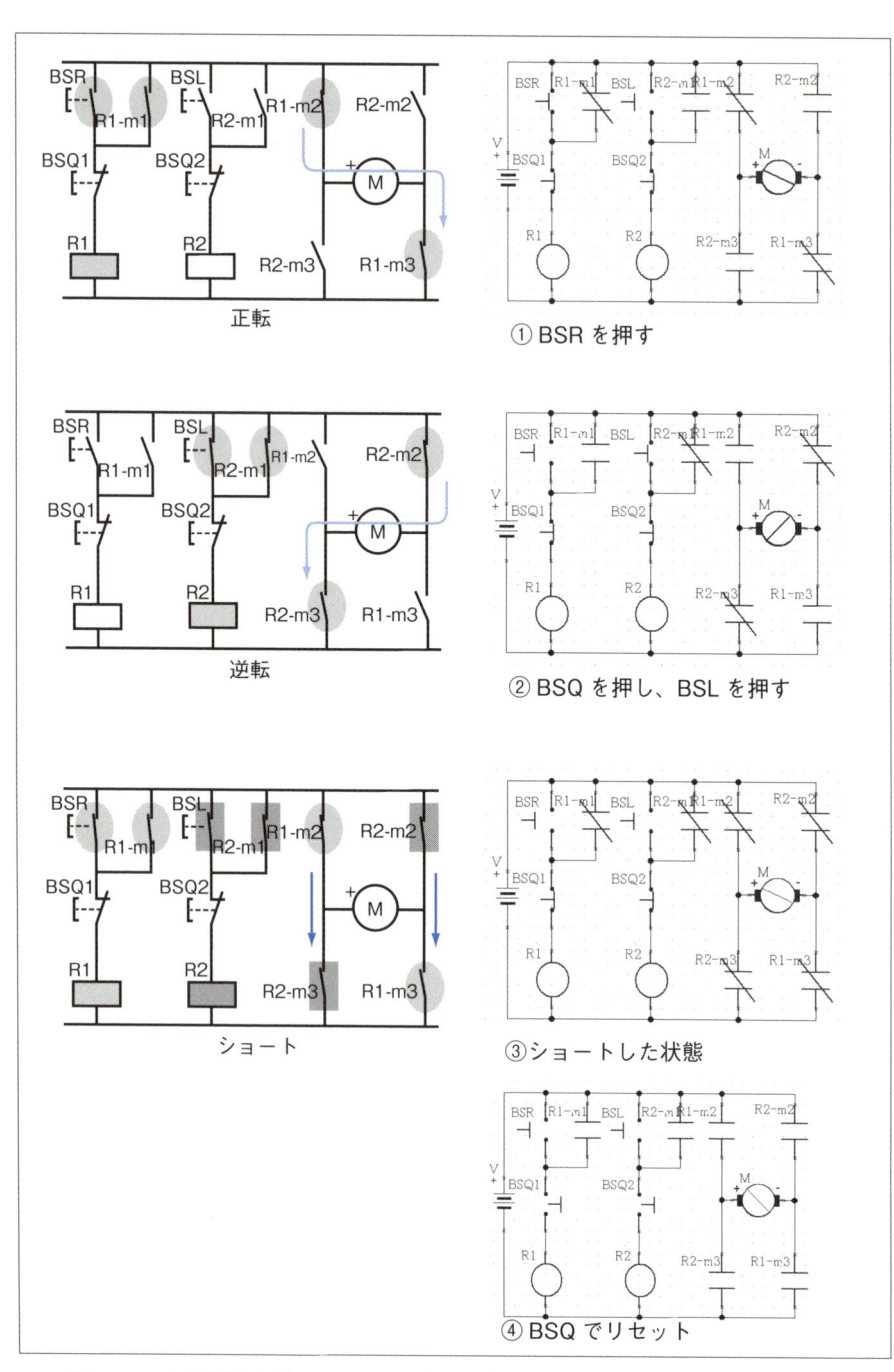

逆転

ショート

① BSR を押す

② BSQ を押し、BSL を押す

③ ショートした状態

④ BSQ でリセット

図 8-12　自己保持を利用した H 型ブリッジ回路の動作（ファイル名「8_9」）

インタロックとH型ブリッジ回路

　図 8-13 の回路は、前述のリレー接点によるショートを防ぐために、接点入力にインタロックを設けたものです。R1 のブレーク接点で BSL 入力を遮断し、R2 のブレーク接点で BSR 入力を遮断します。

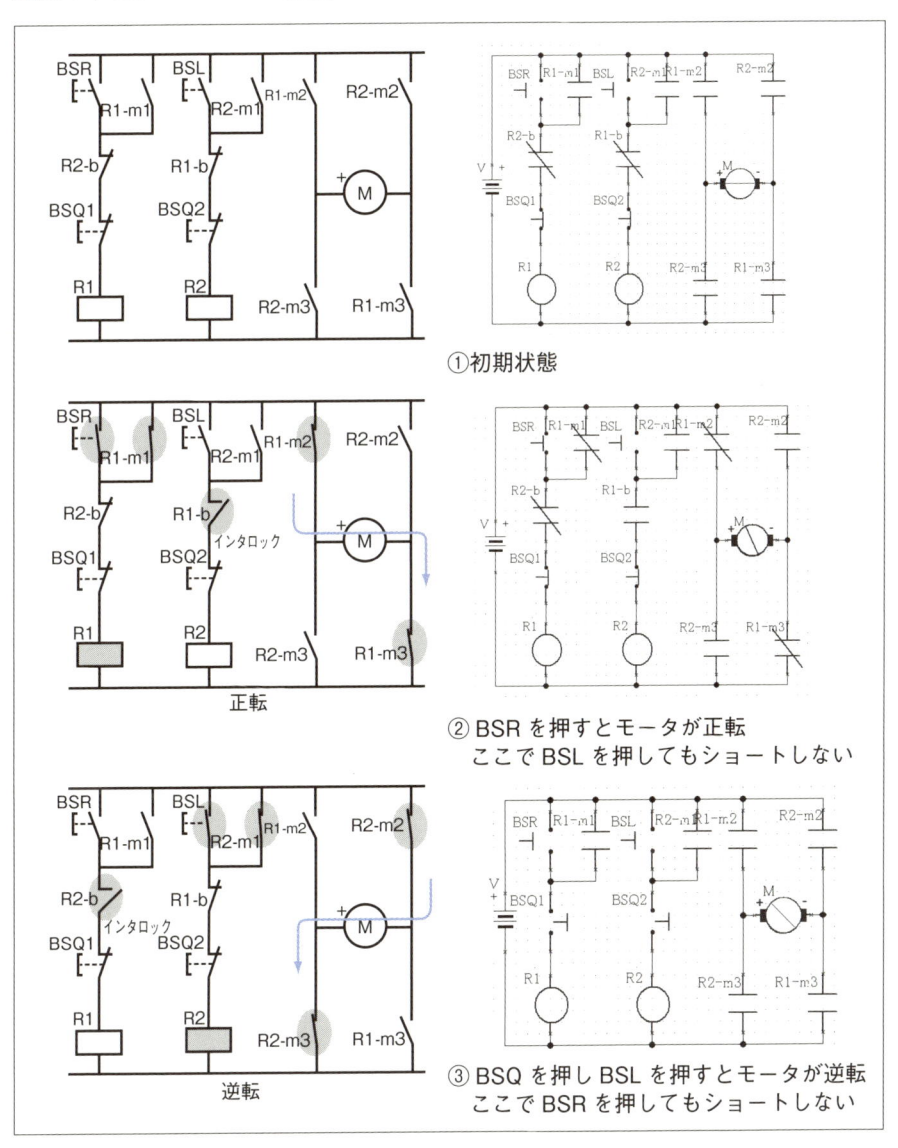

① 初期状態

② BSR を押すとモータが正転
　ここで BSL を押してもショートしない

③ BSQ を押し BSL を押すとモータが逆転
　ここで BSR を押してもショートしない

図 8-13　インタロック付き正逆転回路の動作（ファイル名「8_10」）

8-2 DC モータの単電源正逆転制御　　213

正逆転切り換え回路

　ここまでの回路は、モータの回転方向を切り換えるために一度モータを停止させていました。図 8-14 に示す回路は、モータを停止させることなく正逆回転を連続する回路例です。

　BS で R1 を励磁するとモータが正転します。次に BSL に入力を与えると R2 のブレーク接点が開き、メーク接点が閉じてモータに逆向きの電流が流れ、モータが反転します。BSR で R2 の励磁をリセットするとモータは正転します。モータの停止は BSQ で行います。

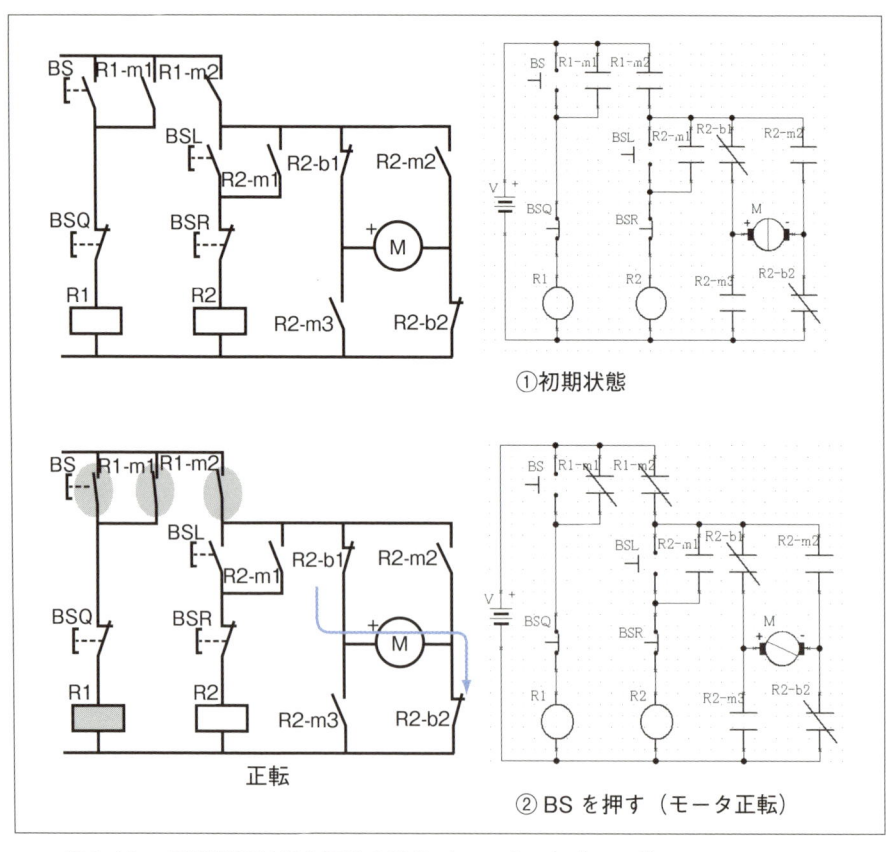

図 8-14a　正逆転切り換え回路の動作（ファイル名「8_11」）

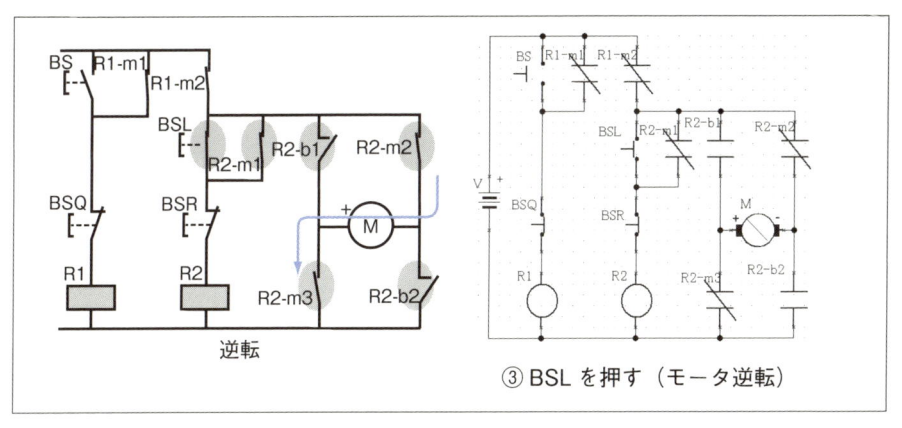

図 8-14b　正逆転切り換え回路の動作（2）

③ BSL を押す（モータ逆転）

ONE POINT TINA　TINA のモータの仕様について

　実際の制御回路で小型直流モータを制御しようとすると、次のようにいくつかの困ることがあります。
①雑音が起きる
②モータが回転すると回路の電圧が安定しない
③モータの慣性で制御信号と回転量が一致しない

　TINA のモータの特性画面を見ると、標準の設定項目は、「電圧」と「定格電力」の 2 つです。実際のモータはコイルなので、コイルの自己誘導による逆起電力やモータの機械的な慣性などが発生しますが、TINA のモータは抵抗負荷としてシミュレーションしています。

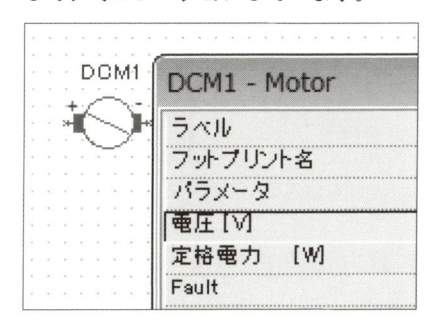

8-2 DC モータの単電源正逆転制御

8-3 単相 AC モータの制御

掃除機、洗濯機、冷蔵庫、扇風機、エアコンなど、家庭の中にはモータを使った多くの機器があります。接点によるもっとも基本的な制御の方法を考えます。

単相 AC（交流）モータのしくみ

前述の DC モータでは、ブラシとコミュテータを使用してロータの磁極を切り換えてロータの回転力を発生させました。図 8-15 の (a) と (b) のように、鉄心や磁石をロータとしてその外側に置いた磁石を回転させるとロータも回転します。実際のモータでは外側の磁石を回転させることはできないので、図 8-15 の (c) のように固定した電磁石に交流電流を与えると磁極が交互に変化して磁石を回転させた場合と同様の効果が発生してロータが回転します。このときに発生する磁界を**回転磁界**と呼びます。

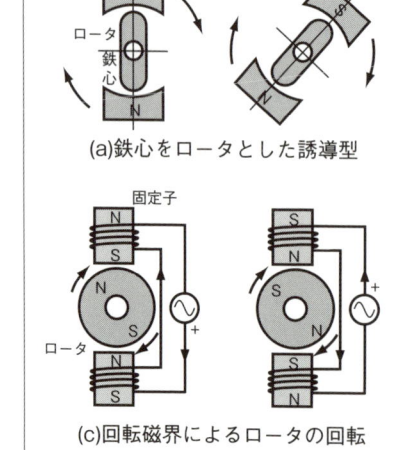

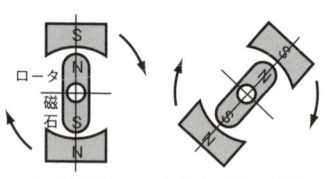

(a)鉄心をロータとした誘導型

(b)磁石をロータとした同期型

(c)回転磁界によるロータの回転

(a)外側の磁石を回転させると、鉄心ロータは外側の磁石に誘導され、同じ向きに回転する。

(b)外側の磁石を回転させると、磁石ロータは外側の磁石の回転と同期して回転する。

(c)外側の磁石を固定しておき、電磁石の磁極を交互に変化させるとロータが回転する。固定した電磁石を固定子と呼び、このときの磁界を回転磁界と呼ぶ。

図 8-15 単相 AC モータのしくみ

AC モータを回転させるには

　図 8-16 のモータでは 2 組のコイルで位相のずれた磁界を発生させ、停止しているロータの回転の向きを決定し、起動後は回転磁界に同期させてロータの回転を連続させるよう工夫しています。コンデンサと直列に接続した補助コイルと主コイルを同時に励磁すると、補助コイルと主コイルに発生する磁界に位相差が生まれ、ロータを始動することのできる回転磁界が発生します。このようなモータを**コンデンサモータ**と呼びます。

　図 8-16 の (a1) と (a2) では主コイルの接続は同じで、補助コイルの接続を逆にしてあります。図 8-16 (b1) のようにコイル L2 と直列にコンデンサを接続すると、図 8-16 (b2) のように L2 を流れる電流の位相が進みます。図 8-17 (c1) のようにコイル L2 とコンデンサを逆に接続すると、図 8-17 (c2) のように L1 を流れる電流の位相が進みます。

　このようにコンデンサを直列に接続した補助コイルを、逆の位相に接続すると AC モータの回転の向きを切り換えることができます。

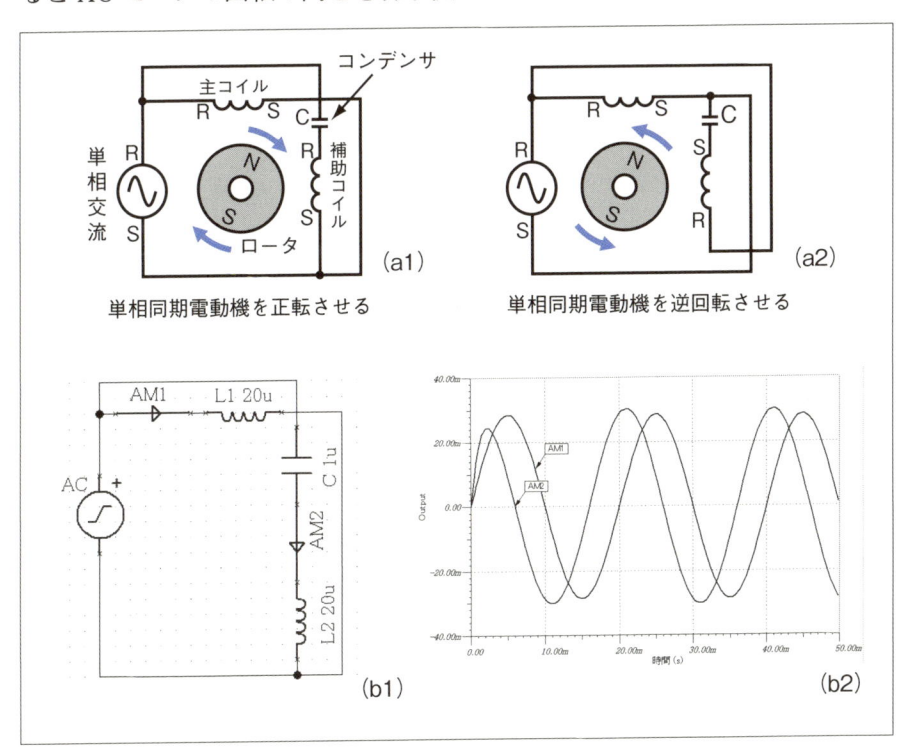

図 8-16　同期型コンデンサモータの運転回路 (1)（ファイル名「8_12」）

8-3 単相 AC モータの制御

(c1) (c2)

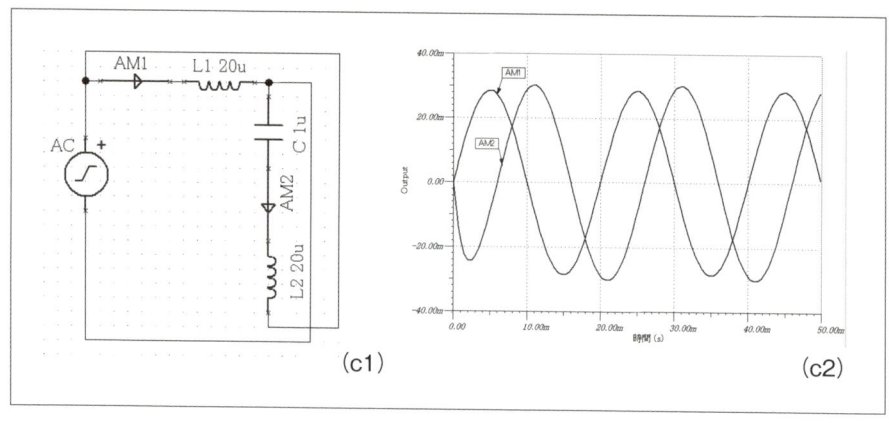

図 8-17　同期型コンデンサモータの運転回路（2）（ファイル名「8_13」）

電磁接触器と電磁開閉器

　モータなどの大きな負荷電流を制御する電磁リレーを**電磁接触器**（略称 MC）と呼び、過熱によって動作する**サーマルリレー**と電磁接触器を組み合わせてモータ制御を行う機器を**電磁開閉器**（略称 MS）と呼びます。電磁接触器と電磁開閉器はモータ負荷電流を開閉する主接点と制御信号を開閉する補助接点をもちます。電磁開閉器のサーマルリレーは、モータに定格を超える過電流が流れたときにリレーコイルの励磁を遮断して回路を焼損などから守ります。

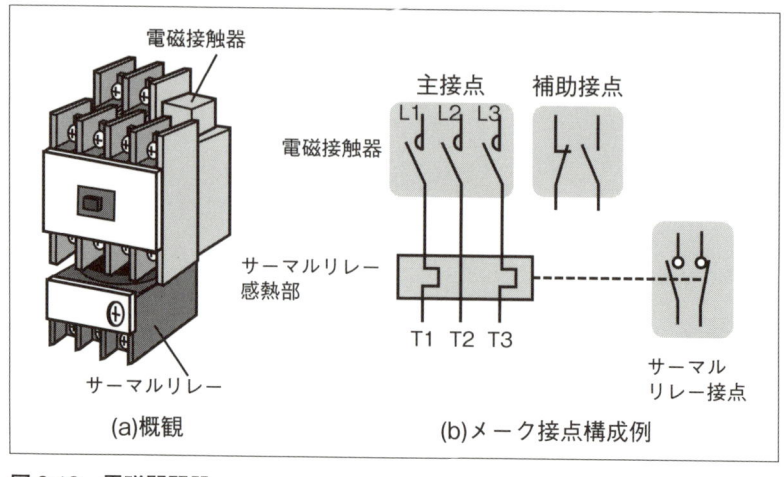

図 8-18　電磁開閉器

単相 AC モータの正逆転回路

図 8-19 は単相 AC モータの正逆転回路のシーケンス図です。MCCB は配線用遮断器、過電流遮断器と呼ばれ、家庭の配電盤に設置されているノーヒューズブレーカです。正転用電磁接触器 MCF、逆転用電磁接触器 MCR はそれぞれ単独の押しボタンスイッチ BSF、BSR で制御します。モータの動力線は主接点、制御回路は補助接点を使用します。

図の右側の回路の部分はインタロックと自己保持回路です。LF は MCF が押されて正転中であることを確認するために付けるランプで、LR は MCR による逆転中のランプです。

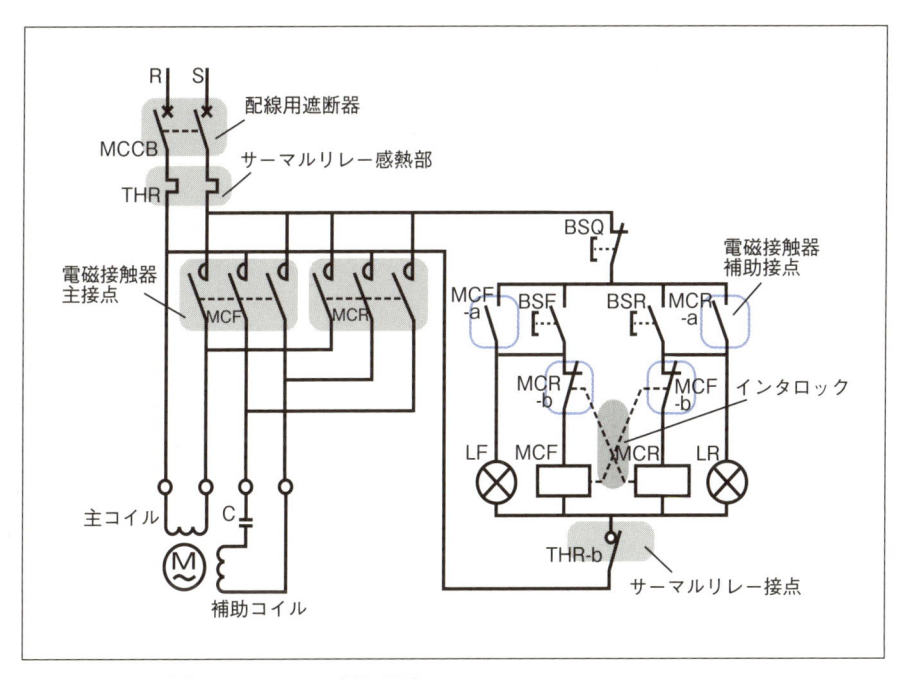

図 8-19　単相 AC モータの制御回路

図8-20で正転信号BSFが入力され、正転用電磁接触器MCFが動作すると、補助接点で自己保持回路とインタロック回路が有効となり、補助コイルが進み側となり正転起動します。

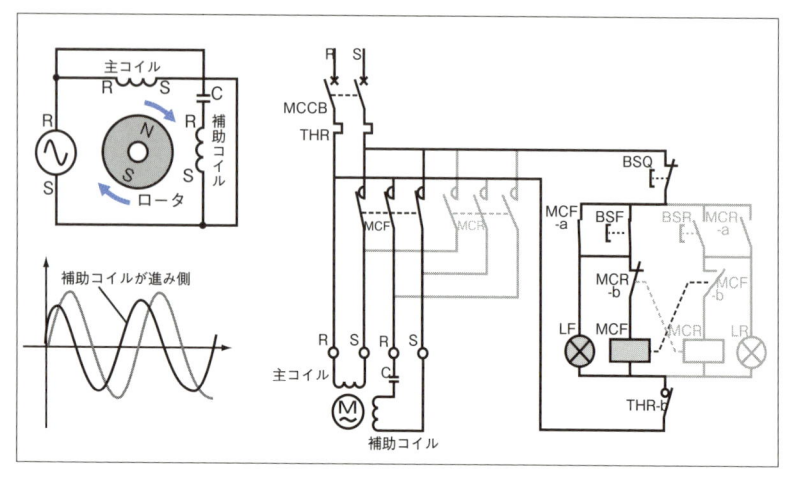

図8-20　単相ACモータの正転起動

逆転信号BSRが入力されると主コイルが進み側となり逆転起動します。

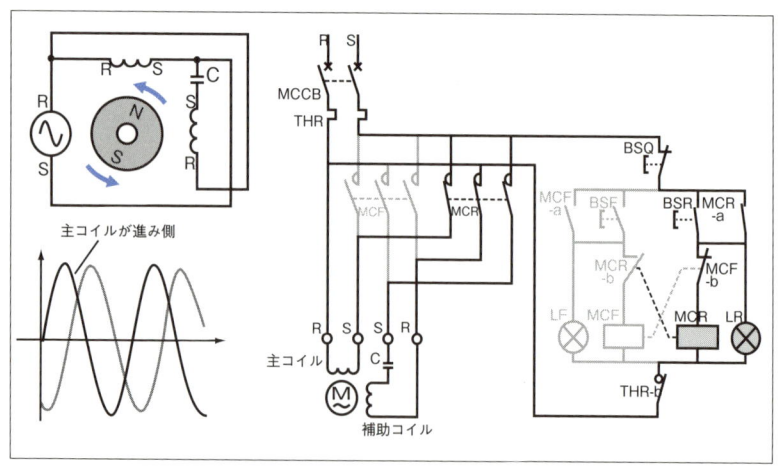

図8-21　単相ACモータの逆転起動

● TINA で動作を確認する

　TINA のシミュレートでは二相 AC モータがないので、動作確認用の図 8-22 のサンプル回路「8_15」ではシーケンス図の左側の部分（単相 AC モータ）は省略しています。正転用接点 MCF と逆転用接点 MCR の開閉で回路動作を確認しています。

　サンプル回路で、動作を確認してみましょう。

① BSF を押す。電磁接触器のリレー MCF が励磁され、モータは正転する（MCF が閉じる）。サンプル回路では LF が点灯。
② BSQ を押す。
③ BSR を押す。電磁接触器のリレー MCR が励磁され、モータは逆回転する（MCR が閉じる）。サンプル回路では LR が点灯。

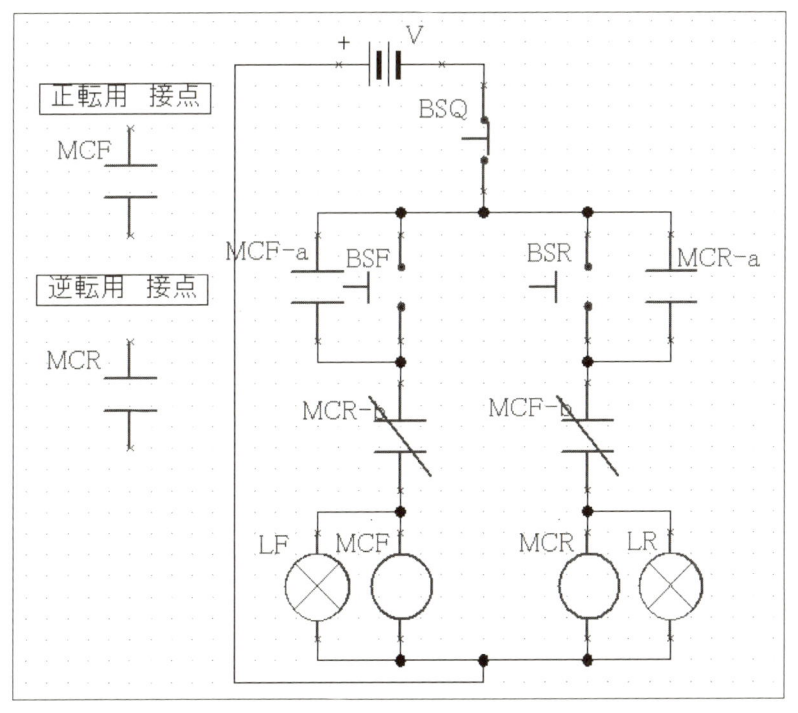

図 8-22　AC モータの正逆転回路のシミュレーション（ファイル名「8_14」）

8-3 単相 AC モータの制御

8-4 三相ACモータの制御

工作機械や工場設備の動力源などに使用される三相ACモータを運転する基本回路を考えます。

三相ACモータのしくみ

　単相ACモータのしくみで見たように、磁石や導体で作ったロータの周囲に回転磁界を作るとロータは磁界の回転とともに回転します。もともと120度ずつの位相差をもつ三相交流で3組の固定子コイルを励磁すれば回転磁界が発生します。この回転磁界の中心に棒状の導体をかごのように組み立てたロータ（かご形回転子）を置いたモータを**かご形三相誘導電動機**と呼びます。

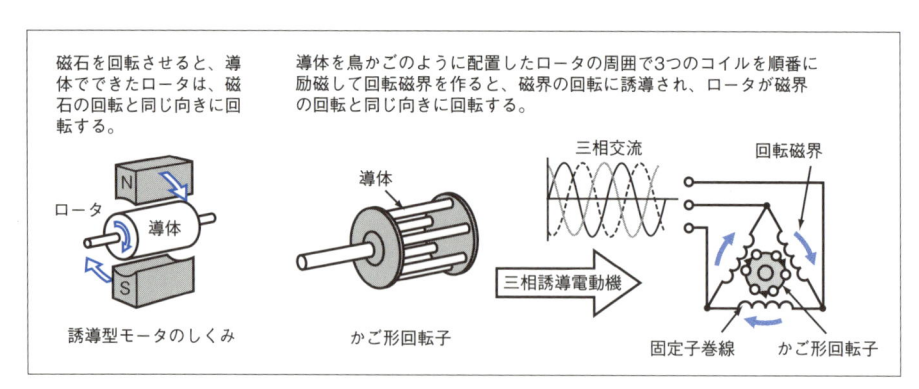

図 8-23　三相誘導電動機の回転のしくみ

三相ACモータを回転させるには

　三相モータは、三相交流電源自体が位相差をもっているので、モータコイルの各端子に電源を接続すれば回転磁界が発生し、ロータを回転させることができます。図8-24の回路は三相モータの始動停止を行う例です。三相交流電源線の呼称をR、S、T、三相交流負荷線の呼称をU、V、Wとします。動力部のモータコイルはサーマルリレー、電磁接触器主接点、配線用遮断器

を介して三相交流電源に接続されます。制御部は三相電源の任意の 2 本の線から電源を引き出して、電磁接触器を操作するリセット優先型自己保持回路を構成しています。

TINA のファイルでは三相モータを配置できないので、シーケンス図の右側の部分は図 8-25 のように省略しています。キーボードから BS 入力 [s] キーと BSQ 入力 [q] キーを操作して電磁接触器の主接点の動作を確認してください。

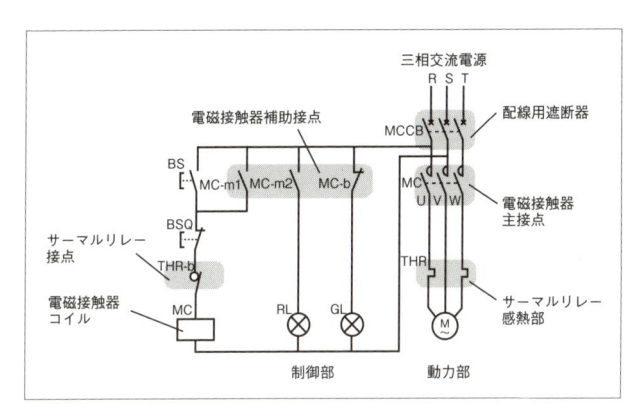

図 8-24　三相電動機のシーケンス図

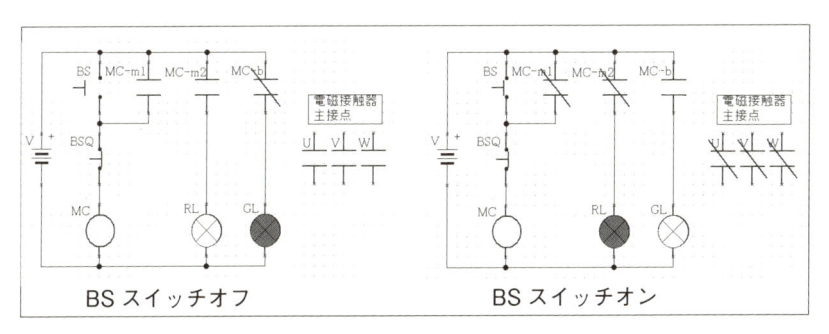

図 8-25　三相電動機の運転回路（ファイル名「8_15」）

　三相 AC モータを回転させるシーケンス図が図 8-25 です。MC は電磁接触器主接点、BS は起動スイッチ、BSQ は停止スイッチ、RL は回転表示灯、GL は停止表示灯です。図の左側の部分が制御回路の操作部で、BS によってオンオフを行います。TINA のサンプル回路で BS を押すと、MC が励磁されて MC のメーク接点が閉じ、RL が点灯します。このとき右側の電磁接触器主接点 U、V、W が閉じて、モータに負荷電流が流れています。

8-4 三相 AC モータの制御

8-5 三相ACモータの始動回路

三相モータを始動する場合、小さな電流で始動し、適当な時間経過後に定常運転に切り換える方法があります。コイルの結線の形からY-Δ（スターデルタ）始動法と呼びます。

三相ACモータの固定子コイル

三相誘導モータは、固定子となるモータケースに3組のコイルを組み付け、中心にロータを配置しています。3組のコイルの結線方法により異なった性能をモータに与えることができるので、ユーザーが接続法を決定できるようにモータケースの接続端子箱にコイル両端の接続端子を出しています。

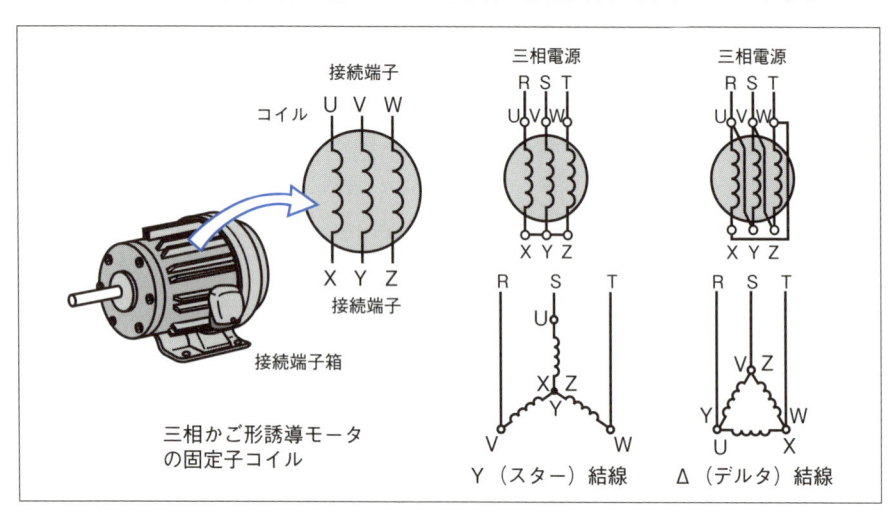

図8-26 三相ACモータのコイル接続法

制御信号を決定して回路を作る

200V 三相交流電源を Y（スター）結線に与えると、各コイルには、200/$\sqrt{3}$ V の電圧が加わります。Δ（デルタ）結線では、200V が各コイルに加わります。

Y - Δ（スターデルタ）始動法は、始動時に Y 結線で電流を小さくし、回転数が定格回転数の 80%程度に達したときに Δ 結線に切り換える始動法です。始動時の Y 結線では一相のコイルに線間電圧の 1/$\sqrt{3}$ の電圧が加わるので、始動電流は Δ 結線の 1/3 になります。始動トルクは電圧の 2 乗に比例するので Δ 結線の 1/3 になるため軽負荷の始動に適しています。一般に Y - Δ 始動には、タイマーを組み込んだシーケンス制御が用いられます。

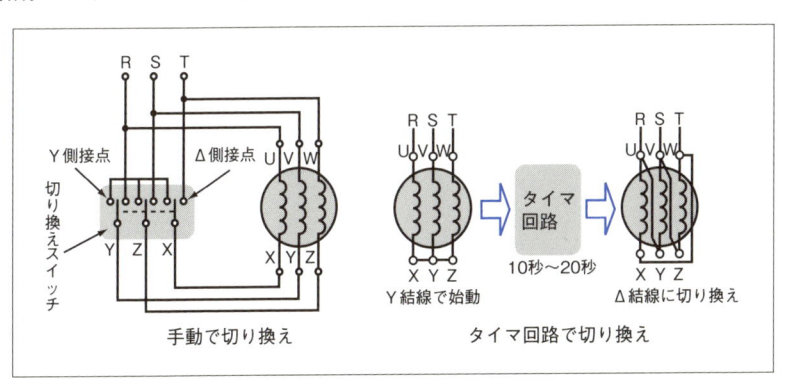

図 8-27　三相 AC モータの Y- Δ（スターデルタ）始動法

Y- Δ始動回路

図 8-28 は、Y - Δ始動回路の例です。始動から定常運転まで、以下のように動作します。
① 始動スイッチ BS 入力に MC で自己保持をかける。
② 同時にタイマーリレー TLR を限時動作させる。
③ 同時に MCY の回路が働き、モータを Y 結線で始動する。
④ TLR 設定時間経過後、タイマーリレー接点が切り換わり MCΔの回路が働き、モータを Δ 結線で運転する。

MCY と MCΔ が同時に主接点を閉じると、電源が短絡してしまいます。これを防ぐために互いのブレーク接点でコイルにインタロックをかけています。

インタロックで短絡を防ぐ

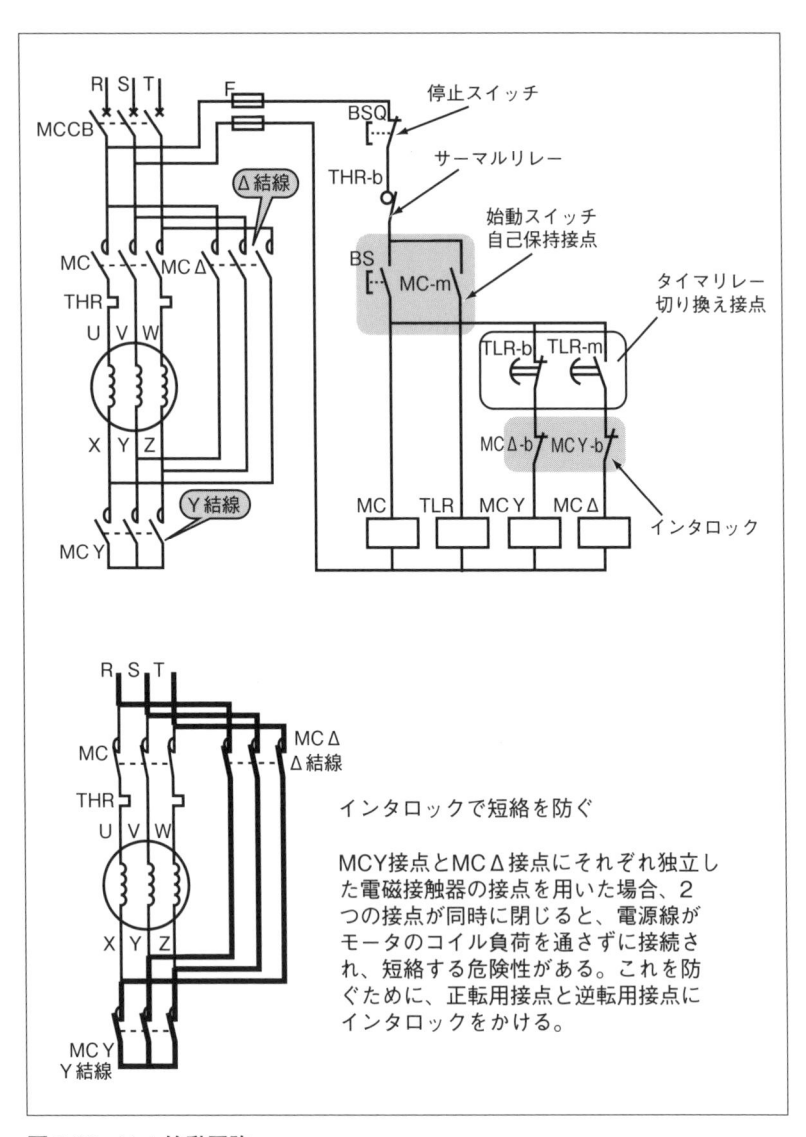

MCY接点とMCΔ接点にそれぞれ独立した電磁接触器の接点を用いた場合、2つの接点が同時に閉じると、電源線がモータのコイル負荷を通さずに接続され、短絡する危険性がある。これを防ぐために、正転用接点と逆転用接点にインタロックをかける。

図 8-28　Y-Δ始動回路

TINA の回路でシミュレーション

サンプル回路「8_16」で Y-Δ 始動回路の動きを確かめてみましょう。スイッチ BS をキーボードの [S] キー入力でオンにすると MCY 回路が作動して、設定時間後に MCΔ 回路に切り換わります。

なお、TINA のファイルでは三相モータを配置できないので、左側の部分（三相 AC モータ）は省略しています。

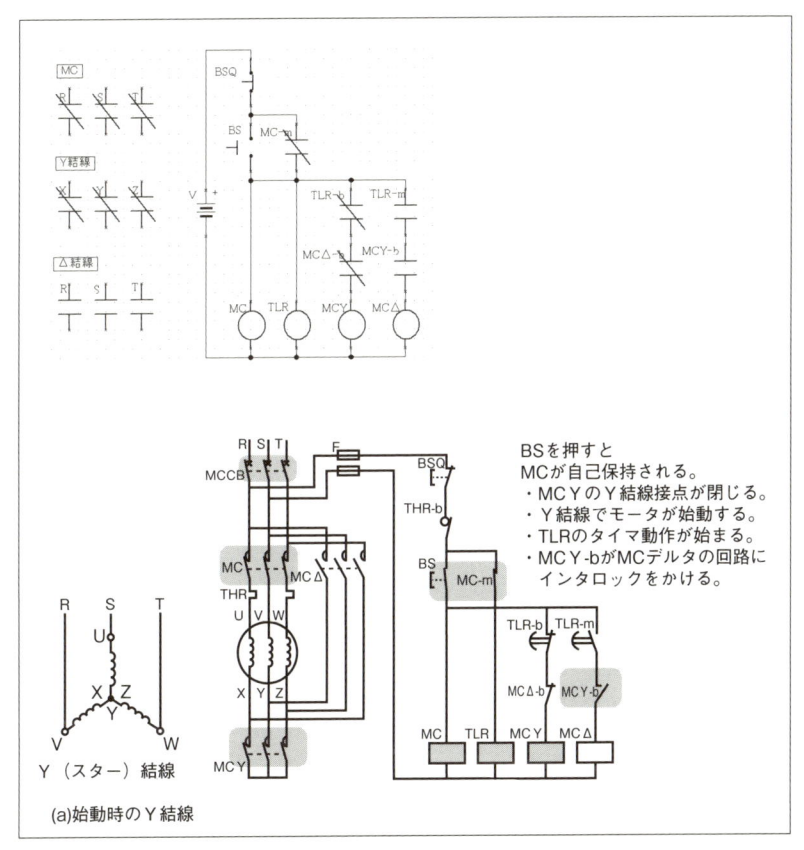

図 8-29　三相 AC モータ起動時：Y 結線（ファイル名「8_16」）

(b) Δ結線駆動へ切換える

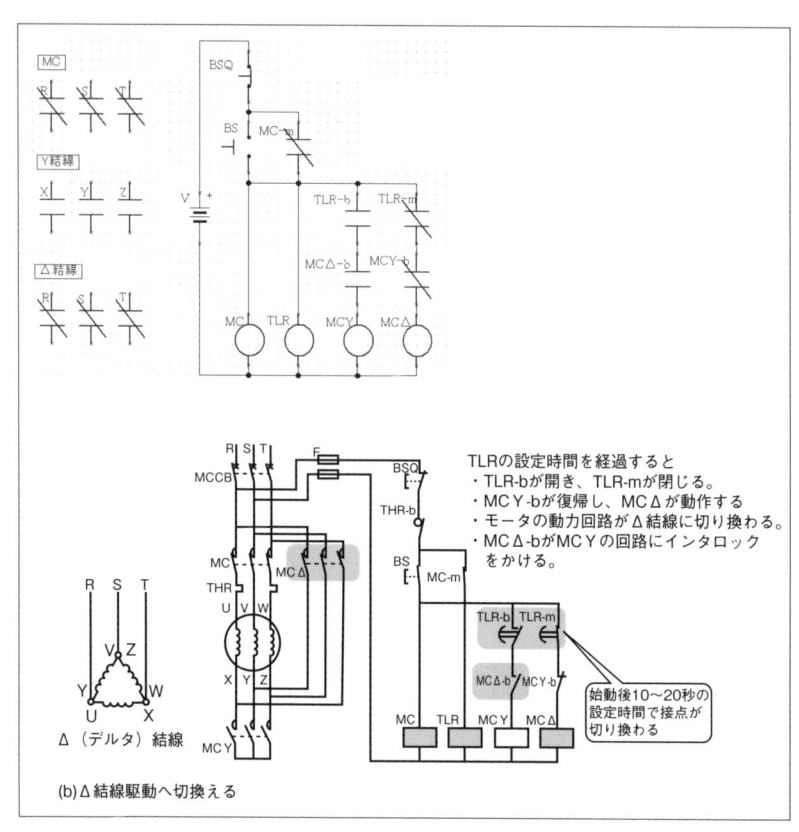

図 8-30　三相 AC モータの定速回転到達時：Δ 結線

TLRの設定時間を経過すると
・TLR-bが開き、TLR-mが閉じる。
・MC Y -bが復帰し、MC Δ が動作する
・モータの動力回路が Δ 結線に切り換わる。
・MC Δ -bがMC Yの回路にインタロックをかける。

始動後10～20秒の設定時間で接点が切り換わる

第 8 章 モータ制御の例

8-6 三相ACモータの正逆転制御

三相ACモータは3組のコイルを順番に励磁することで回転を続けます。コイルにつながる3本の電源線の組み合わせを変えることで回転の向きを制御できます。

三相ACモータの回転を変えるには

　三相交流モータは、3本の電源線の任意の2本を交換すると、回転の向きが逆になります。モータの回転の向きは固定子側から軸を見て時計回り（右回り）を正転とします。3本の電源線RSTでSを基準、Rを進み側、Tを遅れ側として、R－U、S－V、T－Wを正転とすれば、R－W、S－V、T－Uと接続すればコイルの励磁順が逆になるので逆回転になります。

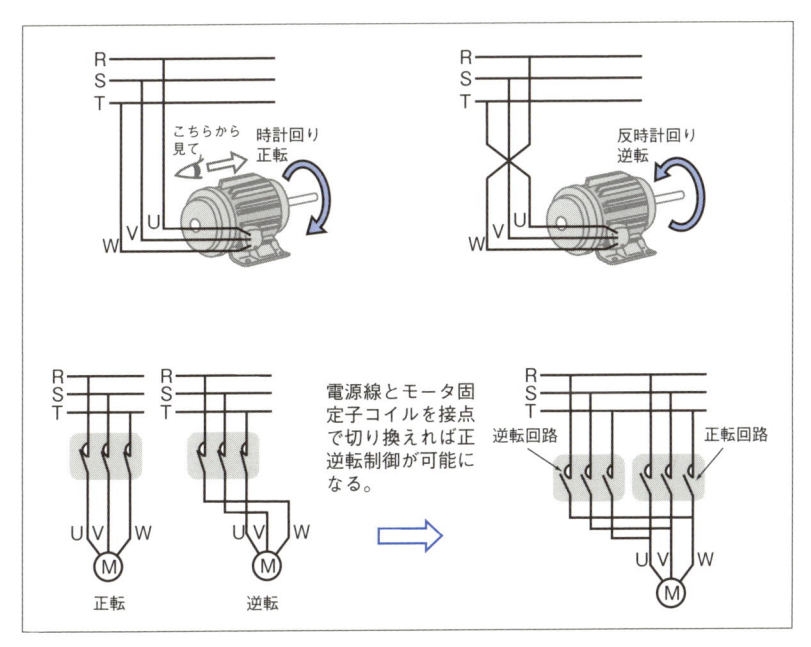

図8-31　三相ACモータを正逆転させるには

TINAで作った正逆転回路

　図8-32のサンプル回路では、正転スイッチBSF[F]と逆転スイッチBSR[R]にブレーク・メーク動作の押しボタンスイッチを使用して、2つのスイッチを同時に押した場合のインタロックとしています。また、電磁接触器MCF、MCRには互いのブレーク接点を直列に接続して正転、逆転の運転中にBSF、BSRを押した場合のインタロックを設けてあります。運転の停止は、回路のリセットスイッチBSQ[Q]で行います。TINAのファイルでは三相モータを配置できないので、省略しています。

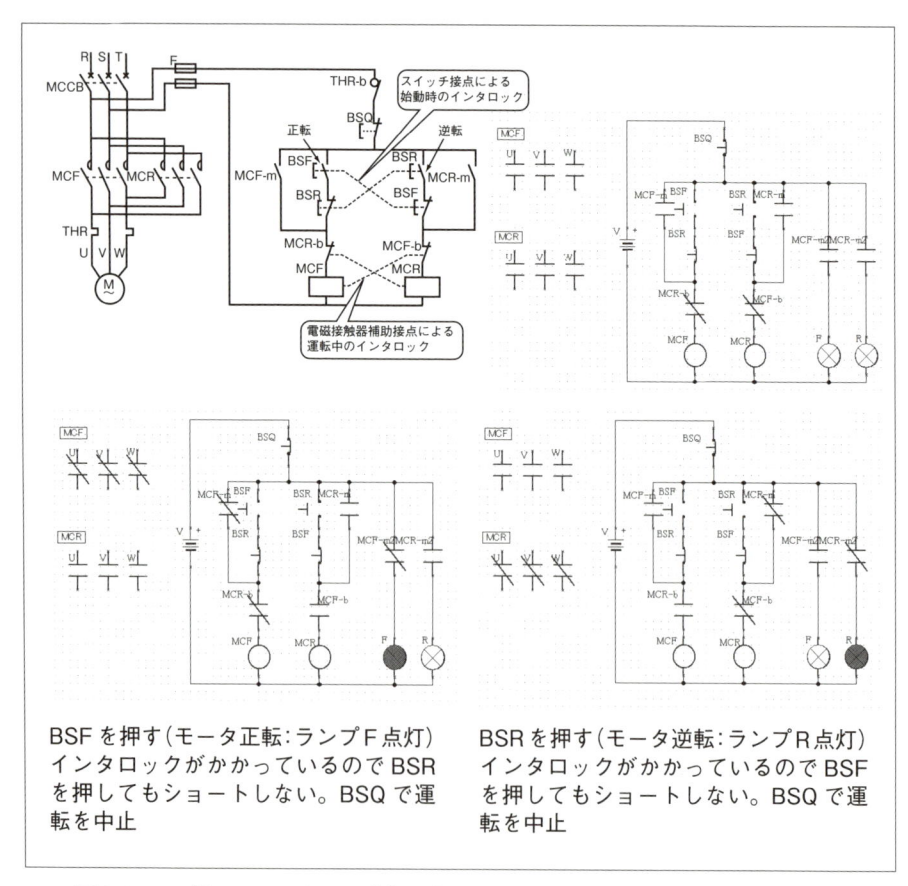

BSFを押す（モータ正転：ランプF点灯）
インタロックがかかっているのでBSRを押してもショートしない。BSQで運転を中止

BSRを押す（モータ逆転：ランプR点灯）
インタロックがかかっているのでBSFを押してもショートしない。BSQで運転を中止

図8-32　三相ACモータの正逆転シミュレーション回路（ファイル名「8_17」）

第9章 リレーで計算機を考える

リレーは1と0、オンとオフの2値信号を扱うデジタル機器です。コンピュータが現在のように半導体を使用する以前に電磁リレーを使ったリレー式計算機が活躍していました。そのしくみを考えてみましょう。

9-1 半加算器

半加算器は2つの1ビット2進数の足し算を行う最も小さな計算機です。計算を行う信号と最小の計算機のしくみを考えます。

2進数の表しかた

2進数は、量や値を「0」と「1」だけの2つの記号で表す数体系です。2進数を数える最小の桁を**ビット**と呼び、10進数1桁が「0」から「9」まで10種類の記号を使って量や値を識別するように、2進数1ビットでは、「0」と「1」で2種類の量や値を識別します。

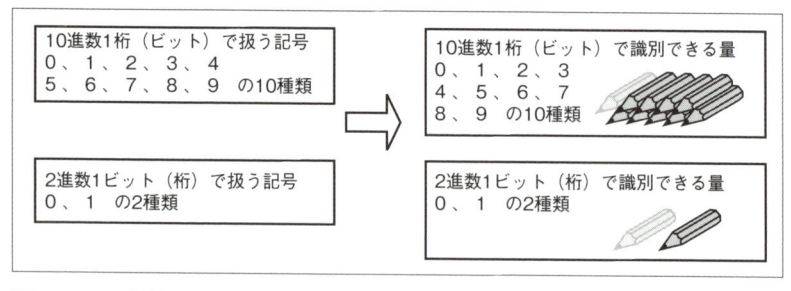

図9-1　10進数と2進数

13本の鉛筆を10進数で表す場合には、10の桁×1＋1の桁×3＝13とします。同様に2進数で13を数える場合には、8の桁×1＋4の桁×1＋2の桁×0＋1の桁×1＝2進数[1101]＝10進数[13]とします。桁の大きさを表す8、4、2、1は2の3乗から2の0乗で求められるビットの重みづけを示す値で「×1」と「×0」は、1を「ある」、0を「なし」として、そのビットの状態を示します。

2進数4ビットを1グループとすると16種類の状態を識別することができます。10進数だけでは4ビット16種類を識別できないので、16進数という数体系を考え、0から9までの数字とアルファベットAからFを使用して16進数1ビットで2進数4ビット16種類の情報を表します。

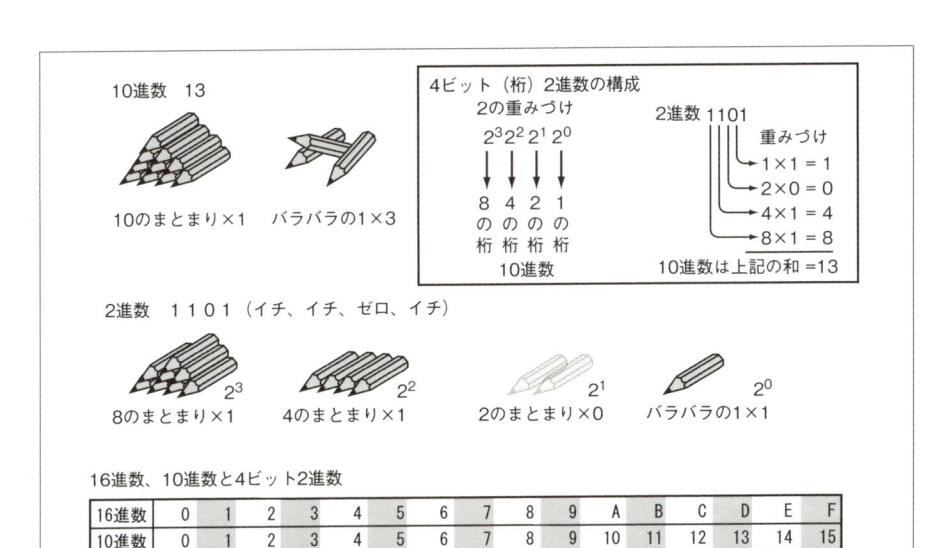

図9-2 2進、10進数、16進数

2値信号と2進数

2進数「0」と「1」は、電気信号の「オフ」と「オン」あるいはデジタル信号の「H」と「L」などの2値信号に対応させやすいので、デジタル回路やリレー回路での処理に向いているのです。押しボタンスイッチXでリレーRを励磁して出力ランプYとZを切り換え制御するシーケンス回路の動作を表にした動作表を「0」と「1」で表すと真理値表ができます。さらに出力YとZを入力Xの関数とすれば論理式ができます。

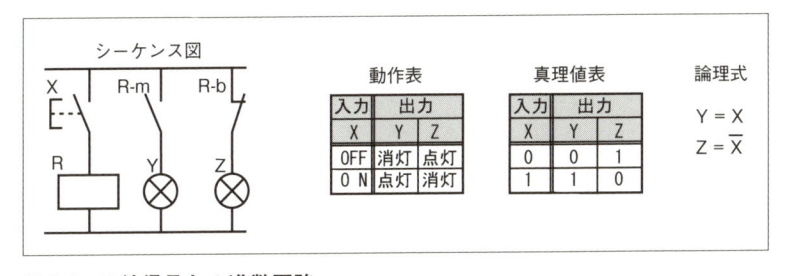

図9-3 2値信号と2進数回路

9-1 半加算器　233

2つの数の足し算

2つの1ビット2進数AとBの算術和を求める動作を考えます。1ビットで表すことのできる2進数は「0」と「1」の2種類なので、2つの数値の和には、4種類の組み合わせが考えられます。2進数で表示しても「1」と「1」の和は「2」になるので、2進数の和1＋1＝10（イチゼロ）となり、2の桁への桁上がりが発生します。同じ計算を10進数で行えば、1＋1＝2なので1の桁の中で計算が行われます。

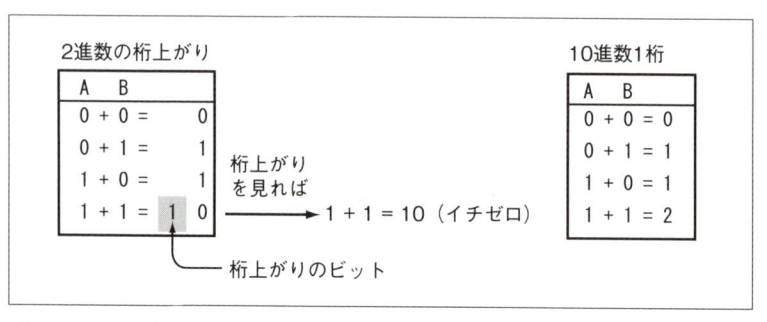

図9-4　2つの数の足し算

リレーによる半加算器

2進数の加算を行う回路を**加算器**と呼びます。加算器のうち下位ビットからの桁上がり入力をもたない、最も下位のビットで加算を行う回路を**半加算器**と呼びます。次の手順で半加算器のシーケンス回路を考えてみましょう。

① 2入力A、B、桁上がり出力C、和出力Sとして真理値表を作る。
② 出力CとSの論理式を作る。
③ A、B入力でリレーRA、RBを操作し、RA、RB接点を組み合わせて出力CとSを求める。

TINAのサンプル回路「9_1」で真理値表の動作を確認しましょう。

真理値表（動作表）

2進入力		2進出力	
A	B	桁上げC	和S
0	0	0	0
0	1	0	1
1	0	0	1
1	1	1	0

論理式

$C = A \cdot B$

$S = \overline{A} \cdot B + A \cdot \overline{B}$

シーケンス図

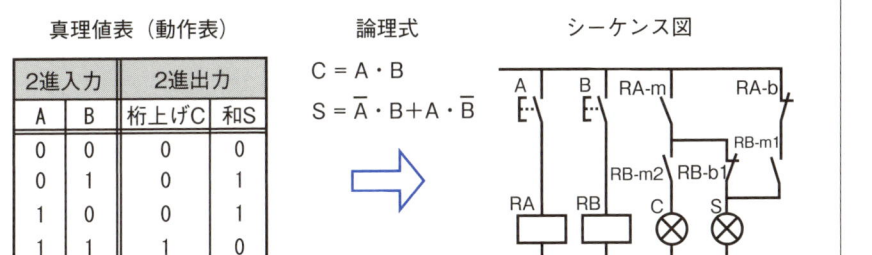

図9-5 半加算器の真理値表とシーケンス図

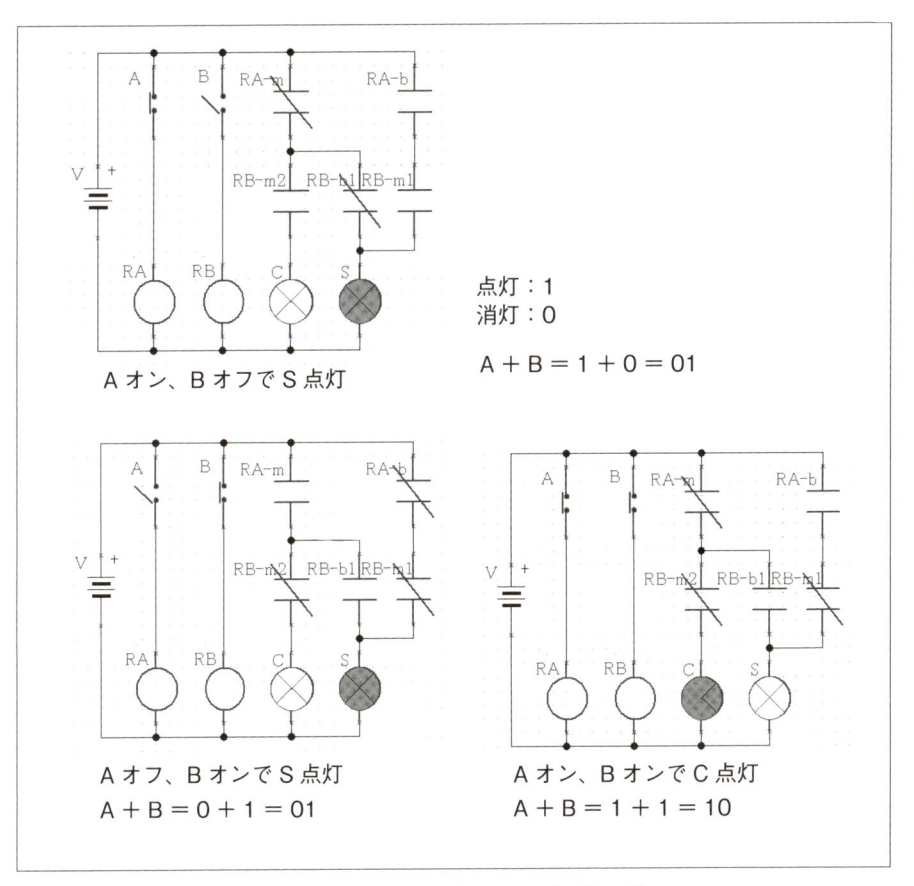

点灯：1
消灯：0

A オン、B オフで S 点灯
$A + B = 1 + 0 = 01$

A オフ、B オンで S 点灯
$A + B = 0 + 1 = 01$

A オン、B オンで C 点灯
$A + B = 1 + 1 = 10$

図9-6 半加算器のシミュレーション（ファイル名「9_1」）

9-2 全加算器

下位ビットからの桁上がり信号と2つの入力データの加算を行う回路を全加算器と呼びます。

全加算器の動作

全加算器の真理値表を作って動作を明らかにしましょう。下位ビットからの桁上がり入力を「I」、加算する2数を「A」、「B」とします。3つの入力信号の状態を「1」と「0」で表します。真理値表の形を変えて、重複する信号などを探しだし、回路の論理式を簡略化するときに役立つ図面を**カルノー図**と呼びます。

桁上げ出力Cは、図9-7のカルノー図1でIを入力条件から外し、カルノー図2でAB=00を除く組み合わせで動作するように考えて、Cの論理式を決定することができます。桁上がりCの動作は、I、A、Bの3入力による多数決の動作と等しくなることがわかります。和の出力Sは、S=1となる4つの条件をすべて書き出して論理和とします。

真理値表（動作表）

桁上がり I	2進入力 A	2進入力 B	桁上げC	和S
0	0	0	0	0
0	0	1	0	1
0	1	0	0	1
0	1	1	1	0
1	0	0	0	1
1	0	1	1	0
1	1	0	1	0
1	1	1	1	1

C のカルノー図1

I\AB	00	01	11	10
0	0	0	1	0
1	0	1	1	1

Iの0、1に関係なくAB=11のときC=1になるので、A・B

C のカルノー図2

I\AB	00	01	11	10
0	0	0	1	0
1	0	1	1	1

AかBの少なくともどちらかが1のとき、C=1になるので、A+B

S のカルノー図

I\AB	00	01	11	10
0	0	1	0	1
1	1	0	1	0

Sが1になる条件を個別に書き出す。

論理式
$C = A \cdot B + I(A+B)$
$S = \bar{I}(\bar{A} \cdot B + A \cdot \bar{B}) + I(\bar{A} \cdot \bar{B} + A \cdot B)$

図9-7 全加算器の動作

全加算器 1

　前述の方法で求めた論理式からシーケンス回路を作ります。入力信号「I」、「A」、「B」でリレーを操作し、各リレーの接点を組み合わせて桁上がり出力「C」と和出力「S」を作ります。論理式の AND は接点を直列に接続し、OR は接点を並列に接続し、NOT はブレーク接点を使用します。入力 I、A、B を「1」＝ ON、「0」＝ OFF としてサンプル回路「9-2」で全加算動作を確認してみましょう。

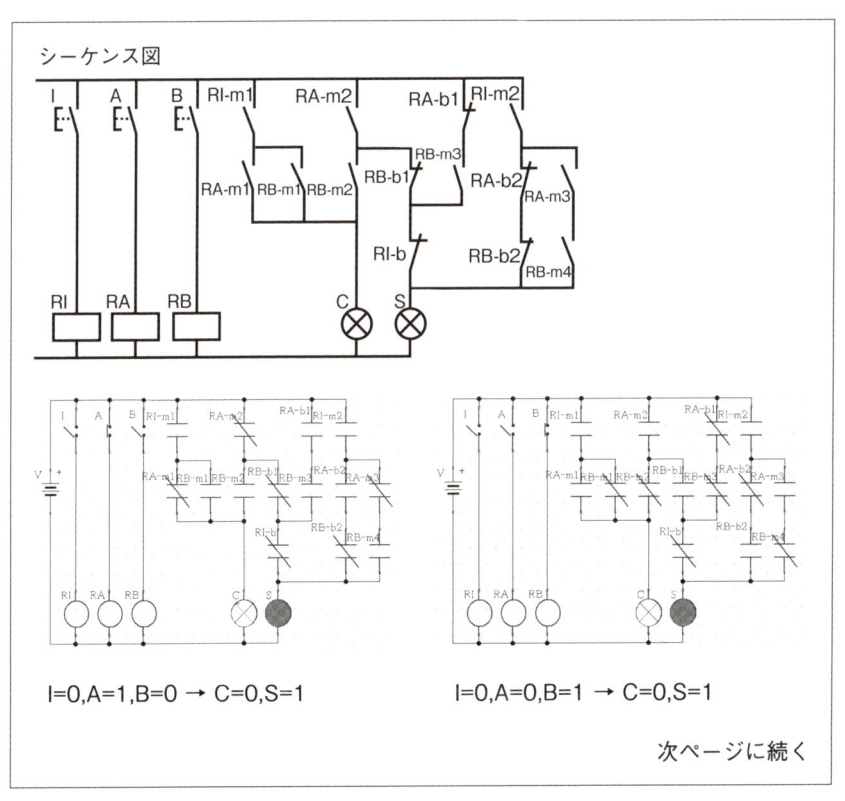

I=0,A=1,B=0 → C=0,S=1　　　　I=0,A=0,B=1 → C=0,S=1

次ページに続く

図 9-8a　全加算器 1 のシミュレーション（1）（ファイル名「9_2」）

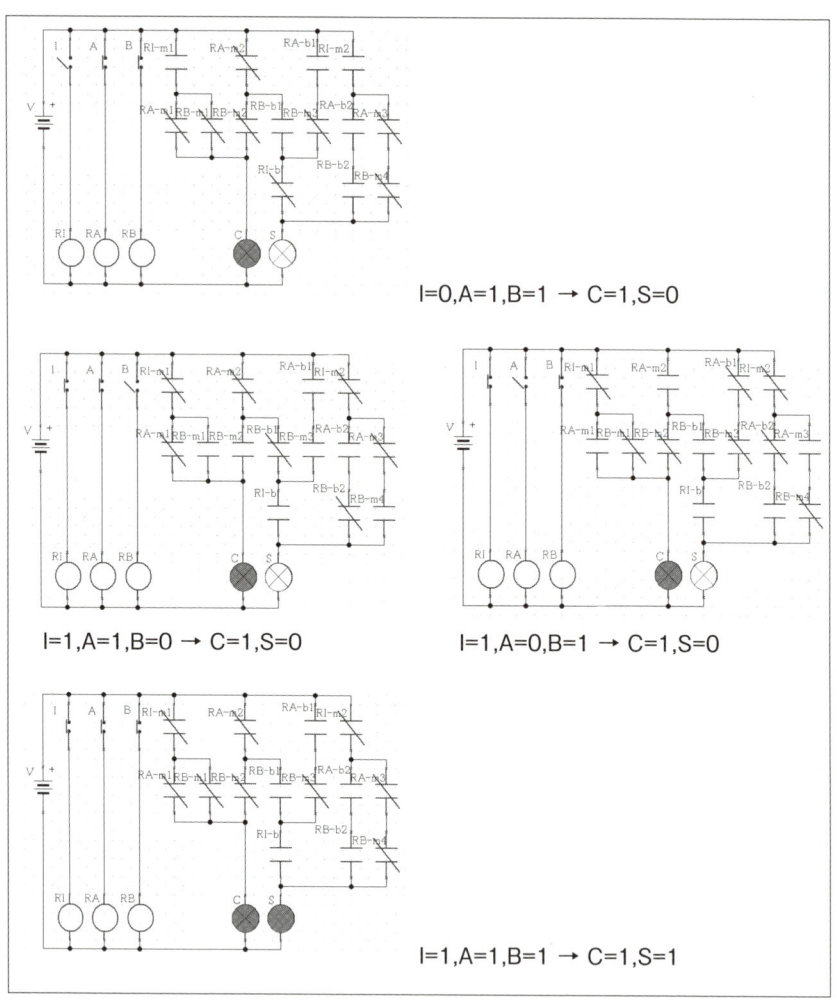

図9-8b　全加算器1のシミュレーション（2）（ファイル名「9_2」）

2つの半加算器で全加算器を構成する

　2つの半加算器を接続して全加算器を作ることができます。図9-9で半加算器1の2入力AとBに加算データを接続し、その和出力S1を次の段の半加算器2の一方の入力に接続し、下位からの桁上がり信号を半加算器2の他方の入力端子に接続します。半加算器1と2の桁上がり出力C1とC2の論理和が全加算器の桁上がり出力Cとなります。

　前述の全加算器1やこの回路のC出力とI入力を接続して4ビットで1

つの回路を作ると2進数4ビットで16進加算器を作ることができます。

データ A = 1110（14）、データ B = 1011（11）の和 A + B は、
A + B = 14 + 11 = 25　と10進数で簡単に求めることができます。

表示方法が異なっても「量そのもの」に変化はないので、10進数表示の25は16進数や2進数で次のように表すことができます。

16進数　　A + B = 14 + 11 = 25　→　E + B = 19
2進数　　 A + B = 14 + 11 = 25　→ 1110 + 1011 = 1　1001

下図の4ビット2進加算器1桁では、桁上がりデータがあるので、
$(16 \times 1) + (8 \times 1 + 4 \times 0 + 2 \times 0 + 1 \times 1) = 16 + 9 = 25$
となります。

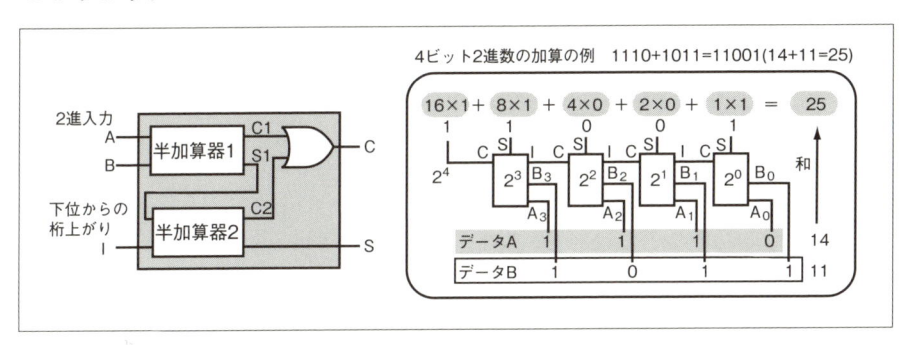

図 9-9　2つの半加算器で構成した全加算器

図9-10の回路は、前述の半加算器を2つ接続して作った全加算回路の1ビット分です。10進数あるいは16進数の加算を行うには、この回路を4ビット接続して1桁とします。

TINAのサンプル回路「9_3」で動作を確認してください。

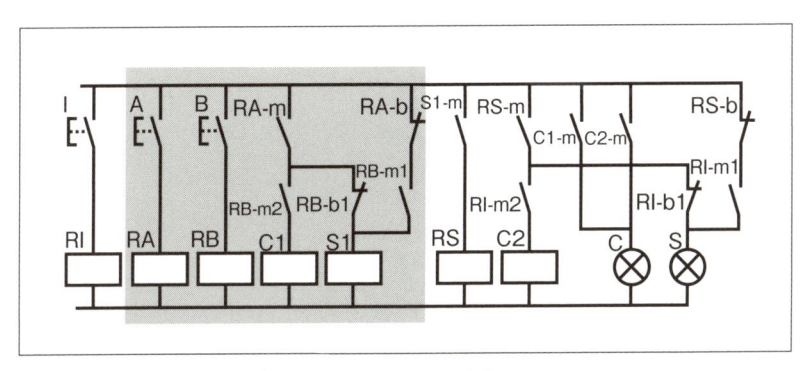

図 9-10　全加算回路1ビット分のシーケンス図

I=0,A=1,B=0 → C=0,S=1

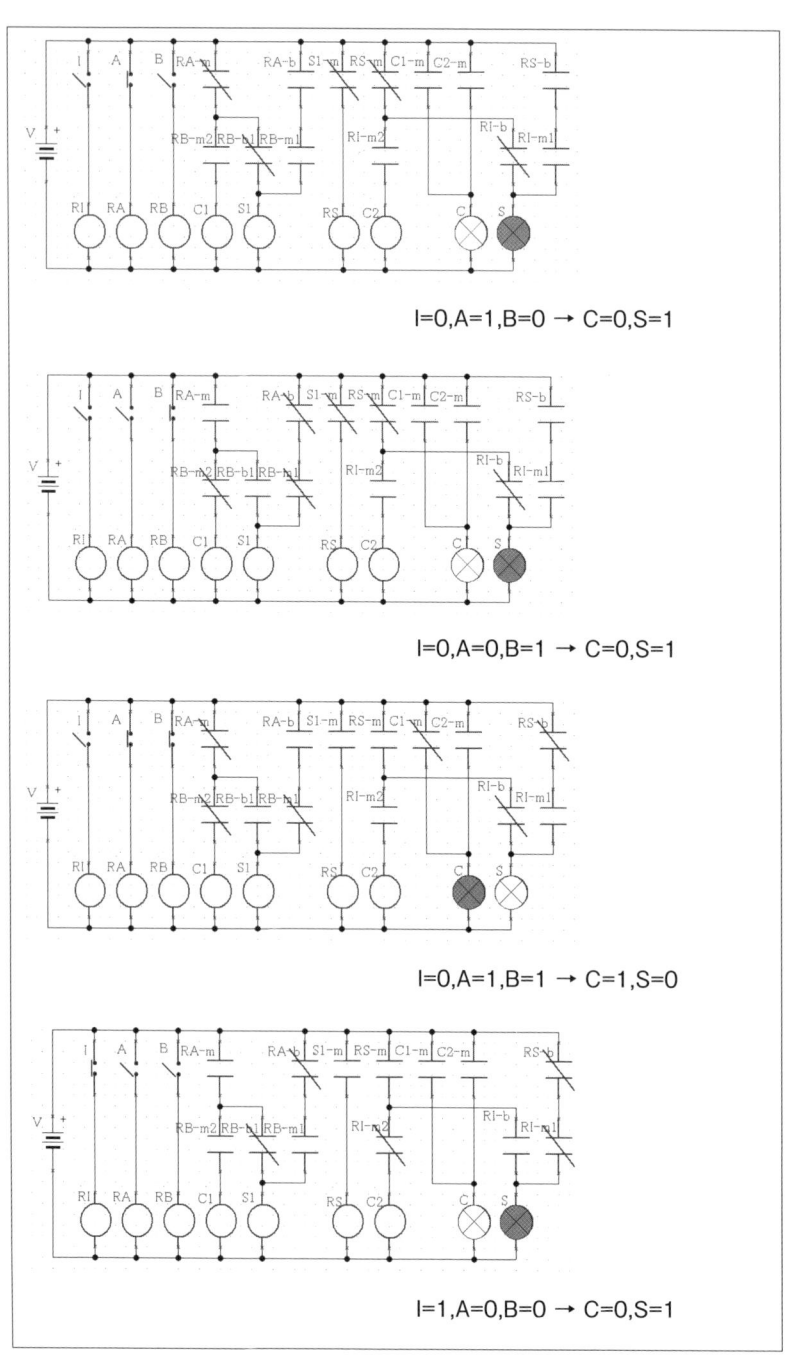

I=0,A=0,B=1 → C=0,S=1

I=0,A=1,B=1 → C=1,S=0

I=1,A=0,B=0 → C=0,S=1

図9-11a　全加算器のシミュレーション（1）（ファイル名「9_3」）

I=1,A=1,B=0 → C=1,S=0

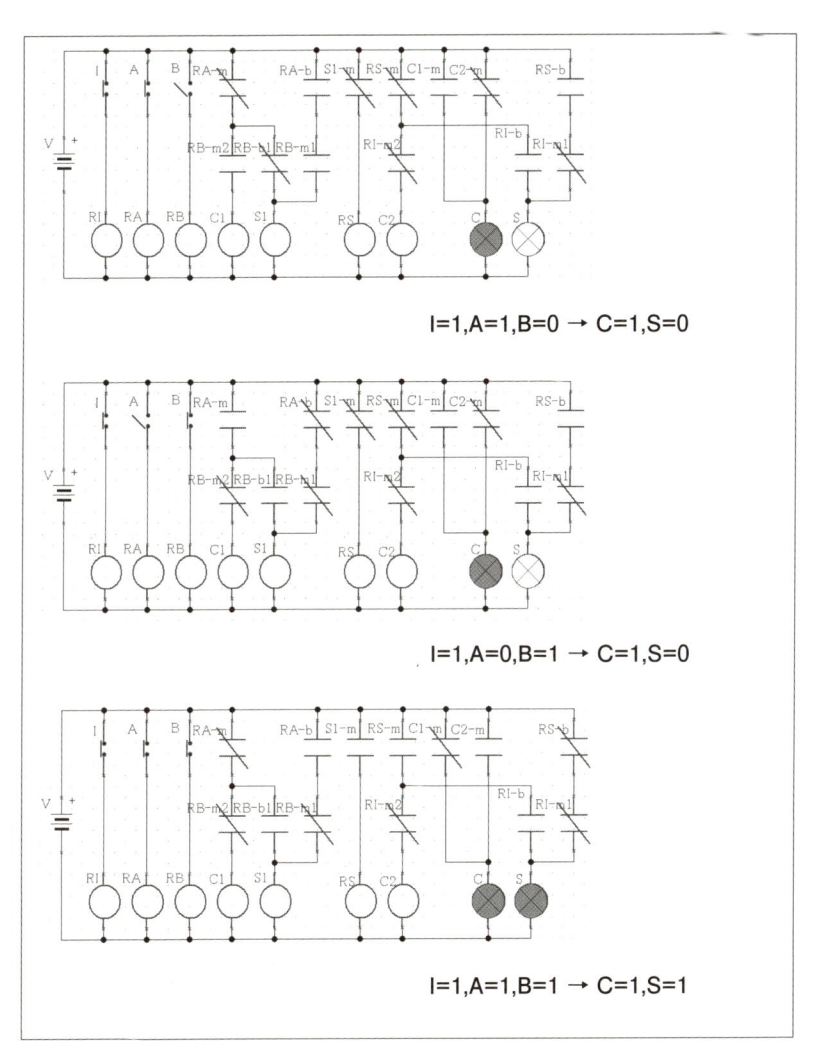

I=1,A=0,B=1 → C=1,S=0

I=1,A=1,B=1 → C=1,S=1

図 9-11b　全加算器のシミュレーション (2)

9-3 エンコーダ回路

いろいろな型式のデータを 2 進数や 2 進信号へ符号化する回路がエンコーダです。ここでは 10 進数を 2 進数へ変換する 10 進—2 進エンコーダ回路を考えます。

データの符号化

　私たちが日常で使用している 10 進数を 2 進数に変換するとスイッチの開閉や電流・電圧の有無で数値を電気信号へ変換して処理することができます。0 から 9 までの 10 進数 1 桁を 2 進数で表すには 4 ビットの 2 進数を必要とするので、10 進－2 進 4 ビットエンコーダを次のように考えます。
①2 進数出力データに 2 の重みづけをして、D=8、C=4、B=2、A=1 の並びとして動作表を作ります。
②0 から 9 までの 10 進数を押しボタンスイッチで与えてリレーを操作します。
③出力 A は 10 進入力「1」「3」「5」「7」「9」のとき出力「1」となるので、これらのリレーのメーク接点を並列に接続します。
④同様に出力 B、C、D を出力「1」とする接点の組み合わせを求めたものが図 9-12 のエンコーダ回路です。

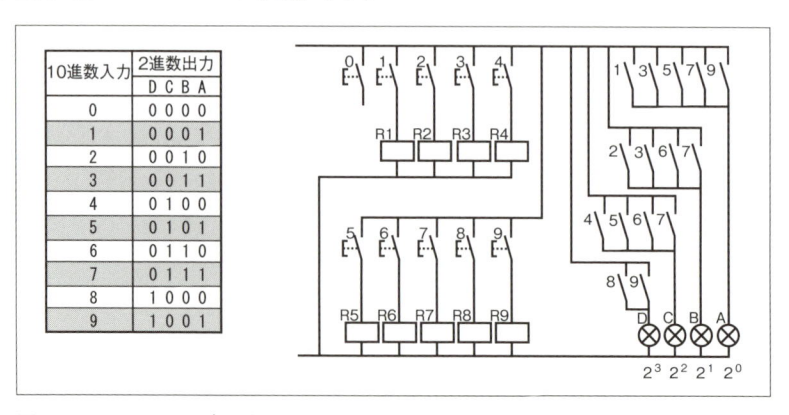

10進数入力	2進数出力 D C B A
0	0 0 0 0
1	0 0 0 1
2	0 0 1 0
3	0 0 1 1
4	0 1 0 0
5	0 1 0 1
6	0 1 1 0
7	0 1 1 1
8	1 0 0 0
9	1 0 0 1

図 9-12　エンコーダ回路

TINA のリレーエンコーダ回路

　TINA のサンプル回路「9_4」でエンコーダ動作を確認してみましょう。この回路では入力は 0 から 9 までのどれか 1 つだけを選んでください。入力「0」は出力「0000」なので、押しボタンスイッチは配線していません。

10 進数「1」=0001

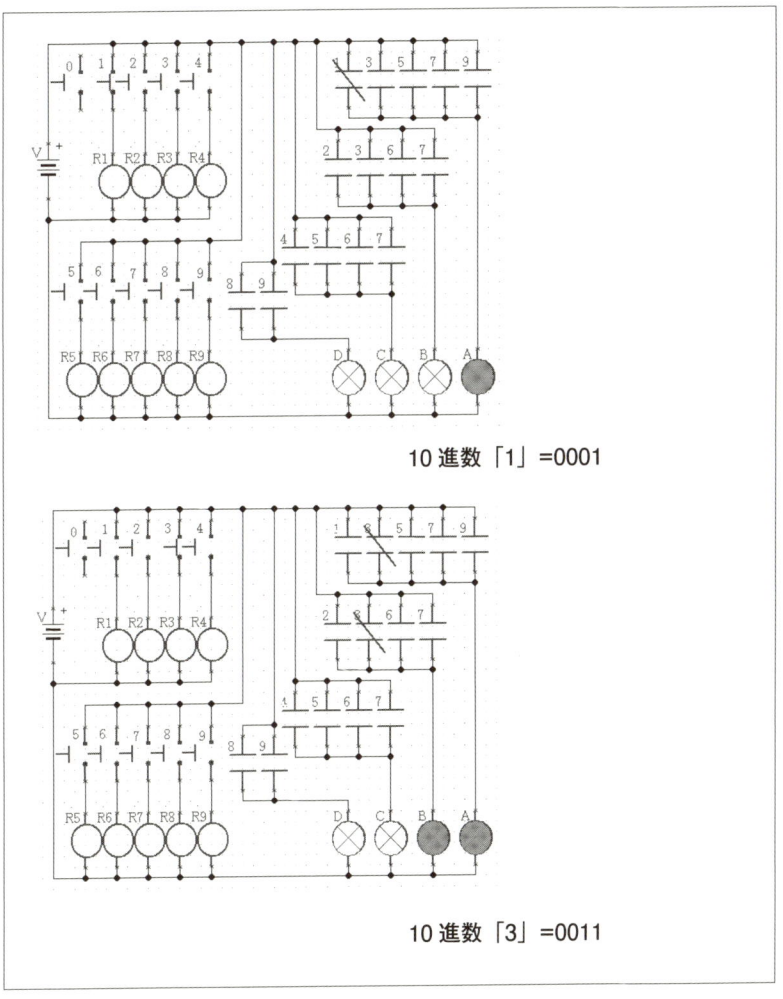

10 進数「3」=0011

図 9-13a　リレーエンコーダ回路のシミュレーション（1）（ファイル名「9_4」）

9-3 エンコーダ回路

10 進数「5」=0101

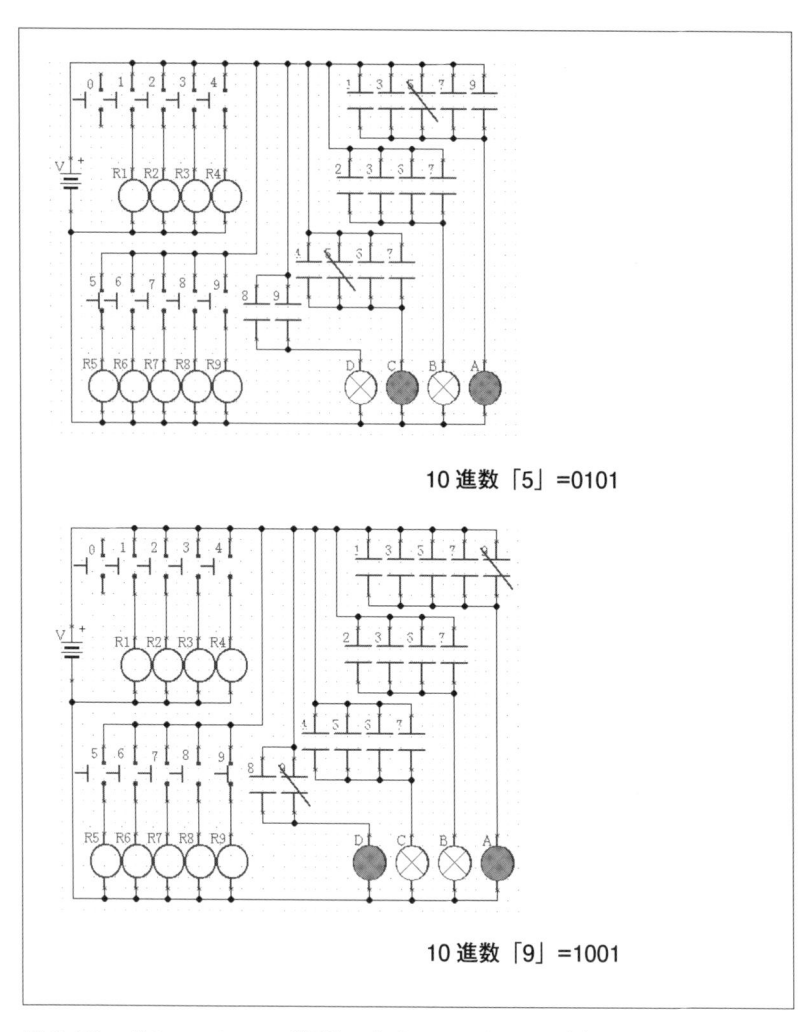

10 進数「9」=1001

図 9-13b　リレーエンコーダ回路のシミュレーション (2)

第 9 章 リレーで計算機を考える

9-4 デコーダ回路

符号化されたデータをもとの形に復元する復号器をデコーダと呼びます。ここでは2進数を10進数へ変換する2進-10進デコーダ回路を考えます。

データの復号化

　2進4ビット入力では、10進数で0から15、16進数で0からFまでの16種類の状態を識別することができるので、1001までの2進入力を処理して、2進－10進デコーダ回路を次のように作ることができます。
① 重みづけをした2進数入力D、C、B、Aを押しボタンスイッチに割り当ててリレーを操作します。
② 10進数出力0は「0000」なので、RD、RC、RB、RAのブレーク接点を直列に接続して出力ランプ「0」を制御します。
③ 同様に全ての10進数出力の組み合わせを作り、回路を完成させます。

2進数入力	0000	0001	0010	0011	0100	0101	0110	0111	1000	1001	1010	1011	1100	1101	1110	1111
10進数出力	0	1	2	3	4	5	6	7	8	9	10	11	12	13	14	15
16進数出力	0	1	2	3	4	5	6	7	8	9	A	B	C	D	E	F

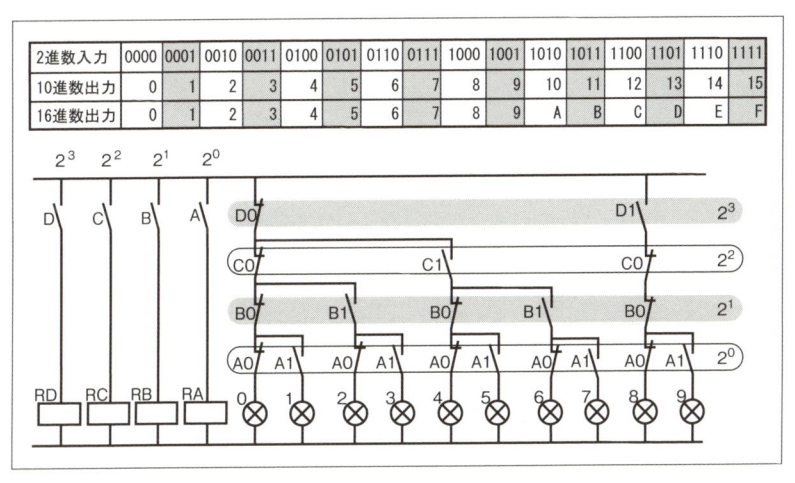

図 9-14　デコーダ回路

TINAのリレーデコーダ回路

　TINAのサンプル回路で、D、C、B、Aの2進数データを入力して出力変化を確認してみましょう。。

0000=0

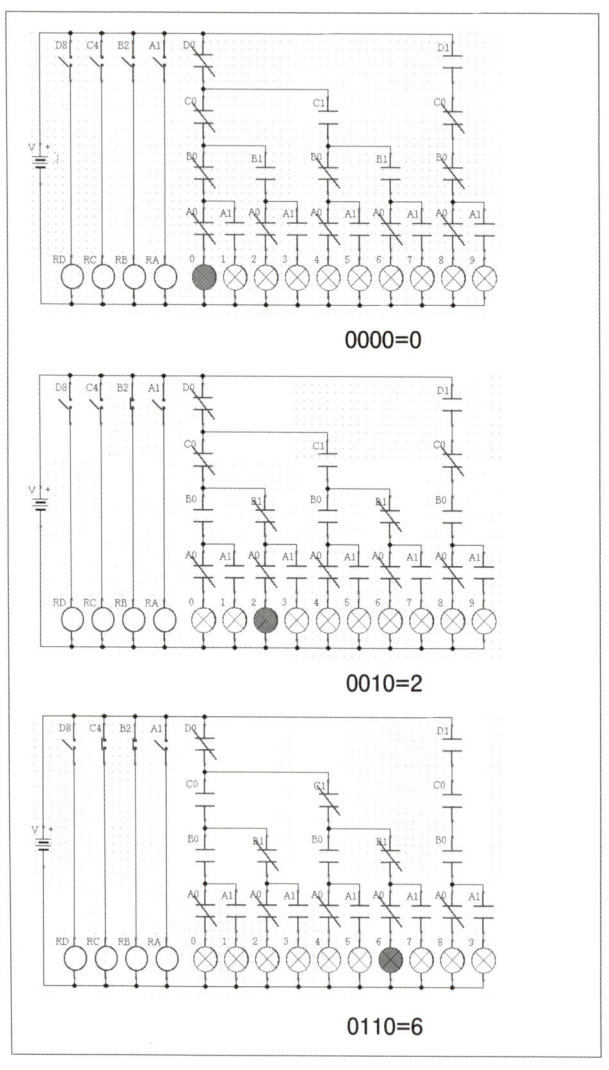

0010=2

0110=6

図9-15a　リレーデコーダのシミュレーション（ファイル名「9_5」）

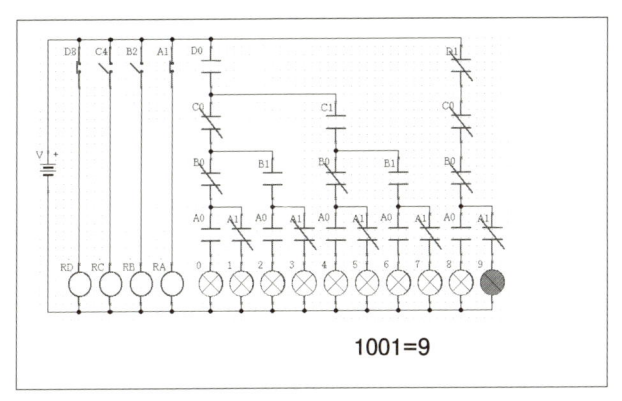

図 9-15b　リレーデコーダのシミュレーション（2）

9-5 リレー計算機の構成

ここまで考えた個別の装置を組み合わせてリレー計算機を作る方法を考えてみましょう。

純2進法と2進化10進法

2進数4ビットを扱うときに、0000から1111までのデータ変化を考えて16種類の状態を識別する方法を**純2進法**と呼びます。10進数1桁（ビット）では0から9までの10種類の場合分けを行うので2進4ビット16種類をすべて使用する必要はありません。そこで、2進数4ビットで0000（10進数＝0）から1001（10進数＝9）までの10種類の場合分けを行い、1001の次は桁上がり処理をして10進法に似た動きを行う2進法を考え、これを**2進化10進法**と呼びます。

下の表から10進数「14」は、純2進法で「1110」、16進法で「E」、2進化10進法では10の桁「0001」、1の桁「0100」なので「0001 0100」となります。

10進法		0	1	2	3	4	5	6	7	8	9	10	11	12	13	14	15
純2進法		0000	0001	0010	0011	0100	0101	0110	0111	1000	1001	1010	1011	1100	1101	1110	1111
16進法		0	1	2	3	4	5	6	7	8	9	A	B	C	D	E	F
2進化10進法	1の桁	0000	0001	0010	0011	0100	0101	0110	0111	1000	1001	0000	0001	0010	0011	0100	0101
	10の桁	0000										0001					

図 9-16　数の数え方

2進化10進法加算器

236ページ以降で作った1ビット全加算器を4段接続すれば4ビット加算器ができます。4ビット出力を純2進法とすれば、出力0000から1111、10進数16で桁上がりを行う16進加算器となります。2進化10進法で出力を扱うと、0000から1001まで10種類の2進出力と10進数10で桁上がり信号を出力する2進化10進法加算器になります。

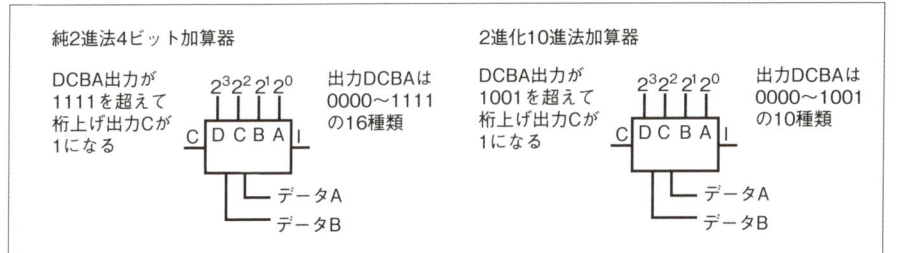

純2進法4ビット加算器

DCBA出力が1111を超えて桁上げ出力Cが1になる

出力DCBAは0000～1111の16種類

2進化10進法加算器

DCBA出力が1001を超えて桁上げ出力Cが1になる

出力DCBAは0000～1001の10種類

2進化10進法加算器の出力（DCBA=$2^3 2^2 2^1 2^0$　■は桁上がり出力）

B\A	0000	0001	0010	0011	0100	0101	0110	0111	1000	1001
0000	0000	0001	0010	0011	0100	0101	0110	0111	1000	1001
0001	0001	0010	0011	0100	0101	0110	0111	1000	1001	10000
0010	0010	0011	0100	0101	0110	0111	1000	1001	10000	10001
0011	0011	0100	0101	0110	0111	1000	1001	10000	10001	10010
0100	0100	0101	0110	0111	1000	1001	10000	10001	10010	10011
0101	0101	0110	0111	1000	1001	10000	10001	10010	10011	10100
0110	0110	0111	1000	1001	10000	10001	10010	10011	10100	10101
0111	0111	1000	1001	10000	10001	10010	10011	10100	10101	10110
1000	1000	1001	10000	10001	10010	10011	10100	10101	10110	10111
1001	1001	10000	10001	10010	10011	10100	10101	10110	10111	11000

図9-17　2進化10進法加算器

3桁の計算機を考える

　エンコーダ、加算器、デコーダを組み合わせた10進3ケタの加算器の構成を考えてみます。TINAでは使用するコンポーネントの数が多くなりすぎるので、ブロック図で考えます。

　75＋56＝131を例とします。

①10進—2進エンコーダでAとBの数値を2進化10進数に変換します。
　A＝75　→　A＝0111 0101、B＝56　→　B＝0101 0110
②1の桁、10の桁それぞれの加算器にAとBのデータを与えます。
③1の桁と10の桁それぞれで桁上がりと和が計算され、3ケタの10進数が求められます。
④各桁の2進出力を2進—10進デコーダで10進数に変換して10進3桁の答えが出力されます。

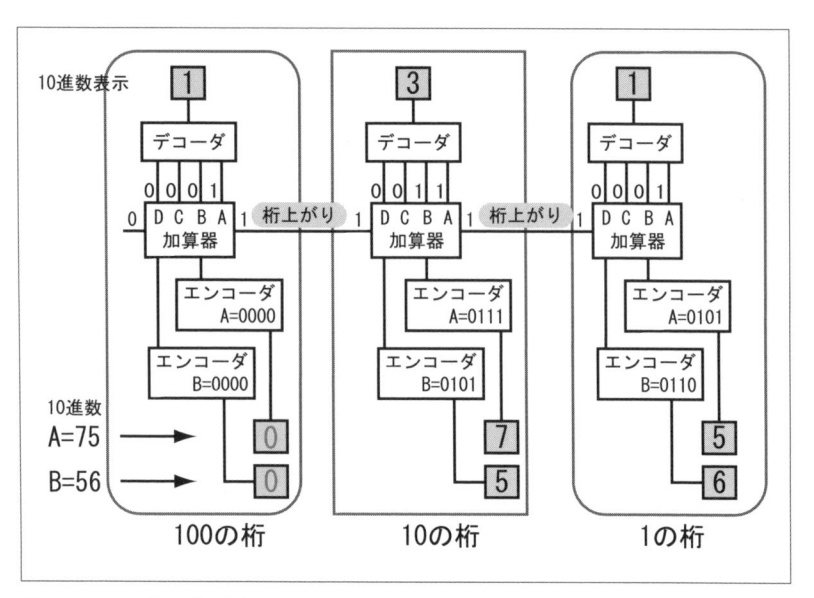

図 9-18　10進3桁計算機の構成

9-6 リレー計算機の引き算

リレー計算機の原理は、現在のコンピュータと同じデジタル計算機です。デジタル計算機は加算演算を基本とするので、引き算は加算に変換して行います。

補数を使って引き算を加算に変換する

10進数 a − b = c の引き算を次のように考えて、加算に変換します。

a − b = c → a + (10 − b) = a + d = (桁上がり 1) c

ここで、d = 10 − b を補数と呼びます。加算に変換した演算で加える数 d(補数) は、減ずる数 b に加えると桁上がりをして、その桁を 0 にする数です。これを 10 の補数と呼びます。

引き算	引く数の 10 の補数	加算に変換（桁上がり）
8−4=4	10−4=6	8+6=(1)4
16−7=9	10−7=3	16+3=(1)9
18−14=4	100−14=86	18+86=(1)04 = 4

図 9-19　10 の補数を使った計算

2 の補数を使って引き算を加算に変換する

2 の補数は、10 の補数と同様に、その数を加えると 2 進数 1 ビットが 0 になる数です。

デジタル回路で 2 の補数を作るには、各ビットの信号を反転させて最小の桁に 1 を加えます。この 2 の補数を加えて演算した結果の桁上がり信号を除いた 2 進値が引き算の答えです。図 9-20 に例を示します。

10進数の引き算	7−3=4	13−7=6	15−10=5
2進数の引き算	0111−0011	1101−0111	1111−1010
引く数の2の補数	1100+1=1101	1000+1=1001	0101+1=0110
加算で演算 （桁上がり）答え	0111 +1101 (1)0100	1101 +1001 (1)0110	1111 +0110 (1)0101
2進数→10進数	$(0100)_2=(4)_{10}$	$(0110)_2=(6)_{10}$	$(0101)_2=(5)_{10}$

図9-20　2の補数を使った計算

4ビットの減算回路のしくみ

　引き算を実行するリレー回路やデジタル信号は、次のように考えます。
①減算する2進数各ビットの否定信号を作る（否定回路）。
②3ビットの各ビットを加算する（全加算回路）。
③その最下位ビットの桁上がり入力に1を加える。
④最上位の桁の桁上がり信号は使用しない。
　図9-21に、2進4ビット減算回路で「7−3＝4」の例を示します。

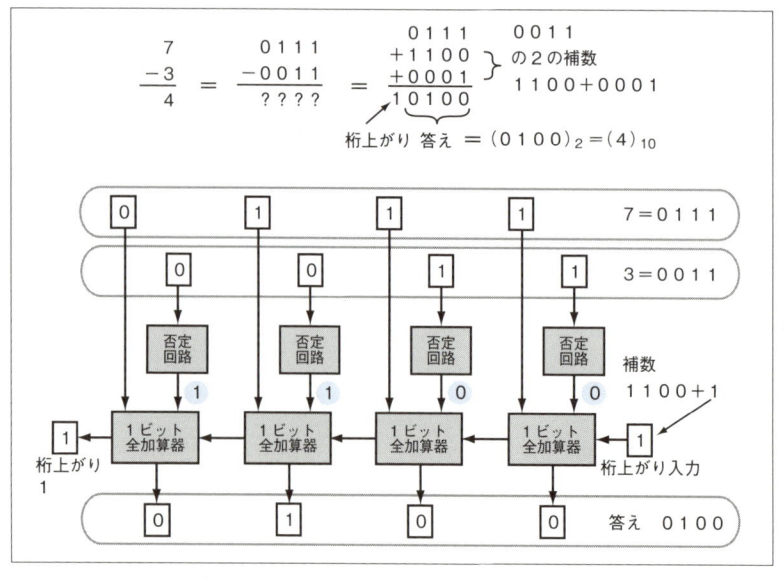

図9-21　2進数4ビット減算回路の例

用語索引

【数字・アルファベット】

2進化10進法 … 248
3極連動切り換えリレー … 46
AND回路 … 90
ANSI図記号 … 91
DCモータ … 204
FIFO … 129
FILO … 138
H型ブリッジ回路 … 210
JEM記号 … 53
JIS記号 … 53
LIFO … 138
NAND接続 … 190
NAND（否定論理積） … 81
NOR（否定論理和） … 81
T接続 … 58

【ア行】

アクチュエータ … 54
圧力センサ … 84
一致動作 … 81
インタロック回路 … 97
永久磁石 … 204
液面検出スイッチ … 84
エンコーダ … 242
演算部 … 36
オープンループ制御 … 36
オルタネート … 50
オンオフ制御 … 38

【カ行】

回転磁界 … 216
外乱信号 … 37
回路図 … 55
回路番号参照方式 … 60
かご形三相誘導電動機 … 222
加算器 … 234
カルノー図 … 236
帰還 … 37
基板実装用リレー … 45
極 … 52
区分参照方式 … 60
クローズドループ制御 … 37
検出部 … 37
限時動作 … 100
光電スイッチ … 84
コミュテータ … 204
コンデンサモータ … 217

【サ行】

サーボ制御 … 39
サーボモータ … 39
サーマルリレー … 218
シーケンサ … 44
シーケンス図 … 56
シーケンス制御 … 40
シーケンスの流れ … 57
時限制御 … 42
自己保持回路 … 83
実物配線図 … 55
自動制御 … 34
手動制御 … 34
純2進法 … 248
瞬時復帰 … 100
順序制御 … 41
条件制御 … 42
シリンダ装置 … 178
司令部 … 36

WORD INDEX

信号用ミニチュアリレー ……………… 45
真理値表……………………………… 89
Y - Δ 始動法 ………………………… 225
Y（スター）結線 …………………… 224
スピードコントローラ……………… 179
正帰還………………………………… 37
制御部………………………………… 37
設定部………………………………… 37
接点使用先表示……………………… 60
セット入力優先型自己保持回路……… 86
全加算器…………………………… 236
操作部………………………………… 36
ソレノイド…………………………… 54
ソレノイドバルブ…………………… 54

【タ行】

タイマーリレー……………………… 45
タイムチャート……………………… 76
多極スイッチ………………………… 52
他入力 AND 回路 ………………… 108
単極スイッチ………………………… 52
単動ソレノイドバルブ……………… 178
タンブラスイッチ…………………… 48
短絡………………………………… 225
遅延ワンショットリレー回路……… 150
超音波スイッチ……………………… 84
追従制御……………………………… 38
定値制御……………………………… 38
デコーダ…………………………… 245
Δ（デルタ）結線 ………………… 224
電空制御…………………………… 179
電源母線……………………………… 57
電磁開閉器…………………… 45，218
電磁接触器…………………… 45，218
電磁弁………………………………… 54
電磁リレー…………………………… 43
ドグ………………………………… 179
トグルスイッチ……………………… 48
閉じた系……………………………… 37
ド・モルガンの定理………………… 81

トランス内蔵型表示灯……………… 53

【ナ行】

ナイフスイッチ……………………… 49
流れ図………………………………… 35
ネスト制御………………………… 174

【ハ行】

配線図………………………………… 55
排他的論理和（EX-OR）…………… 80
パラシュート効果…………………… 101
半加算器…………………………… 234
比較器………………………………… 37
ビット……………………………… 232
フィードバック……………………… 37
フィードバック制御………………… 37
負帰還………………………………… 37
復号器……………………………… 245
複動シリンダ……………………… 178
符号化……………………………… 242
復帰型………………………… 50，79
ブラシ……………………………… 204
フリッカ回路……………………… 158
ブリッジ回路……………………… 210
ブレーク接点………………………… 49
フローチャート……………………… 35
プログラマブルコントローラ……… 44
保持型………………………… 50，79

【マ行】

右ねじの法則……………………… 204
無接点リレー………………………… 44
メーク接点…………………………… 76
メータアウト……………………… 180
モータ正逆転回路………………… 207
モーメンタリー……………………… 50
目標値………………………………… 37

【ヤ行】

有接点リレー………………………… 43

WORD INDEX

【ラ行】

リードスイッチ･･････････････････････ 84
リセット入力優先型自己保持回路･･････ 84
リミットスイッチ････････････････････ 83
リレーシーケンス制御････････････････ 43
リレー論理回路･･････････････････････ 89
励磁････････････････････････････････ 45
ロータ･････････････････････････････ 204
論理 IC ･･･････････････････････････ 91
論理積（AND）･･････････････････････ 80
論理否定（NOT）････････････････････ 80
論理和（OR）･･･････････････････････ 80

●著者紹介
小峯 龍男　Tatsuo Komine
1953年東京都生まれ。東京電機大学機械工学科卒。
技術入門書著作、児童学習書監修など多数。

| TINA 製品版に関しての問い合わせ先
アイリンク（合）(p.26 参照) |

●編集／制作　　株式会社ツールボックス
●装幀　　　　　小島トシノブ＋齋藤四歩（NONdesign）
●カバーイラスト　大崎吉之
●本文デザイン　　仲デザイン事務所

電子回路シミュレータ TINA9（日本語・Book版Ⅳ）で見てわかる
シーケンス制御回路の「しくみ」と「基本」

2011年2月10日　初　版　第 1 刷発行
2014年7月10日　初　版　第 2 刷発行

著　者　　小峯　龍男
発行者　　片岡　巌
発行所　　株式会社技術評論社
　　　　　東京都新宿区市谷左内町 21-13
　　　　　電話　03-3513-6150　販売促進部
　　　　　　　　03-3267-2270　書籍編集部
印刷／製本　昭和情報プロセス株式会社

定価はカバーに表示してあります

本書の一部または全部を著作権法の定める範囲を越え、無断
で複写、複製、転載あるいはファイルに落とすことを禁じます。

© 2010　小峯龍男

造本には細心の注意を払っておりますが、万一、乱丁（ページの乱れ）、
落丁（ページの抜け）がございましたら、小社販売促進部までお送りく
ださい。送料小社負担にてお取り替えいたします。

ISBN978-4-7741-4530-3　C3054

Printed in Japan

■お願い
　本書に関するご質問は、以下の宛
先までFAXか書面にてお願いいたし
ます。また、弊社のWebサイトでも
質問用フォームを用意しております
のでご利用ください。e-mailをお使
いになれる方は、メールアドレスも
併記してください。
　電話によるご質問には一切お答え
できません。また、本書記載の内容
を越えたご質問にはお答えできませ
ん。あらかじめご了承ください。
　なお、ご質問の際に記載いただい
た個人情報は、質問の返答以外の目
的には使用いたしません。また、質
問の返答後は速やかに削除させてい
ただきます。
　また、FAX番号は変更されること
もありますので、ご確認のうえご利
用ください。
●書面：〒162-0846
　　　　株式会社技術評論社　書籍編集部
　　　　『シーケンス制御回路の「しくみ」と「基本」』
　　　　質問係
●FAX：03-3267-2269

■ご注意（付属 CD-ROM）
　必ず「付属 CD-ROM の使い方」を
よくお読みになったうえでご使用
ください。